高等学校“十二五”规划教材

PUTONG HUAXUE JIANMING JIAOCHENG

普通化学简明教程

李聚源　张耀君　主编

第二版

化学工业出版社

·北京·

第一版前言

本书是教育部“面向21世纪高等工程教育教学内容和课程体系改革计划”（子项目编号：GJ 960103—6）及中国石油天然气集团公司“面向21世纪教学改革项目”（项目编号SJ 9530）课题的研究成果之一。

众所周知，人类历史发展的长河中，化学始终处于先导和基石的地位。特别是当代世界的科学技术、工业、农业、现代国防以及人们的日常生活，哪一样都离不开化学。现代文明的三大支柱：信息、材料和能源，无一不涉及化学问题。随着人类跨入21世纪，化学学科与其他学科的相互渗透和融合日趋明显。化学以其整个学科进入生命、材料、环境等领域，和其他自然科学一起去解决当代科技发展过程中的重大问题和工程设计中的关键技术问题。因此，化学的基本理论和知识已经成为当代大学生科学文化素质教育不可缺少的重要组成部分。1988年，联合国教科文组织提出：“数学、物理、化学、生物是一切学科的基础，也是进行科学、工程技术、医学、农业和其他科技专业教育的基础。”显而易见，化学已经成为一门满足人类社会需要的“实用性、创造性的中心科学”。成为当代大学生必修的一门重要基础课。

作为非化学化工类的工科大学一年级课程，“化学基本原理”经过了多年的教学改革和实践，编者深感应当以激发学生学习化学的主动性为宗旨，以全面提高学生的科学素质和创新能力为重点。优化重组教学内容，突出工科特色，丰富时代气息。因此，参照教育部“工科普通化学课程教学指导小组”2000年6月颁布的“工科《普通化学》教学基本内容框架”，我们对《化学基本原理》一书进行了全面修订，并更名为“普通化学简明教程”。

本书力求体现以下特点：

（1）遵照把教学主动权交给教师，把学习主动权交给学生的教改思想，适应当前教学学时较少的实际，采取精讲、少讲，突出重点，突出基础理论的启发式教学原则，留给学生更多的学习空间，让学生通过自学、课堂讨论等多种形式，达到事半功倍的学习效果。

（2）教材体系和内容上力求保持学科的系统性和完整性，更要把重点放在突出化学原理和化学知识的应用，加强化学学科与工程技术的相互渗透、相互联系和相互融合。

（3）教材内容重视对学生科学思维方法的培养。通过介绍化学发展史，引导学生初步掌握科学思维和科学研究的方法。重视对学生理论联系实际及解决实际问题能力的培养，逐步培养学生的创新能力，全面提高人才素质，使学生的知识结构和能力结构得到整体优化。

（4）为了适应科学技术及教育的发展，加强教材内容知识更新，理顺化学学科的量制体系，本书采用SI和我国的法定计量单位，尤其是认真贯彻GB 3201.8—93《物理化学与分子物理学的量和单位》，对有些引入的数据、图表作相关的说明。

（5）为方便学生自学自检，在书末增加了“典型习题示范解题”，以期盼这些内容成为学生的良师益友。

本书的编写得到了西安石油大学石油工程学院、资源工程学院、化学化工学院及校教务处的关心和支持。西安交通大学何培之教授对本书给予了热情的关怀和指导，陕西师范大学钱博教授审阅了全书。教材供应中心及西北工业大学为本书的出版提供了帮助。尤其是化学工业出版社教材出版中心对本书的出版提供了极大的支持，在此一并表示衷心的感谢。

本书由李聚源、张耀君共同编写，由李聚源统稿。李华锋负责文稿的校对及部分内容的打印。

由于编者水平所限，书中的缺点、疏漏和不足之处，敬请读者批评指正。

编　者

2005 年 5 月于西安

目　录

第1章　化学热力学基础

【本章基本要求】

（1）了解状态、状态函数、标准态、平衡态、热力学能、自发过程、耦合反应、$\Delta_f H_m^\ominus$、$\Delta_r H_m^\ominus$、$S_m^\ominus$、$\Delta_r S_m^\ominus$、$\Delta_f G_m^\ominus$、$\Delta_r G_m^\ominus$ 等基本概念。

（2）初步掌握化学反应标准摩尔焓变（$\Delta_r H_m^\ominus$）、标准摩尔熵变（$\Delta_r S_m^\ominus$）的计算及其应用。

（3）初步掌握化学反应的标准吉布斯函数变（$\Delta_r G_m^\ominus$）的近似计算，能应用 $\Delta_r G_m$ 和 $\Delta_r G_m^\ominus$ 判断反应进行的方向。熟悉热力学等温方程式。

当今世界，大部分能量来源于煤、石油和天然气的燃烧反应。随着社会发展对能源的需求日益迫切，人们正致力于寻找新的能源。一般来说，从新能源获取能量，依然要靠它们的化学反应。所以，研究化学反应中的能量转化及其规律，具有十分重要的意义。

物质发生化学反应时，化学键的性质和数目就会发生变化；当物质的聚集状态发生转变时，质点间的相互作用力也会发生变化。因此，伴随着这些过程的进行，将会有热量的吸收或放出，这种热叫做反应的热效应，简称热效应或反应热。十九世纪，基于生产需要，人们研究如何提高热机效率，建立了热力学第一、二定律，诞生了热力学，研究与热效应有关的状态变化及能量转化规律的学科称为热力学。热力学第一定律是英国科学家焦耳（J. P. Joule）在1840～1848年间建立的。热力学第二定律是由开尔文（L. Kelvin）和克劳修斯（R. J. E. Clausius）于1848年和1850年先后建立的。这两个定律组成了一个严密、理想的热力学体系。将热力学的基本原理应用于化学变化及与化学变化有关的物理变化，就形成了热力学的一个重要分支——化学热力学。

化学热力学的研究方法是宏观的方法，只考虑物质的宏观性质，不考虑物质的个体行为，不涉及物质的微观结构，也不研究反应机理。因为热力学的定律是归纳出来的，而不是推导出来的。

为了便于应用热力学的基本原理来研究化学反应中的能量转化规律，首先介绍化学热力学的常用基本术语。

1.1　化学热力学基本概念

1.1.1　系统与环境

任何物质总是和它周围的其他物质相联系着，为了科学研究的需要，尤其是在考虑热化学方面的内容时，必须规定待研究物质的范围，将它与周围的物质隔离开来，这种被研究的对象叫做系统（或体系），系统之外的周围物质叫做环境。

例如，研究锌粉与硫酸铜溶液在烧杯中的反应，通常把锌与硫酸铜溶液作为系统，而把溶液以外的周围物质如烧杯、溶液上方的空气等作为环境。总之，这种规定是人为的，是为了研究问题的方便而确定的。

系统与环境之间可以发生物质和能量的交换，根据它们的交换情况可以把系统分为三种类型。

（1）敞开系统（open system）　系统与环境之间既有物质交换，又有能量交换。

（2）封闭系统（closed system）　系统与环境仅有能量的交换，但不能有物质的交换。

（3）隔离系统（isolated system）　又称孤立系统，系统与环境之间既不能发生物质交换，也不能发生能量交换。

一般常压下的化工反应就是一种敞开系统。

系统中具有完全相同的物理性质和化学性质的均匀部分称为“相”。这里所谓的“均匀”是指其分散度达到分子或离子大小的数量级。例如一杯硫酸铜溶液，系统仅指溶液而言，就是一个相，这样的系统即称为单相系统；系统中如果还包括溶液上方的水蒸气和空气，则为两个相，显然，不同的相之间有明确的“界面”；如果再向硫酸铜溶液中加入氢氧化钠溶液，使之生成氢氧化铜沉淀，则系统就包括三个相。两个或两个以上的相的系统又称为多相系统。

应当注意，相与态是两个不同的概念，“态”是指物质宏观的聚集状态，物质的态一般分为气态、液态和固态。对“相”来说，通常任何气体均能无限混合，因此系统无论有多少种气体都只为一个气相，汽油和水虽同为液态，但不能互溶而分层，因此为两相系统。

1.1.2　状态和状态函数

系统的状态（state）是系统所有宏观性质的综合表现。所谓“宏观性质”是指温度（T）、压力（p）、体积（V）、物质的量（n）、密度（ρ）、黏度（η）等，本章下面将要介绍的热力学能（U）、焓（H）、熵（S）、吉布斯函数（G）也均为系统的宏观性质。当这些性质不随时间的变化而改变时，系统就处于一定的状态。所以我们又把描述系统状态的这些物理量称之为状态函数（state function）。如温度（T）、压力（p）、体积（V）、物质的量（n）都是状态函数。对于理想气体来说，T、p、V、n 四个物理量有如下函数关系：

$$pV=nRT$$

式中，摩尔气体常数 $R=8.314\text{Pa}\cdot\text{m}^3\cdot\text{K}^{-1}\cdot\text{mol}^{-1}$ 或 $8.314\text{kPa}\cdot\text{dm}^3\cdot\text{K}^{-1}\cdot\text{mol}^{-1}$，在与能量有关的计算中，$R=8.314\text{J}\cdot\text{K}^{-1}\cdot\text{mol}^{-1}$。

状态函数具有如下特性：系统状态发生变化时，状态函数的改变量只与系统的始态和终态有关，而与系统状态变化的途径无关。

例如：某理想气体由始态（$p_1=4\times10^2\text{kPa}$，$V_1=1\times10^2\text{dm}^3$）经一等温过程变为终态（$p_2=1\times10^2\text{kPa}$，$V_2=4\times10^2\text{dm}^3$）用两种途径来实现，如图 1.1 所示。

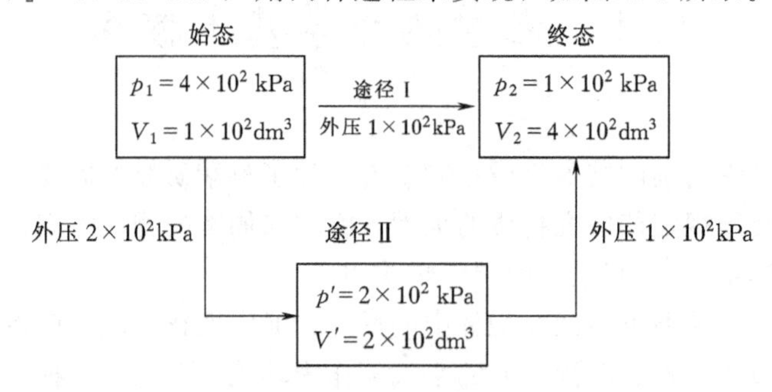

图 1.1　理想气体的等温过程

显然，途径Ⅰ和途径Ⅱ状态函数 V 的改变量 ΔV 是相等的：

$$\Delta V_{\text{I}} = V_2 - V_1 = 3\times10^2\,\text{dm}^3$$

$$\Delta V_{\text{II}} = (V' - V_1) + (V_2 - V') = 3\times10^2\,\text{dm}^3$$

即 $\Delta V_{\text{I}} = \Delta V_{\text{II}}$，同理，$\Delta p_{\text{I}} = \Delta p_{\text{II}}$，因此，$p$、$V$ 均是状态函数。

在讨论热力学时，系统的宏观性质、状态性质、热力学性质、状态函数等基本上是描述同一事物的不同名称，可以将它们看作同义词，它们都是系统自身的属性。

1.1.3　标准态和平衡态

1.1.3.1　标准态

热力学函数 U、H 和 G、S 等均为状态函数。不同的系统或同一系统的不同状态，都应有一个不同的数值，而它们的绝对值又是无法确定的。为了比较它们的相对值，需要规定一个状态作为比较的标准（正如人们选择 0℃和压力为 101.325kPa 的海平面作为高度的零点一样，只要合理并能为大家所接受就可以）。根据国际上的共识以及我国的国家标准，热力学规定，所谓标准状态（standard state）是在温度 T 和标准压力 $p^{\ominus}$（100kPa）下的该物质的状态，简称标准态[1]。

纯理想气体（指加压降温不液化的气体）的标准态是指该气体处于标准压力 $p^{\ominus}$（100kPa）下的状态。混合理想气体中任一组分的标准态是指该气体组分的分压力为 $p^{\ominus}$ 的状态。

纯液体（或纯固体）物质的标准态就是指标准压力 $p^{\ominus}$ 下的纯液体（或纯固体）。

对于溶液而言，溶质B的标准态是指在标准压力 $p^{\ominus}$ 和标准质量摩尔浓度 $m^{\ominus}$（$\text{mol}\cdot\text{kg}^{-1}$）时的状态。

应当注意的是，在规定标准态时只规定压力为 $p^{\ominus}$（100kPa），而没有指定温度。IUPAC（国际纯粹与应用化学联合会）推荐选择 298.15K 作为参考温度。所以，通常从手册或专著上查到的热力学数据大多是 298.15K 时的数据。

标准态的符号 $\ominus$ 加注在热力学函数的右上角。

标准压力的选择经历了不同的变迁，最初选择 1atm，SI 制改为 101.325kPa，现在根据 ISO（国际标准化协会）的标准，我国规定标准压力为 100kPa。

系统处于标准状态也称为系统处于标准条件。

1.1.3.2　平衡态

对于一个可逆反应来讲，在一定温度和密闭条件下，当正反应和逆反应的速率相等时，表示系统达到了热力学平衡状态。例如，在一定温度下，将一定量的棕红色气体 NO_2 装入一个具有固定体积的密闭容器中时将发生下列反应：

$$2NO_2(g)(\text{棕红色}) \rightleftharpoons N_2O_4(g)(\text{无色})$$

反应开始时，NO_2 以较快的速率生成 $N_2O_4(g)$（正反应），随着容器中 N_2O_4 的累积，N_2O_4 分解为 NO_2（逆反应）的速率逐渐增大。当正反应速率和逆反应速率相等时，系统内 NO_2 和 N_2O_4 的分压（或浓度）便维持一定，不再随时间的改变而变化，此时该系统即达

---

[1] IUPAC 于 1982 年建议热力学数据中将标准压力由传统的 1atm（101.325kPa）改为 100kPa（需注意的是通常的标准条件仍是 101.325kPa，而 atm 为 SI 已废除了的单位符号）。这一规定得到了国际的认同，我国于 1993 年公布国家标准（GB 3100—3102—93）采用了这一规定。

标准状态不同于标准状况（standard condition），后者指 101.325kPa 和 273.15K 时的情况。

到了热力学的平衡状态，简称处于化学平衡（chemical equilibrium）。

化学平衡有如下两个特征。

（1）化学平衡是一种动态平衡　当上述反应达到平衡时，从表面上看，似乎反应已经停止，实际上，NO_2 气体分子的化合和 N_2O_4 气体分子的分解仍在以相同的速率进行。故称这种（气）相平衡也是一种动态平衡。

（2）化学平衡是相对的，同时又是有条件的　一旦维持平衡的条件发生了变化（例如温度、压力的改变），系统的宏观性质和物质的组成都将发生变化。原来的平衡将被破坏，而代之以新的平衡。例如，改变 $2NO_2 \rightleftharpoons N_2O_4$（放热反应）平衡系统的温度，就会出现一个新的平衡，这从系统中 NO_2 气体棕红色的深浅变化很容易观察到平衡的移动和新的平衡出现。

1.1.4　热、功和热力学能

1.1.4.1　热（q）和功（W）

热和功是系统状态变化时与环境进行能量转换或传递的两种不同形式，都与变化的途径有关。系统在抵抗外压时体积发生变化而引起的功称为体积功。体积功的符号用 W 表示，系统所做的体积功按下式计算

$$W = -p_{外} \cdot \Delta V$$

例如，图 1.1 中两种途径所做的体积功为：

途径Ⅰ所做的体积功

$$W_{\mathrm{I}} = -p \cdot \Delta V = -(1\times10^2\,\mathrm{kPa}\times3\times10^2\,\mathrm{dm^3}) = -3\times10^4\,\mathrm{J}$$

途径Ⅱ所做的体积功

$$W_{\mathrm{II}} = -(2\times10^2\,\mathrm{kPa}\times1\times10^2\,\mathrm{dm^3}+1\times10^2\,\mathrm{kPa}\times2\times10^2\,\mathrm{dm^3}) = -4\times10^4\,\mathrm{J}$$

$$|W_{\mathrm{II}}| > |W_{\mathrm{I}}|$$

所以，功不是状态函数，它与变化途径有关。热力学规定：当系统膨胀时，$\Delta V>0$，$W<0$，表示系统对环境做功；当系统被压缩时，$\Delta V<0$，$W>0$，表示环境对系统做功。功的 SI 单位是焦耳（J）。

在计算体积功时，还必须弄清楚 $p_{外}$ 与 V 的含义，$p_{外}$ 是环境对系统所施加的压力，不是系统的性质，V 是系统的体积，而 $p_{外}$ 与 V 的关系随过程的不同而不同，下面简述几种情况。

（1）等容过程　系统的体积恒定不变，即过程的每一步都有 $\Delta V=0$，所以

$$W = -p_{外} \cdot \Delta V = 0$$

（2）等压过程　$p_{外}$ 始终保持不变　所以

$$W = -p_{外} \cdot \Delta V$$

【例 1.1】 2mol 水在 100℃，1.013×10^5 Pa 条件下，等温等压汽化为水蒸气，计算该过程的体积功（已知水在 100℃，1.013×10^5 Pa 时的密度为 $958.3\,\mathrm{kg\cdot m^{-3}}$。水蒸气可视为理想气体）。

解： 这是一个等压过程，设液态水的体积为 V_1，水蒸气的体积为 V_g

$$\begin{aligned} W &= -p_{外} \cdot (V_g - V_1) \\ &= -(1.013\times10^5\,\mathrm{Pa}) \\ &\quad \times \left\{ \frac{(2\,\mathrm{mol}\times8.314\,\mathrm{J\cdot K^{-1}\cdot mol^{-1}})\times(373.2\,\mathrm{K})}{1.013\times10^5\,\mathrm{Pa}} - \frac{(2\,\mathrm{mol})\times(0.018\,\mathrm{kg\cdot mol^{-1}})}{958.3\,\mathrm{kg\cdot m^{-3}}} \right\} \end{aligned}$$

$$=-6201.76\text{J}=-6.202\text{kJ}$$

因为$V_g>V_l$，可以忽略液态水的体积V_l，从而近似计算得

$$W=-p_{外}\cdot\Delta V=-\Delta nRT\approx-nRT$$
$$=-(2\text{mol})\times(8.314\text{J}\cdot\text{K}^{-1}\cdot\text{mol}^{-1})\times(373.2\text{K})$$
$$=-6.204\text{kJ}$$

系统与环境之间由于存在温度差而交换的能量称为热，热也不是状态函数。例如，金属锌与稀硫酸反应：

$$Zn(s)+H_2SO_4(l)=\!=\!=ZnSO_4(aq)+H_2(g)$$

在相同的始态和终态，可以通过两种途径来实现这个变化。途径Ⅰ是将锌片直接插入稀硫酸溶液中，这时可测量到溶液的温度显著上升。途径Ⅱ是将锌片与石墨碳棒相连，将石墨碳棒插入稀硫酸溶液中，这时发生的变化是相同的，但溶液的温度基本不变。这表明，途径Ⅰ与途径Ⅱ放出的热量不同。原因是途径Ⅱ对环境作了电功，放出的热量较少。所以，热也不是状态函数，它与变化的途径有关。热的符号为Q，热力学规定，系统吸热，Q为正值；系统放热，Q为负值。热的SI单位为焦耳（J）。

1.1.4.2　热力学能（U）

热力学能是系统内部各种形式的能量总和，用符号U表示。系统内各种物质的微观粒子不停地运动和相互作用是热力学能的内因，它包括系统内各种物质的分子或原子的势能、振动能、转动能、平动能、电子的动能以及核能等。虽然热力学能的绝对值现在尚无法求得，但系统的状态一经确定，热力学能必有一个确定值。因此，热力学能是状态函数。热力学能的改变量ΔU只取决于系统的始态和终态，而与系统状态变化的途径无关。可以这样证明，假设体系从状态A变到状态B，有Ⅰ和Ⅱ两条途径，如图1.2，必然有$\Delta U_Ⅰ=\Delta U_Ⅱ$。如果二者不等的话，设$\Delta U_Ⅰ>\Delta U_Ⅱ$，我们让系统沿途径Ⅰ，从A到B，再经途径Ⅱ返回A，经过一个循环过程就有$\Delta U_Ⅰ-\Delta U_Ⅱ>0$。这意味着系统完全复原，而环境却可以凭空得到一份能量。如果这样，把这个系统做工作物质，不断进行循环，就可以制成永动机，人们从长期实践中知道这是不可能的。因此，热力学能是状态函数。热力学能的SI单位是焦耳（J）。

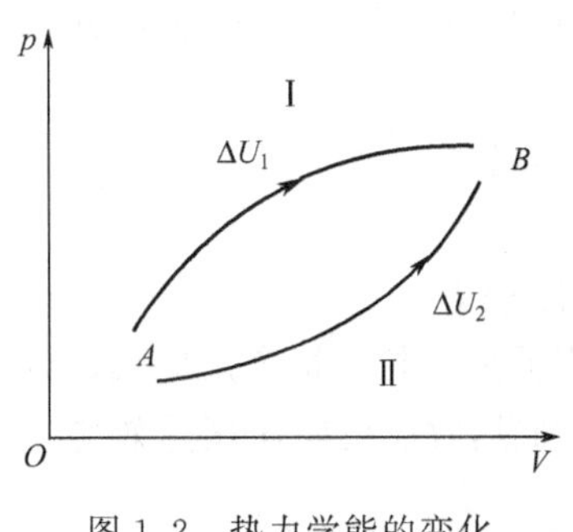

图1.2　热力学能的变化

1.2　化学反应的热效应和焓变

1.2.1　化学反应的热效应

化学反应时放出或吸收的热叫做反应的热效应，简称反应热。对反应热进行精确测定并研究与其他能量变化的定量关系的学科叫做热化学。

热化学的实验数据，具有重要的实用和理论价值。燃料反应热的多少与工业生产中的机械设备的设计、热量交换及热效率等问题有关，而且在热力学的反应平衡常数、热力学函数的计算中很有用处。因此，了解反应热的实际测定是十分有益的。

热效应的实际测定通常是在量热计中进行的，图1.3是测定物质燃烧热的装置示意图，称为弹式量热计（bomb calorimeter）。测定反应热时，将已知质量的反应物［固态或液

态，若需通入氧气使之燃烧，应按说明充氧至（15～20）×100kPa］全部装入钢弹内，密封后放入钢制容器内，然后给此钢制容器内加入足够的已知质量的水，将钢弹淹没在水中，并与环境绝热，开动搅拌器，使容器内水温趋于平衡。准确测定系统的起始温度 T_1 后，用电火花引发反应，反应放出的热能使系统的温度升高，温度计所示的最高读数即为系统的终态温度 T_2。

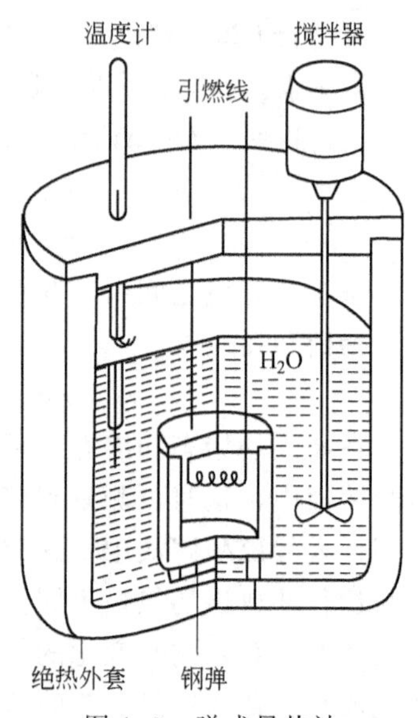

图 1.3　弹式量热计

弹式量热计所吸收的热包括两部分：一部分是被加入的介质水所吸收的，记为 $Q(H_2O)$ 另一部分是钢弹及内部物质和金属容器（令其总热容为 C_b）等所吸收的，记为 Q_b。被水吸收的热量 $Q(H_2O)$ 可按下式计算：

$$Q(H_2O)=c(H_2O)\cdot m(H_2O)\cdot\Delta T$$
$$=C(H_2O)\cdot\Delta T \tag{1.1}$$
$$Q_b=C_b\cdot\Delta T$$

式中，$c(H_2O)$ 表示水的比热容，定义是热容除以质量，即 $C/m=c$，SI 单位为 $J\cdot kg^{-1}\cdot K^{-1}$，常用单位为 $J\cdot g^{-1}\cdot K^{-1}$，如水的比热容 $c(H_2O)=4.18J\cdot g^{-1}\cdot K^{-1}$；$m(H_2O)$ 表示水的质量，g；$C(H_2O)$ 表示水的热容，$J\cdot K^{-1}$；C_b 表示钢弹组件的热容，$J\cdot K^{-1}$；ΔT 表示介质水终态温度 T_2 和始态温度 T_1 之差；Q_b 表示钢弹吸收的热量。

显而易见，反应所放出的热量是这两部分热量之和，从而可得：

$$Q_V=-\{Q(H_2O)+Q_b\}$$
$$=-\{C(H_2O)\cdot\Delta T+C_b\cdot\Delta T\}=-\sum C\cdot\Delta T \tag{1.2}$$

由于弹式量热计中系统在反应前后的体积不变，此时测定的反应热为恒容反应热，可用符号 Q_V 表示。如果测定的反应热是在压力不变下测定的，这个热效应就叫恒压热效应，以 Q_p 表示。

常用燃料如煤、天然气、石油基燃料等的燃烧热均可用此法测得。下面介绍一种火箭燃料硝酸乙酯（$C_2H_5ONO_2$）燃烧热的测量。

【例 1.2】 将 0.500g $C_2H_5ONO_2$(l)，在盛有 1000g H_2O 的弹式量热计的钢弹内（通入足量氧气）完全燃烧。系统的热力学温度由 293.18K 上升至 294.94K。已知钢弹组件在实验条件下的总热容 C_b 为 $648J\cdot K^{-1}$。试计算在此条件下硝酸乙酯完全燃烧所放出的热量。

解：硝酸乙酯在空气或氧气中完全燃烧的反应为：

$$C_2H_5ONO_2(l)+\frac{7}{4}O_2(g)=\!=\!=\frac{1}{2}N_2(g)+2CO_2(g)+\frac{5}{2}H_2O(l)$$

已知水的 $c(H_2O)=4.18J\cdot g^{-1}\cdot K^{-1}$，根据式(1.2)，对于 0.500g $C_2H_5ONO_2$ 来说

$$Q_V=-\{C(H_2O)\cdot\Delta T+C_b\Delta T\}$$
$$=-\{C(H_2O)+C_b\}\Delta T$$
$$=-(4.18J\cdot g^{-1}\cdot K^{-1}\times1000g+648J\cdot K^{-1})\times(294.94K-293.18K)$$
$$=-8497J=-8.50kJ$$

采用热力学单位需要把反应热换算为 $kJ\cdot mol^{-1}$，可按下式换算

$$Q_V = -8.50\text{kJ}/0.500\text{g} \times 91.07\text{g/mol} = -1548\text{kJ}\cdot\text{mol}^{-1}$$

常用燃料的燃烧反应热可由相应的手册查得。如“SI 化学数据表”［澳］G. H. 艾尔沃德 T. J. V. 芬德利编，周宁怀译（高等教育出版社，1985 年出版）。

1.2.2　热化学方程式

上面硝酸乙酯在弹式量热计内的完全燃烧可用下面的方程式表示

$$C_2H_5ONO_2(l) + \frac{7}{4}O_2(g) = \frac{1}{2}N_2(g) + 2CO_2(g) + \frac{5}{2}H_2O(l)$$

$$Q_V = -1548\text{kJ}\cdot\text{mol}^{-1} \tag{1.3}$$

该式表明，在实验温度和恒容条件下，1mol 硝酸乙酯完全燃烧时可以放出 1548kJ 的热量。这种表示化学反应与热效应关系的化学方程式叫做热化学方程式。

要提醒的是，在有些教材里，曾将反应热写在方程式里，如

$$H_2(g) + \frac{1}{2}O_2(g) = H_2O(l) + 286\text{kJ}$$

$$\frac{1}{2}N_2(g) + O_2(g) = NO_2(g) - 34\text{kJ}$$

在前一反应式中反应热为 286kJ，正值表示放热；在后一反应式中反应热为 −34kJ，负值表示吸热。这种表示法比较直观，按照质能联系定律，以上表示法是可行的。例如核反应常用这种表示法，而普通的化学方程式注重于质量的守恒，把反应物、生成物原子的化合与分解变化与能量变化用加减号联在一起欠妥。故按照化学热力学的习惯应写成（1.3）的形式。

除此之外，在书写热化学方程式时，还应注意以下几点：

(1) 因反应热的数值与反应的温度、压力有关，因此在热化学方程式中应注明反应的温度和压力，如不注明则表示反应条件为 298.15K 和 100kPa。

(2) 反应热效应不仅与反应物及生成物的物质的量有关，而且与它们的聚集态有关，故应加注各物质的聚集态，一般在分子式后用括号标出，以 s、l、g 分别表示固体（solid）、液体（liquid）、气体（gas）。

(3) 反应热必须与反应方程式相对应，如

$$Hg(l) + \frac{1}{2}O_2(g) = HgO(s) \qquad Q_1 = -90.85\text{kJ}\cdot\text{mol}^{-1}$$

$$2Hg(l) + O_2(g) = 2HgO(s) \qquad Q_2 = -181.70\text{kJ}\cdot\text{mol}^{-1}$$

同一过程的反应热出现了不同的反应热值。为了避免混乱，反应热必须与反应方程式相对应，否则是无意义的。

1.2.3　盖斯（Г. И. Гесс）定律

采用弹式量热计可以精确测定化学反应的恒容热效应，但有些反应的热效应，包括设计反应时的反应热，难以用实验完成，这些反应的反应热怎样求取呢？例如，碳和氢气合成甲烷的反应：

$$C(s) + 2H_2(g) = CH_4(g)$$

工业设计及生产工艺改革时均需要该反应的热效应数据，但该反应热却难以用实验测出。

1840 年瑞士籍俄国科学家盖斯（Г. И. Гесс）从分析恒压反应热的实验结果总结出一条重要规律，在恒压条件下，总反应的热效应只与反应的始态和终态（包括温度、反应物及生

成物的量及聚集态等）有关，而与变化的途径无关。

另一种描述是，在恒压条件下，一个化学反应不论一步完成还是分几步完成，其反应热总是相同的。

此定律适用于恒压或恒容条件下，据此，可以通过计算获得一些很难或者无法用实验方法测定的反应的热效应。例如，已知在 100kPa 和 298.15K 下下列三个反应的反应热：

$$C(s)+O_2(g)=\!=\!=CO_2(g) \qquad Q_p(1)=-393.5kJ\cdot mol^{-1} \qquad (1)$$

$$2H_2(g)+O_2(g)=\!=\!=2H_2O(l) \qquad Q_p(2)=-571.6kJ\cdot mol^{-1} \qquad (2)$$

$$CH_4(g)+O_2(g)=\!=\!=CO_2(g)+2H_2O(l) \qquad Q_p(3)=-890.4kJ\cdot mol^{-1} \qquad (3)$$

设想碳燃烧生成 CO_2 的反应和氢气燃烧生成水的反应可以按两个不同的途径来进行：

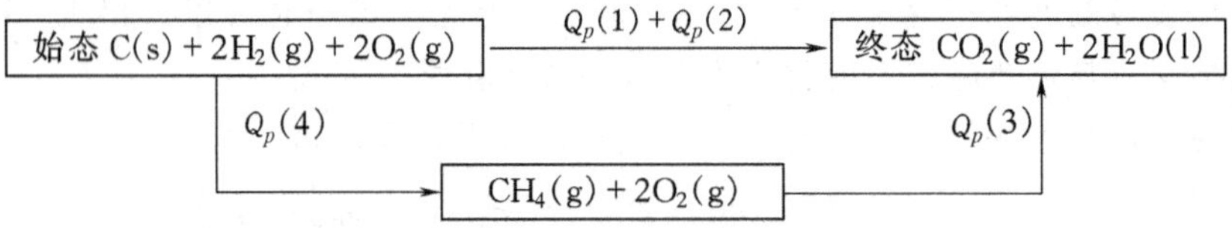

始态 $C(s)+2H_2(g)+2O_2(g)$ —— $Q_p(1)+Q_p(2)$ → 终态 $CO_2(g)+2H_2O(l)$

始态 —— $Q_p(4)$ → $CH_4(g)+2O_2(g)$ —— $Q_p(3)$ → 终态

根据盖斯定律

$$Q_p(1)+Q_p(2)=Q_p(3)+Q_p(4)$$

所以

$$Q_p(4)=Q_p(1)+Q_p(2)-Q_p(3)$$
$$=-393.5kJ\cdot mol^{-1}+(-571.6kJ\cdot mol^{-1})-(-890.4kJ\cdot mol^{-1})$$
$$=-74.7kJ\cdot mol^{-1}$$

即

$$C(s)+2H_2(g)=\!=\!=CH_4(g) \qquad Q_p=-74.7kJ\cdot mol^{-1}$$

从上例可以看出，盖斯定律给难以测定的反应热提供了简便的求算方法。

下面，我们讨论 Q_p 与 Q_V 的相互关系，化学反应一般有以下两种情况。

一种情况是，在化学反应中没有气态物质参与反应（既不参加也不生成），或者是反应中有气态物质参加或生成，但气体反应物的化学计量数之和与气体生成物的化学计量数之和相等，显然，此时系统的总体积及总压力可以认为没有发生改变，即反应可认为是在恒压和恒容条件下进行的。那么，此类反应的恒容反应热 Q_V 即等于恒压反应热 Q_p。例如

$$C(s)+O_2(g)=\!=\!=CO_2(g)$$

$$Fe_2O_3(s)+3CO(g)=\!=\!=2Fe(s)+3CO_2(g)$$

另一种情况比较复杂，反应中气体反应物的化学计量数之和不等于反应后气体生成物的化学计量数之和。例如：

$$NO(g)+\frac{1}{2}O_2(g)=\!=\!=NO_2(g)$$

$$CH_4(g)+2O_2(g)=\!=\!=CO_2(g)+2H_2O(l)$$

显然，如果反应是在弹式量热计内进行的，所测定的反应热效应为恒容热效应 Q_V。如果反应是在敞口容器中进行的（即是在通常大气压力的恒压下），则反应热效应为等压热效应 Q_p。第一种情况系统没有体积的改变，而第二种情况系统有体积的改变。第二种情况的例子均为系统向环境作压缩功或环境向系统作膨胀功。压缩功或膨胀功均称为体积功，在恒压时可以 $-p_{外}\cdot\Delta V$ 表示，ΔV 表示系统体积的改变，做功意味着有能量的改变。因此，反应的 Q_V 和 Q_p 必不相等。另外，上例也表示反应发生时伴随的能量变化可以有多种转换形式，既可以热的形式又可以功的形式来转换，而不仅借热量的形式来解决。要明了这类问题，就

需要研究化学反应中的能量转换和传递的规律。

研究在化学变化和物理变化中伴随发生的能量转换和传递的学科是化学热力学。

下面先讨论热力学第一定律。

1.2.4　热力学第一定律

长期实践证明，能量不能创造也不会消灭，它只能从一种形式转化为另一种形式。在转化中，能量的总值不变，这就是能量守恒定律，将其应用于热力学，就是热力学第一定律。要说明的是，热力学定律是从大量宏观现象中归纳出来的，是人类经验的总结。迄今为止，不论是宏观世界还是微观世界都没有例外的情况，这就证明了这一定律的正确性。根据热力学定律推导的结果是严格的，是与事实相符的，具有高度的普遍性和科学性。

设有一封闭系统（即系统与环境只有能量的交换，而无物质的交换），它的热力学能为 U_1，当系统与环境发生了一定量的热传递和一定量的功传递，系统的热力学能从 U_1 变为热力学能 U_2。根据能量守恒定律，系统过程的热力学能变化可表示为

$$U_2-U_1=Q+W$$

即

$$\Delta U=Q+W \tag{1.4}$$

式(1.4) 为热力学第一定律的数学表达式。它表明，在封闭系统中，系统发生变化时，以热和功的形式所传递的能量必定等于系统热力学能的变化。

1.2.5　焓和焓变

下面讨论不同条件下体积功与反应热效应的关系。

若在恒容条件下（如在弹式量热计内），由于反应或过程中系统的体积不变，所以 $\Delta V=0$。也就是说，系统与环境之间未产生体积功，即 $W=0$。则此时反应的热效应为恒容热效应，即 $Q=Q_V$，则式(1.4) 变为

$$\Delta U=U_2-U_1=Q_V \tag{1.5}$$

即反应中系统热力学能的变化（ΔU）在数值上等于恒容热效应 Q_V。

若在恒压条件下（通常在大气压力下敞口容器中进行的反应可以如此认为），不少涉及气体的反应会发生很大的体积变化（从 V_1 变为 V_2），例如下示的反应

$$CaCO_3(s)\xlongequal{\text{高温}}CaO(s)+CO_2(g)$$

因此，可认为反应系统与环境之间产生了体积功 $W(W=-p\cdot\Delta V)$，此时的反应热效应可以认为是恒压热效应 Q_p。由热力学第一定律可以得出

$$\Delta U=Q_p-p\Delta V$$

$$Q_p=\Delta U+p\Delta V$$

上式可整理为

$$Q_p=U_2-U_1+p(V_2-V_1)$$

由于恒压过程有

$$p=p_2=p_1$$

故

$$Q_p=(U_2+p_2V_2)-(U_1+p_1V_1)$$

这里出现的（$U+pV$）即状态函数的组合，由于 U、p、V 都是状态函数，它们的组合也必然是状态函数。热力学中把 $U+pV$ 所组成的新状态函数称为焓，用符号 H 表示：

$$H\equiv U+pV$$

从上式可得

$$Q_p=H_2-H_1=\Delta H \tag{1.6}$$

式(1.6) 表明，恒压过程只做体积功的恒压反应热等于反应的焓变 ΔH。所以，ΔH 也具有能量单位，其 SI 单位是 $kJ\cdot mol^{-1}$。例如：

$$H_2(g)+\frac{1}{2}O_2(g) = H_2O(l)$$

$$\Delta H = Q_p = -285.8\text{kJ}\cdot\text{mol}^{-1}$$

规定反应系统的焓值减小（$\Delta_r H<0$，下标 r 为反应 reaction 的首字母，$\Delta_r H$ 表示反应的焓变），表示此反应是放热反应；系统的焓值增加时（$\Delta_r H>0$），表示反应为吸热反应。

这里要特别说明的是，虽然 Q_p 与 $\Delta_r H$ 在数值上是相等的，但两者在本质上有着显著的不同，Q_p 不是状态函数，而 $\Delta_r H$ 则是状态函数 H 的变量。但运用 $\Delta_r H$ 为热力学计算带来了许多方便，是科学的明智之举。

焓是状态函数，所以焓变（$\Delta_r H$）只取决于系统变化的始态和终态，而与变化的途径无关。因此，如果一个反应分几步进行，则反应的总焓变必然等于各步焓变之和。

$$\Delta_r H = \Delta_r H_1 + \Delta_r H_2 + \cdots + \Delta_r H_n$$

1.2.6 物质的标准摩尔生成焓（$\Delta_f H_m^{\ominus}$）和反应的标准摩尔焓变（$\Delta_r H_m^{\ominus}$）

1.2.6.1 物质的标准摩尔生成焓

与内能（U）相似，各物质之焓（H）的绝对值也是难以测定的，但在实际应用中人们关心的是如何求得反应或过程中系统的焓变（$\Delta_r H$）。为此，人们采用了相对值的办法，即规定了物质的相对焓值。

由于焓的数值会随具体条件的不同而有所改变，在化学热力学中规定压力为标准压力 $p^{\ominus}$（在气体混合物中，系指各气态物质的分压均为标准压力 100kPa）或在溶液中溶质（如水合离子或分子）的浓度（确切讲指有效浓度或活度）均为标准浓度 $c^{\ominus}$（$1\text{mol}\cdot\text{dm}^{-3}$）时的条件为标准条件。若某物质或溶质是在标准条件下就称之为处于标准状态。

关于单质和化合物的相对焓值（见本书末附录 3），规定在标准条件下由指定单质生成单位物质的量的纯物质时，反应的摩尔焓变（表示为 $\Delta_r H_m^{\ominus}$）叫做该物质的标准摩尔生成焓。通常选定温度为 298.15K 作为该物质在此条件下的相对焓值，以 $\Delta_f H_m^{\ominus}(298.15\text{K})$ 表示，$\ominus$表示标准（standard）条件，下标 f 表示生成（formation）反应，下标 m 表示摩尔（mole，可以略去）生成焓。

在标准条件下，氢气与氧气作用生成液态 H_2O 的反应为

$$H_2(g)+\frac{1}{2}O_2(g) = H_2O(l)$$

其反应的摩尔焓变 $\Delta_r H_m^{\ominus}$ 为

$$\Delta_r H_m^{\ominus}(298.15\text{K}) = -285.8\text{kJ}\cdot\text{mol}^{-1}$$

所以，$H_2O(l)$ 的标准摩尔生成焓 $\Delta_f H_m^{\ominus}(298.15\text{K})$ 即为 $-285.8\text{kJ}\cdot\text{mol}^{-1}$。记作

$$\Delta_f H_m^{\ominus}(H_2O, l, 298.15\text{K}) = -285.8\text{kJ}\cdot\text{mol}^{-1}$$

任何指定单质的标准摩尔生成焓都为零，也就是把标准条件下指定单质的相对焓值作为零。

关于水合离子的相对焓值（见本书末附录），热力学规定水合氢离子的标准摩尔生成焓为零。通常选定温度为 298.15K，称为水合 H^+ 在 298.15K 时的标准摩尔生成焓，以 $\Delta_f H_m^{\ominus}(H^+, aq, 298.15\text{K})$ 表示，即

$$\Delta_f H_m^{\ominus}(H^+, aq, 298.15\text{K}) = 0$$

式中，aq 是拉丁文 aqua（水）的缩写；H^+，aq 表示水合氢离子。

据此，可以求得其他水合离子在 298.15K 时的标准摩尔生成焓。

1.2.6.2　反应的标准摩尔焓变

在标准条件下反应或过程的摩尔焓变叫做反应的标准摩尔焓变，以 $\Delta_r H_m^{\ominus}$ 表示，r 表示反应（reaction）。

根据盖斯定律和标准生成焓的定义，可以得出关于 298.15K 时反应之标准摩尔焓变 $\Delta_r H_m^{\ominus}(298.15\text{K})$ 的一般计算规则

$$\Delta_r H_m^{\ominus}(298.15\text{K}) = \sum\{\Delta_f H_m^{\ominus}(298.15\text{K})\}_{生成物} - \sum\{\Delta_f H_m^{\ominus}(298.15\text{K})\}_{反应物} \quad (1.7)$$

反应的标准焓变等于各生成物的标准摩尔生成焓乘以其化学计量数的总和减去各反应物的标准摩尔生成焓乘以其化学计量数的总和。

显然，对于普适方程式

$$a\text{A(g)} + b\text{B(s)} = g\text{G(l)} + d\text{D(aq)}$$

在 298.15K 时反应的标准摩尔焓变可以按下式求得：

$$\Delta_r H_m^{\ominus}(298.15\text{K}) = \{g\Delta_f H_m^{\ominus}(\text{G},\text{l},298.15\text{K}) + d\Delta_f H_m^{\ominus}(\text{D},\text{aq},298.15\text{K})\} - \{a\Delta_f H_m^{\ominus}(\text{A},\text{g},298.15\text{K}) + b\Delta_f H_m^{\ominus}(\text{B},\text{s},298.15\text{K})\} \quad (1.8)$$

应用式(1.8) 时应注意如下诸点。

(1) $\Delta_r H_m^{\ominus}$ 的计算是系统终态的 $\sum\Delta_f H_m^{\ominus}$ 值减去系统始态的 $\sum\Delta_f H_m^{\ominus}$ 值，切勿颠倒。

(2) 公式中应包括反应中所涉及的各种物质，并需仔细确认其聚集状态。

(3) 公式中应包括反应方程式中的化学计量数 g、d、a、b，不要遗漏。

(4) 如果生成反应为放热反应，其 $\Delta_r H_m^{\ominus}(298.15\text{K})$ 为负值；如为吸热反应，$\Delta_r H_m^{\ominus}(298.15\text{K})$ 则为正值，在代入公式时切勿疏漏正负号。

(5) 如果系统温度不是 298.15K，而是其他温度，则反应的 $\Delta_r H_m^{\ominus}$ 会有所改变，但一般情况下温度对系统的 $\Delta_r H_m^{\ominus}$ 影响较小，如反应

$$SO_2(g) + \frac{1}{2}O_2(g) = SO_3(g)$$

其 $\Delta_r H_m^{\ominus}(298.15\text{K}) = -98.9\text{kJ}\cdot\text{mol}^{-1}$，而 $\Delta_r H_m^{\ominus}(873\text{K}) = -96.9\text{kJ}\cdot\text{mol}^{-1}$。因此在近似估算中，往往就将 $\Delta_r H_m^{\ominus}(298.15\text{K})$ 近似地作为其他温度（T）时的 $\Delta_r H_m^{\ominus}(T)$，即

$$\Delta_r H_m^{\ominus}(T) \approx \Delta_r H_m^{\ominus}(298.15\text{K})$$

【例 1.3】 试用标准摩尔生成焓的数据，计算清洁燃料甲醇汽油的成分甲醇 $CH_3OH(l)$，在空气或氧气中完全燃烧时反应的标准摩尔焓变 $\Delta_r H_m^{\ominus}(298.15\text{K})$。

解： 写出有关的反应方程式，并在各物质下面标出其标准摩尔生成焓（查本书末附录）的值。

$$CH_3OH(l) + O_2(g) = CO_2(g) + 2H_2O(l)$$

$\Delta_f H_m^{\ominus}(298.15\text{K})/\text{kJ}\cdot\text{mol}^{-1}$　　-238.66　　0　　-393.5　-285.83

根据式(1.8)，得

$$\begin{aligned}\Delta_r H_m^{\ominus}(298.15\text{K}) &= \{\Delta_f H_m^{\ominus}(CO_2,\text{g},298.15\text{K}) + 2\Delta_f H_m^{\ominus}(H_2O,\text{l},298.15\text{K})\} \\ &\quad - \{\Delta_f H_m^{\ominus}(CH_3OH,\text{l},298.15\text{K}) + \Delta_f H_m^{\ominus}(O_2,\text{g},298.15\text{K})\} \\ &= \{[(-393.5) + 2(-285.83)] - [-238.66 + 0]\}\text{kJ}\cdot\text{mol}^{-1} \\ &= -726.5\text{kJ}\cdot\text{mol}^{-1}\end{aligned}$$

许多氧化还原反应在反应时均会放出大量的热，如燃料的燃烧，火药的爆炸，铝热剂的反应等。铝热剂中的金属铝粉与氧化铁的混合物点火时，铝能将四氧化三铁还原成铁，反应

同时放出大量的热（温度可达 2000℃以上）可使铁熔化，因此，可在野外用于钢轨的焊接。读者可以自行计算该反应的反应热。

1.3 化学反应方向的判断

1.3.1 自发过程和焓变

自然界发生的过程都有一定的方向性。例如，水总是自动从高处向低处流，而不会自动的反向流动。又如，当两个温度不同的物体相互接触时，热会自动地从温度高的物体传向温度低的物体，直到两个物体的温度相等为止。就化学变化来看，如果把锌片放入稀盐酸中，锌就会自动溶解并有氢气生成。这种在给定条件下一经发生、不需要外力作用就能自动进行的过程称为自发过程（化学过程称为自发反应）。

反应能否进行，还与给定的条件有关。例如，在通常条件下，氮气和氧气是不能自发地化合生成一氧化氮的。但是，汽车行驶时汽油在内燃机内燃烧产生高温，在这样的条件下吸入气缸中的氮气和氧气会自发化合生成 NO。随着排出的废气散布于空气中，并能与空气中的氧气化合生成二氧化氮，使空气污染。反应如下

$$N_2(g)+O_2(g)\xlongequal{\text{高温}}2NO(g)$$

$$2NO(g)+O_2(g)=\!=\!=2NO_2(g)$$

另外，燃料汽油在不完全燃烧时会生成 CO，也会随排出的废气散布于空气中污染环境，那么能否设法使 CO 和 NO 反应生成无害的 N_2 和 CO_2 呢？究竟怎样判断反应的方向呢？

显然，研究化学反应进行的方向问题是一项十分有意义的工作。那么，根据什么来判断化学反应进行的方向？或者说，化学反应能否自发进行呢？

人们发现，自然界的自发过程一般都朝着能量降低的方向进行。显然，系统的能量越低，系统的状态就越稳定。如果化学反应也符合上述能量最低原理，就使人们很自然地想到，当一个化学反应的 $\Delta_r H_m$ 为负值（即放热反应）时，系统的能量降低，反应应当自发进行；反之，$\Delta_r H_m$ 为正值（吸热反应）时，系统的能量增加，反应就不能自发进行。的确，很多放热反应在 298.15K 及标准态下是自发的。例如

$$HCl(g)+NH_3(g)\longrightarrow NH_4Cl(s)$$

$$\Delta_r H_m^{\ominus}=-176.91kJ\cdot mol^{-1}$$

$$2NO(g)+O_2(g)\longrightarrow 2NO_2(g)$$

$$\Delta_r H_m^{\ominus}=-114.1kJ\cdot mol^{-1}$$

在上述的反应中，$\Delta_r H_m^{\ominus}<0$，故这些反应均为自发反应。

然而实验表明，有些吸热反应（$\Delta_r H_m^{\ominus}>0$）也能自发进行。例如，$NH_4Cl(s)$ 溶于水（$\Delta_r H_m^{\ominus}=14.7kJ\cdot mol^{-1}$）以及 N_2O_5 的分解，都是 $\Delta_r H_m^{\ominus}>0$，但它们在 298.15K 及标准态下均能自发进行。反应式如下

$$N_2O_5(s)\longrightarrow 2NO_2(g)+\frac{1}{2}O_2(g)$$

$$\Delta_r H_m^{\ominus}=109.5kJ\cdot mol^{-1}$$

又如，$CaCO_3$ 的热分解反应

$$CaCO_3(s)\longrightarrow CaO(s)+CO_2(g)$$

$$\Delta_r H_m^{\ominus}=178.3\text{kJ}\cdot\text{mol}^{-1}$$

常温下 $CaCO_3$ 的分解反应不能自发进行，但是在温度升高到约 1183K 时，反应就会自发进行，此时反应的 $\Delta_r H_m$ 仍近似为 178.3kJ·mol^{-1}（因温度对其焓变影响较小）。由此可见，不能把 $\Delta_r H_m$ 作为判断反应自发进行的唯一依据。除焓变外，一定还有其他因素影响反应的自发性。

1.3.2　熵和熵变

人们发现，自然界中自发过程还有一种倾向是朝着混乱度增加的方向进行的。例如，将一瓶氨气打开瓶口放入室内，不久氨气就会扩散到整个室内，这个过程是自发的，而不会逆向进行。这说明，系统中有秩序的运动易变成无秩序的运动。我们再用一个简单实验来说明这一过程。将一些红色乒乓球和白色乒乓球整齐有序地排列在一个盒子中，只要摇动盒子，这些红白球就会变得混乱无序了。如果再摇，则无论摇多少次，要想恢复到原来的整齐有序的情况是绝对不可能的。这就是说，系统倾向于取得最大的混乱度（或无序度）。热力学把系统内物质微观粒子混乱度的量度叫做熵，用符号 S 表示，系统的熵值越大，表示系统内部微观粒子的混乱度越大。熵是系统的属性，自然是状态函数。在过程或反应中系统混乱度的增加用熵值的增加来表达。

系统内物质微观粒子的混乱度与物质的聚集状态以及温度有关。在绝对零度时，理想晶体内分子的热运动（平动、转动和振动等）可认为完全停止，物质微观粒子处于完全整齐有序的情况。1920 年路易斯（G. N. Lewis）在前人研究的基础上，提出了一个假设：在绝对零度时，任何纯净的完整晶体物体的熵等于零。这就是热力学第三定律。表示为

$$S=0$$

并以此为基础求得其他任一 T 温度下的熵值 S。例如，我们将一种纯净晶体从 0K 升温到指定温度（T），测量其过程的熵变（ΔS），则

$$\Delta S=S-S(0\text{K})=S-0=S$$

式中，S 是该物质在 T 时的规定熵，单位物质的量的纯物质在标准条件下的规定熵叫做该物质的标准摩尔熵，以 $S_m^{\ominus}$ 表示。一些单质和化合物在 298.15K 时标准熵 $S_m^{\ominus}$(298.15K) 的数据见本书附录。注意：$S_m^{\ominus}$(298.15K) 的 SI 单位为 J·mol^{-1}·K^{-1}，并且符号前不带 Δ。

与标准生成焓相似，对于水合离子，因溶液中同时存在正、负离子，规定处于标准条件时水合 H^+ 离子的标准熵值为零，通常把温度选为 298.15K，从而得到水合离子在 298.15K 时的标准熵。一些水合离子在 298.15K 时的标准摩尔熵的数据见本书附录。

分析物质的标准熵值可以得出下面一些规律。

（1）对同一物质而言，气态时的标准熵大于液态时的标准熵，液态的标准熵大于固态的标准熵。如

$$S_m^{\ominus}(Br_2,g)=245.4\text{J}\cdot\text{mol}^{-1}\cdot\text{K}^{-1}$$
$$>S_m^{\ominus}(Br_2,l)=152.2\text{J}\cdot\text{mol}^{-1}\cdot\text{K}^{-1}$$
$$S_m^{\ominus}(I_2,g)=260.8\text{J}\cdot\text{mol}^{-1}\cdot\text{K}^{-1}$$
$$>S_m^{\ominus}(I_2,s)=116.1\text{J}\cdot\text{mol}^{-1}\cdot\text{K}^{-1}$$

（2）同一物质在相同的聚集态时，其标准熵值随着温度的升高而增大。例如

$$S_m^\ominus(CS_2,l,298.15K)=150J\cdot mol^{-1}\cdot K^{-1}$$
$$>S_m^\ominus(CS_2,l,161K)=103J\cdot mol^{-1}\cdot K^{-1}$$

（3）摩尔质量相同的不同物质，其结构越复杂的 $S_m^\ominus$ 越大。如

$$S_m^\ominus(C_2H_5OH,l,298.15K)=283J\cdot mol^{-1}\cdot K^{-1}$$
$$>S_m^\ominus(CH_3OCH_3,l,298.15K)=267J\cdot mol^{-1}\cdot K^{-1}$$

（4）同系物中摩尔质量越大，其 $S_m^\ominus$ 值越大。例如：

$$S_m^\ominus(C_4H_{10},l)=310J\cdot mol^{-1}\cdot K^{-1}$$
$$>S_m^\ominus(C_3H_8,g)=270J\cdot mol^{-1}\cdot K^{-1}$$
$$>S_m^\ominus(C_2H_6,g)=230J\cdot mol^{-1}\cdot K^{-1}$$
$$>S_m^\ominus(CH_4,g)=186J\cdot mol^{-1}\cdot K^{-1}$$

熵也是状态函数，反应的标准摩尔熵变以 $\Delta_r S_m^\ominus$ 表示，其计算方法与 $\Delta_r H_m^\ominus$ 的情况相似。但要切记，物质的标准熵 $S_m^\ominus$ 均为正值。

对于反应 $aA+bB=gG+dD$，有

$$\Delta_r S_m^\ominus(298.15K)=\sum[S_m^\ominus(298.15K)]_{生成物}-\sum[S_m^\ominus(298.15K)]_{反应物}$$
$$=[g\,S_m^\ominus(G,298.15K)+d\,S_m^\ominus(D,298.15K)]-[a\,S_m^\ominus(A,298.15K)+b\,S_m^\ominus(B,298.15K)] \tag{1.9}$$

根据热力学的推导，特定条件下恒温过程中系统所吸收或放出的热量（以 q_r 表示）与系统的熵变 $\Delta_r S_m$ 有着下列关系

$$\Delta_r S_m=\frac{q_r}{T} \tag{1.10}$$

这一关系也暗示出，虽然 $\Delta_r S_m$ 并不是一种能量，它仅仅是系统混乱度的变化，但是它与温度的乘积（$T\cdot\Delta_r S_m$）却代表能量的表达式。

【例 1.4】 试计算反应 $2NO(g)+O_2(g)\longrightarrow 2NO_2(g)$ 在 298.15K 时的标准摩尔熵变，并判断此反应的混乱度的变化情况。

解： $2NO(g)+O_2(g)\longrightarrow 2NO_2(g)$

查表 $S_m^\ominus/(J\cdot mol^{-1}\cdot K^{-1})$　　210.65　　205.03　　240.0

根据式(1.9)得

$$\Delta_r S_m^\ominus(298.15K)=2S_m^\ominus(NO_2,298.15K)-[2S_m^\ominus(NO,298.15K)+S_m^\ominus(O_2,298.15K)]$$
$$=2\times240.0-(2\times210.65+205.03)$$
$$=-146.3J\cdot mol^{-1}\cdot K^{-1}$$

$\Delta_r S_m^\ominus(298.15K)<0$　说明该反应的混乱度减小。

与反应的 $\Delta_r H_m^\ominus$ 相似，温度对反应的 $\Delta_r S_m^\ominus$ 影响较小，因此在近似计算中，可以认为：

$$\Delta_r S_m^\ominus(T)\approx\Delta_r S_m^\ominus(298.15K)$$

从自发过程倾向于混乱度增大这一因素来看，$\Delta_r S_m^\ominus<0$ 不利于反应的自发进行。然而，我们知道，在常温下，NO 是极易氧化生成棕红色 NO_2 的。因此，熵和焓一样，也不能单独用来作为反应方向的判断依据。要判断化学反应的方向，应全面考查以上各种因素。

对于绝热过程，系统与环境没有能量交换，$Q=0$，则按热力学第一定律，$\Delta U=W$，在绝热过程中，如果气体膨胀对环境做功（$W<0$），由于系统不能从外界吸收热量，必然会消耗

自身能量。因此，使热力学能减少（$\Delta U<0$），温度降低。一个封闭系统从一个平衡态经过一个绝热过程到达另一个平衡态时，它的熵永不减少。这个结论就是熵增原理，是热力学第二定律的重要结论。

对于孤立系统来说，系统和环境之间无能量和物质的交换。因此，孤立系统中发生的过程必然是绝热过程，故熵增原理又常表述为：一个孤立系统的熵永不减少。即

$$(\Delta S)_{孤立}\geqslant 0$$

利用熵增原理可以判断孤立系统中发生过程的方向和限度。在一个孤立系统中，系统与环境间无任何作用。因此，孤立系统中若发生一个不可逆变化，则必然是自发的不可逆过程。应用熵判断原则上可以解决反应变化的方向和限度问题，但它只适用于孤立系统，而实际的变化过程，系统和环境常有能量和物质的交换，这样使用熵判据就不方便而且不现实了。因此引入新的状态函数来判断反应的自发方向和限度也就成了热力学的重要内容。

1.3.3 反应的吉布斯函数变（$\Delta_r G_m$）

自发过程总是朝着取得最低能量状态和最大混乱度的方向进行，这是自然界的一个基本规律。那么，化学反应也应该沿着取得最低能量状态（$\Delta_r H_m$ 为负值）和最大混乱度（$\Delta_r S_m$ 为正值）的方向进行。因此，化学反应的自发性与焓变和熵变有关。

1878 年，吉布斯（J. W. Gibbs）提出一个综合系统的焓（H）、熵（S）和温度（T）三者关系的新状态函数，称为吉布斯函数，用符号 G 表示。其定义为

$$G=H-TS$$

在恒温（T）条件下，反应的吉布斯函数的变化为

$$\Delta_r G_m=\Delta_r H_m-T\cdot\Delta_r S_m \tag{1.11}$$

在标准态时，式(1.11) 可改写为

$$\Delta_r G_m^{\ominus}=\Delta_r H_m^{\ominus}-T\cdot\Delta_r S_m^{\ominus} \tag{1.12}$$

而自发过程的条件为

$$G_2-G_1=\Delta_r G_m<0$$

$\Delta_r G_m$ 表示化学反应或过程的吉布斯函数的变化，简称吉布斯函数变。

吉布斯提出，在恒温、恒压下 $\Delta_r G_m$ 可作为反应（或过程）自发性的判断依据。即在恒温恒压下，只作体积功的系统总是自发地向吉布斯函数变减小的方向进行。

$\Delta_r G_m<0$ 自发过程，反应向正方向进行

$\Delta_r G_m=0$ 平衡状态

$\Delta_r G_m>0$ 非自发过程，反应向逆方向进行

$\Delta_r G_m$ 作为反应自发性的衡量标准，包含着焓变（$\Delta_r H_m$）和熵变（$\Delta_r S_m$）两个因素。对化学反应而言，由于 $\Delta_r H_m$ 和 $\Delta_r S_m$ 均既可为正值，又可为负值，必然出现如表 1.1 所示的四种情况。

表 1.1 恒压下一般反应自发性的几种实例

反 应	$\Delta_r H_m$	$\Delta_r S_m$	$\Delta_r G_m=\Delta_r H_m-T\Delta_r S_m$	(正)反应的自发性
① $2O_3(g)$══$3O_2(g)$	−	+	−	自发
② $CO(g)$══$C(s)+\frac{1}{2}O_2(g)$	+	−	+	非自发
③ $CaC_2O_4(s)$══$CaO(s)+CO_2(g)+CO(g)$	+	+	升温有利于 $\Delta_r G$ 变负	升高温度有利于反应自发
④ $N_2(g)+3H_2(g)$══$2NH_3(g)$	−	−	降温有利于 $\Delta_r G$ 变负	降低温度有利于反应自发

上述①、④两反应是放热的，$\Delta_r H_m$ 为负值。而②、③ 两个反应是热分解反应，热分解反应通常是吸热的，因此 $\Delta_r H_m$ 为正值。

另外，上述③、④反应的 $\Delta_r G_m$ 由正值变负值或由负值变正值的具体温度取决于 $\Delta_r H_m$ 和 $\Delta_r S_m$ 的相对大小，即决定于反应系统的本性。可由$\frac{\Delta_r H_m}{\Delta_r S_m}$来估算。

科学家吉布斯
J. W. Gibbs（1839～1903）

吉布斯出生并受教于美国康涅狄格州新哈芬。1863 年获耶鲁大学哲学博士学位，因工程中齿轮啮合方面的论文获第二个博士学位。后一直在耶鲁大学数学物理系任教授，治学严谨，在数学上造诣尤为高深。

吉布斯在热力学方面的研究，特别是他的著名论文“非均相物质的平衡”导致物理化学一个新分支得以发展。吉布斯揭示了矢量分析的实质，研究了理论光学，并奠定了统计力学的基础。自由能函数 $\boldsymbol{H-TS}$ 现称为吉布斯函数，并以其姓的首字母表示，记为 G。

1901 年吉布斯获英国皇家学会颁发的科普勒（Copley）奖章。1950 年吉布斯的塑像正式入选美国伟人纪念馆。

1.3.4 $\Delta_r G_m$ 和 $\Delta_r G_m^{\ominus}$ 的关系——热力学等温方程式

由于自发过程的判据是 $\Delta_r G_m$，但 $\Delta_r G_m$ 是任意条件下反应或过程的吉布斯函数变。显然，它随着系统中反应物和生成物的分压（对于气体）或浓度（对于水合离子或分子）的改变而改变。$\Delta_r G_m$ 与 $\Delta_r G_m^{\ominus}$ 之间的关系可由化学热力学推导得出，称为热力学等温方程式。对于涉及气体的反应

$$a\mathrm{A(g)}+b\mathrm{B(g)}=g\mathrm{G(g)}+d\mathrm{D(g)}$$

可用下式表示

$$\Delta_r G_m=\Delta_r G_m^{\ominus}+RT\ln\frac{\{p(\mathrm{G})/p^{\ominus}\}^g\cdot\{p(\mathrm{D})/p^{\ominus}\}^d}{\{p(\mathrm{A})/p^{\ominus}\}^a\cdot\{p(\mathrm{B})/p^{\ominus}\}^b} \tag{1.13}$$

式中，R 是摩尔气体常数；$p(\mathrm{A})$、$p(\mathrm{B})$、$p(\mathrm{G})$、$p(\mathrm{D})$ 分别表示气态物质 A、B、G、D 处于任意条件时的分压；$p/p^{\ominus}$ 为相对分压。

对于反应物或生成物中固态或液态的纯物质，则在式(1.13) 中将它们的分压与标准压力之比 $p/p^{\ominus}$ 作为 1 处理。

$\frac{\{p(\mathrm{G})/p^{\ominus}\}^g\cdot\{p(\mathrm{D})/p^{\ominus}\}^d}{\{p(\mathrm{A})/p^{\ominus}\}^a\cdot\{p(\mathrm{B})/p^{\ominus}\}^b}$是生成物分压与标准压力之比（以化学方程式中的化学计量数为指数）的乘积和反应物分压与标准压力之比（以化学计量数为指数）的乘积的比值。为了简便起见，常称之为反应商，以 Q 表示。所以式(1.13) 亦可简写为

$$\Delta_r G_m=\Delta_r G_m^{\ominus}+RT\ln Q \tag{1.14}$$

显然，若所有气体的分压均处于标准条件，即所有气体的分压 p 均为标准压力 $p^{\ominus}$，则所有的（$p/p^{\ominus}$）均为1（相对分压的SI单位为1，一般不写出），$Q=1$，$\ln Q=0$，式(1.14)即变为

$$\Delta_r G_m = \Delta_r G_m^{\ominus}$$

对于水溶液中的离子反应，由于变化的不是气体的分压 p，而是水合离子（或分子）的浓度 c。根据化学热力学的推导，此时各反应物和生成物的（$p/p^{\ominus}$）将换为各反应物和生成物的水合离子的相对浓度（$c/c^{\ominus}$）。于是对于反应

$$a\mathrm{A(aq)} + b\mathrm{B(aq)} = g\mathrm{G(aq)} + d\mathrm{D(aq)}$$

$$\begin{aligned}\Delta_r G_m &= \Delta_r G_m^{\ominus} + RT\ln\frac{\{c(\mathrm{G})/c^{\ominus}\}^g \cdot \{c(\mathrm{D})/c^{\ominus}\}^d}{\{c(\mathrm{A})/c^{\ominus}\}^a \cdot \{c(\mathrm{B})/c^{\ominus}\}^b} \\ &= \Delta_r G_m^{\ominus} + RT\ln Q\end{aligned}$$

标准浓度 $c^{\ominus}$ 一般选择为 $1\mathrm{mol \cdot dm^{-3}}$。因此，在数值上 $c/c^{\ominus}=c$，但相对浓度的SI单位为1，一般不写出。

显然，若所有水合离子（或分子）的浓度均处于标准条件，同样可得 $Q=1$，$\ln Q=0$，则

$$\Delta_r G_m = \Delta_r G_m^{\ominus}$$

1.3.5 标准摩尔生成吉布斯函数 $\Delta_f G_m^{\ominus}$、标准摩尔吉布斯函数变 $\Delta_r G_m^{\ominus}$ 及其应用

1.3.5.1 物质的标准摩尔生成吉布斯函数 $\Delta_f G_m^{\ominus}$ 和反应的标准摩尔吉布斯函数变 $\Delta_r G_m^{\ominus}$

关于单质和化合物的标准摩尔生成吉布斯函数值（见本书附录），规定在标准条件下由指定单质生成单位物质的量的纯物质时反应的吉布斯函数变，叫做该物质的标准摩尔生成吉布斯函数。指定单质的标准摩尔生成吉布斯函数为零。关于水合离子的相对吉布斯函数值（见本书附录）规定水合 H^+ 离子的标准摩尔生成吉布斯函数为零。物质的标准摩尔生成吉布斯函数以 $\Delta_f G_m^{\ominus}$ 表示，其SI单位为 $\mathrm{kJ \cdot mol^{-1}}$。

反应的标准摩尔吉布斯函数变以 $\Delta_r G_m^{\ominus}$ 表示，本书简写为标准吉布斯函数变 $\Delta_r G^{\ominus}$。与反应的标准焓变的计算相似，298.15K时普适反应

$$a\mathrm{A} + b\mathrm{B} = g\mathrm{G} + d\mathrm{D}$$

其标准摩尔吉布斯函数变 $\Delta_r G_m^{\ominus}$(298.15K) 等于各生成物的标准摩尔生成吉布斯函数乘以化学计量数的总和减去各反应物的标准摩尔生成吉布斯函数乘以化学计量数的总和，即

$$\begin{aligned}\Delta_r G_m^{\ominus}(298.15\mathrm{K}) &= \sum\{\Delta_f G_m^{\ominus}(298.15\mathrm{K})\}_{生成物} - \sum\{\Delta_f G_m^{\ominus}(298.15\mathrm{K})\}_{反应物} \\ &= \{g\Delta_f G_m^{\ominus}(\mathrm{G}, 298.15\mathrm{K}) + d\Delta_f G_m^{\ominus}(\mathrm{D}, 298.15\mathrm{K})\} \\ &\quad - \{a\Delta_f G_m^{\ominus}(\mathrm{A}, 298.15\mathrm{K}) + b\Delta_f G_m^{\ominus}(\mathrm{B}, 298.15\mathrm{K})\}\end{aligned} \tag{1.15}$$

1.3.5.2 $\Delta_r G_m^{\ominus}$ 的计算

(1) 298.15K时的 $\Delta_r G_m^{\ominus}$(298.15K)

① 利用物质的 $\Delta_f H_m^{\ominus}$(298.15K) 和 $S_m^{\ominus}$(298.15K) 的数据，先算出反应的 $\Delta_r H_m^{\ominus}$(298.15K) 和 $\Delta_r S_m^{\ominus}$(298.15K)，再按式(1.12)而求得，即

$$\Delta_r G_m^{\ominus} = \Delta_r H_m^{\ominus} - T \cdot \Delta_r S_m^{\ominus}$$

$$\Delta_r G_m^{\ominus}(298.15\mathrm{K}) = \Delta_r H_m^{\ominus}(298.15\mathrm{K}) - 298.15\mathrm{K} \times \Delta_r S_m^{\ominus}(298.15\mathrm{K}) \tag{1.16}$$

② 利用物质的 $\Delta_f G_m^{\ominus}$(298.15K) 数据而求得。由本书书末附录数据表查出的 $\Delta_f G_m^{\ominus}$ 代入式(1.15)即可求出反应的 $\Delta_r G_m^{\ominus}$(298.15K)。

(2) 任意温度 T 时，反应 $\Delta_r G_m^\ominus$ 的计算

一般讲，化学反应的 $\Delta_r H_m$ 或 $\Delta_r H_m^\ominus$ 及 $\Delta_r S_m^\ominus$ 的值随温度的改变而发生的变化较小，因此在近似计算中，可将其他温度 T 时的 $\Delta_r H_m^\ominus$ 和 $\Delta_r S_m^\ominus$ 分别以 $\Delta_r H_m^\ominus(298.15K)$ 和 $\Delta_r S_m^\ominus(298.15K)$ 来代替，即认为

$$\Delta_r H_m^\ominus(T) \approx \Delta_r H_m^\ominus(298.15K)$$
$$\Delta_r S_m^\ominus(T) \approx \Delta_r S_m^\ominus(298.15K)$$

根据式(1.12) 可得

$$\Delta_r G_m^\ominus(T) \approx \Delta_r H_m^\ominus(298.15K) - T\Delta_r S_m^\ominus(298.15K) \quad (1.17)$$

式(1.17) 不仅能够求出任意温度 T 时反应的 $\Delta_r G_m^\ominus(T)$，还能估算反应发生的转化温度 T_c。所谓转化温度即对一些 $\Delta_r G_m^\ominus > 0$ 的吸热、熵增的热分解反应，实现转化的最低反应温度 T_c。

$\Delta_r G_m^\ominus(T) \leqslant 0$ 时，$\Delta_r H_m^\ominus - T_c \cdot \Delta_r S_m^\ominus \leqslant 0$，即

$$T_c \geqslant \frac{\Delta_r H_m^\ominus(298.15K)}{\Delta_r S_m^\ominus(298.15K)}$$

1.3.5.3 $\Delta_r G_m^\ominus$ 的应用

$\Delta_r G_m^\ominus$ 是指参加化学反应的各物质都处于标准状态下这一特定条件下的吉布斯函数变。因此，用 $\Delta_r G_m^\ominus$ 只能判断化学反应中各物质都处于标准状态时反应的方向。按照道奇(B. F. Dodge) 的方法，采用 $\Delta_r G_m^\ominus$ 判断反应方向。

$\Delta_r G_m^\ominus < 0$　　反应可以自发正向进行；

$0 < \Delta_r G_m^\ominus < 40kJ \cdot mol^{-1}$　　反应的自发性应进一步研究；

$40kJ \cdot mol^{-1} < \Delta_r G_m^\ominus$　　反应非常不利或不能自发进行，只有在特殊情况下，方有利于正向进行。

当然，上述原则是近似的，但不是绝对的。下面举例说明 $\Delta_r G_m^\ominus$ 的应用。

【例 1.5】 炼铁高炉以焦炭为原料使三氧化二铁还原为铁。试用热力学数据说明还原剂主要是 CO，而不是焦炭。

解： 可以列出这两种反应的热力学数据进行比较。

热力学数据	反应① $2Fe_2O_3(s) + 3C(s) \longrightarrow 4Fe(s) + 3CO_2(g)$	反应② $Fe_2O_3(g) + 3CO \longrightarrow 2Fe(s) + 3CO_2(g)$
$\Delta_r H_m^\ominus/(kJ \cdot mol^{-1})$	+468	−25
$\Delta_r G_m^\ominus/(kJ \cdot mol^{-1})$	+301	−29
$\Delta_r S_m^\ominus/(J \cdot mol^{-1} \cdot K^{-1})$	+558	+15

反应②以 CO 作为还原剂，$\Delta_r G_m^\ominus$ 为负值，能自发进行，并且这是一个（−，+）型反应，在任意温度下 $\Delta_r G_m^\ominus$ 都是负值。而反应①以 C 作为还原剂，$\Delta_r G_m^\ominus$ 为相当大的正值，反应不自发。这一反应是（+，+）型的，温度越高 $\Delta_r G_m^\ominus$ 正值越小，约在 1000K 时，$\Delta_r G_m^\ominus$ 变为负值。所以，在高温时，炭也可以使氧化铁还原，但自发的倾向要比反应②低。所以，一般用反应②代表高炉炼铁的主要反应。

$\Delta_r G_m^\ominus$ 不仅可以近似判断反应的方向，而且可以估算反应进行的温度。

【例 1.6】 在 298.15K 和标准态时，赤铁矿（Fe_2O_3）能否转化为磁铁矿（Fe_3O_4）？实

现上述转化的最低温度为多少？

解： 转化方程式为

	$6Fe_2O_3(s)$	$4Fe_3O_4(s)$	$O_2(g)$
$\Delta_f H_m^\ominus(298.15K)/(kJ \cdot mol^{-1})$	-822.2	-1117.0	0
$S_m^\ominus(298.15K)/(J \cdot mol^{-1} \cdot K^{-1})$	90.0	146.0	205.03

$$6Fe_2O_3(s) = 4Fe_3O_4(s) + O_2(g)$$

$$\Delta_r H_m^\ominus(298.15K) = \{[(-1117.0)\times4+0]-(-822.2)\times6\}kJ \cdot mol^{-1}$$
$$=465.2kJ \cdot mol^{-1}$$

$$\Delta_r S_m^\ominus(298.15K) = \{(146.0\times4+205.30)-90.0\times6\}J \cdot mol^{-1} \cdot K^{-1}$$
$$=249.03J \cdot mol^{-1} \cdot K^{-1}$$

$$\Delta_r G_m^\ominus(298.15K) = \Delta_r H_m^\ominus(298.15K) - T\Delta_r S_m^\ominus(298.15K)$$
$$=465.2kJ \cdot mol^{-1} - 298.15K \times 249.03J \cdot mol^{-1} \cdot K^{-1} \times 10^{-3}$$
$$=390.95kJ \cdot mol^{-1}$$

由于 $\Delta_r G_m^\ominus(298.15K) > 40kJ \cdot mol^{-1}$，可以判断该反应不能自发进行，即赤铁矿在标准态和 298.15K 下不能自发转化为磁铁矿。要实现转化，必须满足如下条件

$$\Delta_r G_m^\ominus \approx \Delta_r H_m^\ominus(298.15K) - T \cdot \Delta_r S_m^\ominus(298.15K) < 0$$

由此式可以得知，对于（+，+）型化学反应自发进行的转化温度为

$$T \geqslant \frac{\Delta_r H_m^\ominus(298.15K)}{\Delta_r S_m^\ominus(298.15K)} \tag{1.18}$$

代入数据　$T > \dfrac{\Delta_r H_m^\ominus(298.15K)}{\Delta_r S_m^\ominus(298.15K)} = \dfrac{465.2kJ \cdot mol^{-1}}{249.03J \cdot mol^{-1} \cdot K^{-1} \times 10^{-3}} = 1868K$

即在标准态下，温度在 1868K 以上时，赤铁矿可以转化为磁铁矿。

1.3.6　耦合反应及其在无机化学中的应用

前面我们围绕化学反应方向介绍了吉布斯函数变及其应用，下面我们进一步讨论化学热力学如何将一些非自发反应转变为自发反应，从而利用这些规律更好地为生产服务。

1.3.6.1　耦合反应

耦合是指两个或两个以上体系通过各种相互作用而彼此影响以致联合起来的现象。

按照热力学观点，耦合反应是指把一个在任何温度下都不能自发进行的（+，−）反应，或在很高温度下才能自发进行的（+，+）反应，与另一个在任何温度下都能自发进行的（−，+）反应联合在一起，从而构成一个复合型的自发反应（−，+）或在较高温度下就能自发进行的（+，+）反应。例如，298K 时液态水与氧作用不能形成 H_2O_2，但湿的锌片与氧作用却能产生 H_2O_2，这可用反应的耦合予以说明。为简化讨论，近似地以 $\Delta_r G_m^\ominus$ 来判断反应的方向。

反应（1）　$$H_2O(l) + \frac{1}{2}O_2(g) \longrightarrow H_2O_2(aq)$$

$$\Delta_r G_{m(1)}^\ominus = 105.51kJ \cdot mol^{-1}$$

由于 $\Delta_r G_{m(1)}^\ominus > 0$，反应（1）不能自发向右进行。而反应（2）

$$Zn(s) + \frac{1}{2}O_2(g) \longrightarrow ZnO(s)$$

$$\Delta_r G_{m(2)}^\ominus = -318.32kJ \cdot mol^{-1} < 0$$

反应（2）能自发进行，且 $|\Delta_r G_{m(2)}^\ominus| > |\Delta_r G_{m(1)}^\ominus|$。将反应（1）+（2）得反应（3）

$$H_2O(l)+Zn(s)+O_2(g) \longrightarrow H_2O_2(aq)+ZnO(s)$$

该反应的 $\Delta_r G_{m(3)}^{\ominus}=\Delta_r G_{m(1)}^{\ominus}+\Delta_r G_{m(2)}^{\ominus}=-212.81 kJ \cdot mol^{-1}<0$

上述两反应耦合后，促使 H_2O 变成 H_2O_2。

应该指出，这里所说的耦合，主要指能量因素的耦合，或者说是吉布斯函数变的耦合，并不代表真实的反应机理。

1.3.6.2　耦合反应在无机制备中的应用

耦合反应在工业上应用较广，氯化冶金或干法制备的反应中常加入能够提供热量的焦炭作还原剂就是耦合反应的典型实例。

(1) 耦合促使氯化反应顺利进行

【例 1.7】 金红石（TiO_2）的氯化冶炼反应

解： ①　$TiO_2(s)+2Cl_2(g) \longrightarrow TiCl_4(l)+O_2(g)$

	$TiO_2(s)$	$Cl_2(g)$	$TiCl_4(l)$	$O_2(g)$
$\Delta_f H_m^{\ominus}/kJ \cdot mol^{-1}$	−945	0	−804	0
$S_m^{\ominus}/J \cdot K^{-1} \cdot mol^{-1}$	50.3	222.96	252	205.03
$\Delta_f G_m^{\ominus}/kJ \cdot mol^{-1}$	−890	0	−737	0

由计算得知：

$$\Delta_r H_m^{\ominus}(298K)=141 kJ \cdot mol^{-1}$$

$$\Delta_r S_m^{\ominus}(298K)=-39.19 J \cdot K^{-1} \cdot mol^{-1}$$

$$\Delta_r G_m^{\ominus}(298K)=153 kJ \cdot mol^{-1}$$

氯气直接与金红石反应的 $\Delta_r G_m^{\ominus}>0$，且反应属于（+，−）类型反应，因此，在任何温度下正向反应都不能自发进行。如果将众所周知的 $2C(s)+O_2(g) \longrightarrow 2CO(g)$ 的（−，+）反应与金红石氯化反应联合起来就构成一个耦合反应。焦炭的加入既可提供一定量的热量补充氯化反应所需吸收的热量，又可消耗金红石氯化反应所产生的氧气。使金红石氯化反应在工业上得以实现，其耦合反应的热力数据及有关计算介绍如下。

②　$TiO_2(s)+2Cl_2(g)+2C(s) \longrightarrow TiCl_4(l)+2CO(g)$

	$TiO_2(s)$	$Cl_2(g)$	$C(s)$	$TiCl_4(l)$	$CO(g)$
$\Delta_f H_m^{\ominus}/kJ \cdot mol^{-1}$	−945	0	0	−804	−110.57
$S_m^{\ominus}/J \cdot K^{-1} \cdot mol^{-1}$	50.3	222.96	5.74	252	197.56
$\Delta_f G_m^{\ominus}/kJ \cdot mol^{-1}$	−890	0	0	−737	137.15

$$\Delta_r H_m^{\ominus}(298K)=-80.14 kJ \cdot mol^{-1}$$

$$\Delta_r S_m^{\ominus}(298K)=139.42 J \cdot K^{-1} \cdot mol^{-1}$$

$$\Delta_r G_m^{\ominus}(298K)=-121.3 kJ \cdot mol^{-1}$$

从计算结果看，耦合反应属（−，+）类型的反应。即加入焦炭后使原来反应①不能自发进行的反应转化成在任何温度下正向反应都能自发进行的反应，使原来的吸热反应转化成放热反应，使原来的熵减反应转化成熵增反应。也就是说，选用焦炭与氧结合的反应能在焓、熵两个因素上影响被耦合的反应，从而改变整个反应体系的 $\Delta_r H_m^{\ominus}$ 和 $\Delta_r G_m^{\ominus}$ 的数值及反应的方向。

(2) 耦合反应降低含氧酸盐的热分解温度

含氧酸盐热分解反应的类型很多，能产生耦合反应典型实例如下。

【例 1.8】 无水芒硝（Na_2SO_4）热分解碳还原法制备硫化碱。

解：① 热分解反应 $Na_2SO_4(s) \longrightarrow Na_2S(s) + 2O_2(g)$

$$\Delta_r H_m^\ominus(298K) = 1022.1 kJ \cdot mol^{-1}$$

$$\Delta_r S_m^\ominus(298K) = 344.46 J \cdot K^{-1} \cdot mol^{-1}$$

$$\Delta_r G_m^\ominus(298K) = 920.2 kJ \cdot mol^{-1}$$

只采用热分解，其反应属焓增、熵增类型的反应，这类反应只有在高温下正向反应才能自发进行。根据式(1.18) 可以求得反应的转化温度为

$$T \geqslant \Delta_r H_m^\ominus / \Delta_r S_m^\ominus = 1022.1 \times 1000/344.46 = 2967.3K$$

如此高的反应温度在工业上是难以实现的，可以看作 Na_2SO_4 加热难以分解。但若在上述反应中加入煤粉，用碳的氧化反应与芒硝热分解反应耦合，就是工业上用碳还原法制硫化碱的主要反应。

② $Na_2SO_4(s) + 4C(s) \longrightarrow Na_2S(s) + 4CO(g)$

其中

$$\Delta_r H_m^\ominus(298K) = 579.82 kJ \cdot mol^{-1}$$

$$\Delta_r S_m^\ominus(298K) = 701.68 J \cdot K^{-1} \cdot mol^{-1}$$

$$\Delta_r G_m^\ominus(298K) = 371.6 kJ \cdot mol^{-1}$$

虽然反应仍属（＋，＋）类型，但反应正向自发进行的转化温度大大降低。根据式(1.18) 可求出自发进行的最低温度

$$T \geqslant \frac{\Delta_r H_m^\ominus}{\Delta_r S_m^\ominus} = \frac{579.82 \times 1000}{701.68} K = 826.3K$$

分解温度降低至原反应温度的 1/3 以下，说明偶合后改善了反应进行的条件。

(3) 耦合反应促使氧化还原反应的进行

铜是不溶于稀硫酸的，若供氧充足，则可使铜溶解。分析如下：

$$Cu(s) + 2H^+(aq) \longrightarrow Cu^{2+}(aq) + H_2(g)$$

$$\Delta_r G_m^\ominus = 64.98 kJ \cdot mol^{-1}$$

反应不能自发进行。若通入氧气，则有

$$H_2(g) + \frac{1}{2}O_2(g) \longrightarrow H_2O(l)$$

$$\Delta_r G_m^\ominus = -237.18 kJ \cdot mol^{-1}$$

两个反应耦合，可得总反应

$$Cu(s) + 2H^+(aq) + O_2(g) \longrightarrow Cu^{2+}(aq) + H_2O(l)$$

$$\Delta_r G_m^\ominus = -172.20 kJ \cdot mol^{-1}$$

总反应是可以自发进行的。所以单质铜制硫酸铜的反应也可在加热、供氧充足下与稀硫酸反应。

金不溶于硝酸而溶于王水，也是因为发生了类似的耦合反应。

复习题与习题

1. 解释名词

(1) 系统与环境。

(2) 标准态和平衡态。

(3) 状态和状态函数。

(4) 热和功、热力学能。

(5) 焓和焓变、熵和熵变、吉布斯函数和吉布斯函数变。

(6) 标准摩尔生成焓、标准熵、标准摩尔生成吉布斯函数。

(7) 标准摩尔焓变、标准熵变、标准摩尔吉布斯函数变。

2. 用弹式热量计测量反应热效应的原理是什么？对于一般反应来说，用弹式热量计所测得的热量是否就等于反应的热效应？为什么？

3. 热化学方程式与一般的化学反应方程式有何异同？书写热化学方程式时有哪些应注意之处？

4. 什么叫做状态函数？Q、W、H 是否是状态函数？为什么？

5. $\Delta_r H_m$、$\Delta_r S_m$ 与 $\Delta_r G_m$ 之间，$\Delta_r G_m$ 与 $\Delta_r G_m^{\ominus}$ 之间存在哪些重要关系？试用公式表示之。

6. 判断反应能否自发进行的标准是什么？能否用反应的焓变或熵变作为衡量的标准？为什么？

7. 如何用物质的 $\Delta_f H_m^{\ominus}$(298.15K)、$S_m^{\ominus}$(298.15K)、$\Delta_f G_m^{\ominus}$(298.15K) 数据计算反应的 $\Delta_r G_m^{\ominus}$(298.15K) 以及某温度 T 时反应的 $\Delta_r G_m^{\ominus}(T)$ 的近似值？举例说明。

8. 下列反应中哪些反应的 $\Delta H \approx \Delta U$？

(1) $2H_2(g)+O_2(g)=\!=\!=2H_2O(g)$

(2) $Pb(NO_3)_2(s)+2KI(s)=\!=\!=PbI_2(s)+2KNO_3(s)$

(3) $HCl(aq)+NaOH(aq)=\!=\!=NaCl(aq)+H_2O(l)$

(4) $NaOH(s)+CO_2(g)=\!=\!=NaHCO_3(s)$

9. 葡萄糖 $C_6H_{12}O_6$ 完全燃烧的热化学反应方程式为

$C_6H_{12}O_6(s)+6O_2(g)=\!=\!=6CO_2(g)+6H_2O(l)$;　　$Q_p=-2820kJ\cdot mol^{-1}$

葡萄糖在人体内氧化时，上述反应热效应的热量约 30%可用作肌肉的活动能量。试估计一匙葡萄糖（约 5.0g）在人体内氧化时，可获得的肌肉活动的能量。

10. 阿波罗登月火箭用 N_2H_4(l) 作燃料，用 N_2O_4(g) 作氧化剂，燃烧后产生 N_2(g) 和 H_2O(l)。计算 N_2H_4(l) 的摩尔燃烧热。

11. 计算下列反应的 $\Delta_r H_m^{\ominus}$(298.15K)：

(1) $4NH_3(g)+3O_2(g)=\!=\!=2N_2(g)+6H_2O(l)$

(2) $CO(g)+NO(g)=\!=\!=CO_2(g)+\frac{1}{2}N_2(g)$

(3) $NH_3(g)$＋稀盐酸

(4) $Zn(s)+CuSO_4(aq)$

12. 不用查表，将下列物质按标准熵 $S_m^{\ominus}$(298.15K) 值由大到小的顺序排列，并简单说明理由。

(a) $Na_2O(s)$　(b) $Na(s)$　(c) $Na_2CO_3(s)$　(d) $NaNO_3(s)$　(e) $NaCl(s)$

13. 不必计算，判断下列反应或过程中熵变的数值是正值还是负值？

(1) C(石墨)$+CO_2(g)\longrightarrow 2CO(g)$

(2) $I_2(s)\longrightarrow I_2(g)$

(3) $2CO(g)+O_2(g)\longrightarrow 2CO_2(g)$

(4) $2H_2O_2(l)\longrightarrow 2H_2O(l)+O_2(g)$

14. 试用本书书末附录中的数据计算下列反应的 $\Delta_r S_m^{\ominus}$(298.15K) 和 $\Delta_r G_m^{\ominus}$(298.15K)

(1) $CH_4(g)+2O_2(q)=\!=\!=CO_2(g)+2H_2O(l)$

(2) $Zn(s)+2H^+(aq)=\!=\!=Zn^{2+}(aq)+H_2(g)$

(3) $CaO(s)+H_2O(l)=\!=\!=Ca^{2+}(aq)+2OH^-(aq)$

(4) $2H_2O_2(l)=\!=\!=2H_2O(l)+O_2(g)$

15. 白云石的化学式为 $CaCO_3\cdot MgCO_3$，其性质可看作 $CaCO_3$ 与 $MgCO_3$ 的混合物，试由热力学推论在 600K 和 1200K 时其分解产物各是什么？

16. 由铁矿石生产铁有两种可能的途径：

（1）$Fe_2O_3(s)+\frac{3}{2}C(s)=2Fe(s)+\frac{3}{2}CO_2(g)$

（2）$Fe_2O_3(s)+3H_2(g)=2Fe(s)+3H_2O(g)$

上述两个反应中，哪个反应的转向温度较低？

17. 电解水是制备 H_2 的重要方法之一。问能否利用水蒸气直接热分解来制备 H_2？

18. 以下说法是否恰当，为什么？

（1）放热反应均是自发反应；

（2）$\Delta_r S_m^{\ominus}$ 为负值的反应均不能自发进行；

（3）冰在室温下自动熔化成水，是熵增起了主要作用的结果。

19. 已知 $Fe_2O_3(s)$、$CuO(g)$ 和 $CO_2(g)$ 的 $\Delta_f G_m^{\ominus}$ 分别为 $-637.0kJ\cdot mol^{-1}$、$-91.98kJ\cdot mol^{-1}$ 和 $-395.4kJ\cdot mol^{-1}$，试计算在 298.15K 和 700K 时下列铁、铜氧化物还原反应的 $\Delta_r G_m^{\ominus}$ 值。

$$2Fe_2O_3(s)+3C(s)=4Fe(s)+3CO_2(g)$$

$$2CuO(s)+C(s)=2Cu(s)+CO_2(g)$$

哪一个氧化物在木材燃烧的火焰（大约产生 700K 的高温）中可用碳还原？你的答案能否解释历史上的铜器时代和铁器时代出现的先后？

20. 为什么不采用热分解纯的硝酸钠制备亚硝酸钠？而是采用往熔融的硝酸钠中加入铅粒的方法？

21. 铜不能与碳酸反应生成碳酸铜，但将铜在潮湿的空气中久置，会在其表面生成一层铜绿，其中会有碳酸铜，试解释之。

22. 试用反应耦合的方法，使反应 $2YbCl_3(s)=2YbCl_2(s)+Cl_2(g)$ 在较佳的条件下进行。

23. 利用 $\Delta_f H_m^{\ominus}$、$S_m^{\ominus}$ 的热力学数据，估算 Fe_2O_3 用碳及一氧化碳还原的反应温度。分析高炉炼铁的反应以何反应为主。

24. 已知 $Ti(s)+O_2(g)=TiO_2(s)$ 的 $\Delta_r H_m^{\ominus}=-945kJ\cdot mol^{-1}$，$S_m^{\ominus}(TiO_2,s)=50J\cdot mol^{-1}\cdot K^{-1}$，估算反应 $TiO_2(s)+2C(s)=Ti(s)+2CO(g)$ 自发进行的最低温度。

第 2 章　化学动力学初步

【本章基本要求】

（1）了解化学反应速率和反应进度、元反应、反应级数、反应速率常数、活化能、催化作用、链反应等基本概念。

（2）初步掌握质量作用定律，温度与反应速率的定量关系。能用阿仑尼乌斯公式进行初步计算。能用活化能、活化分子的概念说明浓度、温度、催化剂对反应速率的影响。

（3）初步了解链反应、光化学反应。

化学热力学成功地预测了化学反应自发进行的方向。如金属钠与水的反应

$$2Na(s)+2H_2O(l)=\!=\!=2Na^+(aq)+2OH^-(aq)+H_2(g)$$

$$\Delta_r G_m^{\ominus}=-364.0kJ\cdot mol^{-1}$$

由 $\Delta_r G_m^{\ominus}$ 可知，此反应是自发的。事实上，该反应不仅自发进行，而且反应进行得十分迅速剧烈，以至钠被反应放出的热所熔化而浮在水面，形成来回游动的小圆球。又如，炸药的爆炸、活泼金属与活泼非金属的化合反应、溶液中的中和反应、沉淀反应等，均为热力学上的自发反应，且几乎都是瞬时完成的。与此相反，有些反应从热力学上看是自发的。如氢气与氧气的反应：

$$H_2(g)+\frac{1}{2}O_2(g)=\!=\!=H_2O(l)$$

$$\Delta_r G_m^{\ominus}=-237.18kJ\cdot mol^{-1}$$

$\Delta_r G_m^{\ominus}$ 为负值，表明此反应可以自发进行。但即使把氢气和氧气的混合物在常温常压下放置千年，也不会有一滴水生成。又如钢铁的生锈、表面的风化、石油的形成均为反应速率较慢的反应。可见，化学反应的自发性和化学反应速率是两个截然不同的问题。化学反应的自发性属于化学热力学的研究范畴，而化学反应速率属于化学动力学的研究范畴。

研究化学反应速率有着重要的实际意义。倘若炸药爆炸的速率缓慢、水泥的硬化速率很慢，它们就不会有现在这样大的用途。相反，橡胶迅速老化变脆、钢铁很快被腐蚀，也就失去了它们的应用价值。研究反应速率对于工业生产和人类生活有着重要的意义，掌握反应速率理论能使自然更好地为人类服务。

2.1　化学反应速率和反应进度

2.1.1　化学反应速率

动力学定义，在单位时间内任何一种反应物或产物浓度的改变量的正值称为化学反应速率。物质的量浓度的单位为 $mol\cdot dm^{-3}$，而时间常用 s（秒），故化学反应速率的单位为 $mol\cdot dm^{-3}\cdot s^{-1}$。对于一般的化学反应，反应物的消耗量和产物的生成量是不相等的。因此，采用不同的反应物和不同的产物表示同一个化学反应，其化学反应速率的数值往往是不相等的。

2.1.2　反应进度

1982 年中国国家标准引入了反应进度，将其作为化学反应的最基础的量，给描述化学反应进行的程度带来了方便。

对于化学反应　$a\text{A}+b\text{B}=g\text{G}+d\text{D}$

$$0=\sum_{\text{B}}\nu_{\text{B}}\text{B}$$

其中 B 代表反应物或产物，ν_{B} 为相应的化学计量数，对反应物取负值，对产物取正值。按此通式，合成氨的反应可以写成：

$$0=2NH_3(g)-N_2(g)-3H_2(g)$$

反应系统中任何一种反应物或产物在反应过程中物质的量的变化量 Δn_{B} 与该物质的化学计量数 ν_{B} 的商定义为该反应的反应进度，以 ξ 表示。

$$\xi=\frac{n_{\text{B}}-n_{\text{B}_0}}{\nu_{\text{B}}}=\frac{\Delta n_{\text{B}}}{\nu_{\text{B}}}$$

或

$$\mathrm{d}\xi=\frac{\mathrm{d}n_{\text{B}}}{\nu_{\text{B}}}$$

因此可以得出如下结论。

(1) 由于 ν_{B} 的量纲为 1，Δn_{B} 的单位为 mol，所以 ξ 的单位也是 mol。

(2) 对于指定的化学反应，ν_{B} 为定值，ξ 随 B 的物质的量的变化而变化，故 ξ 可以量度反应进行的程度。

(3) 对于普适方程式

$$a\text{A}+b\text{B}=g\text{G}+d\text{D}$$

$$\xi=\frac{\Delta n_{\text{A}}}{-\nu_{\text{A}}}=\frac{\Delta n_{\text{B}}}{-\nu_{\text{B}}}=\frac{\Delta n_{\text{G}}}{\nu_{\text{G}}}=\frac{\Delta n_{\text{D}}}{\nu_{\text{D}}}$$

(4) 根据反应进度的定义，它只与化学反应方程式的写法有关，而与选择反应系统中何物种来表达无关。例如合成氨反应

$$N_2(g)+3H_2(g)\rightleftharpoons 2NH_3(g)$$

当反应进行到某阶段，其反应进度为 ξ 时，若刚好消耗 1.5mol 的 $H_2(g)$，按反应方程式可以推算同时消耗掉的 $N_2(g)$ 的物质的量为 0.5mol，而同时生成了 1.0mol 的 $NH_3(g)$。按反应进度定义得：

$$\xi=\frac{\Delta n(H_2)}{-\nu(H_2)}=\frac{-1.5\text{mol}}{-3}=0.5\text{mol}$$

$$\xi=\frac{\Delta n(N_2)}{-\nu(N_2)}=\frac{-0.5\text{mol}}{-1}=0.5\text{mol}$$

$$\xi=\frac{\Delta n(NH_3)}{\nu(NH_3)}=\frac{1.0\text{mol}}{2}=0.5\text{mol}$$

(5) 对于指定的化学计量方程式，当 Δn_{B} 的数值等于 ν_{B} 时，则 $\xi=1\text{mol}$，它表示各物质按化学计量方程式进行了完全反应，称为摩尔反应。如对于 $N_2(g)+3H_2(g)\longrightarrow 2NH_3(g)$，$\xi=1\text{mol}$ 表示 1mol N_2 与 3mol H_2 完全反应生成 2mol NH_3。

如 $\frac{1}{2}N_2(g)+\frac{3}{2}H_2(g)\longrightarrow NH_3(g)$，$\xi=1\text{mol}$ 时，表示 $\frac{1}{2}$mol 的 N_2 与 $\frac{3}{2}$mol 的 H_2 完全反应生成 1mol 的 NH_3。因此，使用反应进度的概念时一定要指明相应的化学计量方程式。

2.1.3 转化速率 J

目前，国际单位制推荐采用反应进度 ξ 随时间 t 的变化率来表示反应进行的快慢程度，称为转化速率 J，即对于 $0=\sum_{B}\nu_{B}B$，有

$$J \xlongequal{\text{def}} \frac{d\xi}{dt}$$

这里定义的转化速率是瞬时速率，即真实速率。由于 $d\xi=\frac{1}{\nu_B}dn_B$ 因此上式可表示为

$$J=\frac{1}{\nu_B}\frac{dn_B}{dt}$$

n_B 为物质 B 的物质的量，ν_B 为物质 B 的化学计量数，对于反应物 ν_B 为负值，对于产物 ν_B 为正值。对于任意反应

$$aA+bB \xlongequal{} gG+dD$$

$$J=-\frac{1}{a}\frac{dn_A}{dt}=-\frac{1}{b}\frac{dn_B}{dt}=\frac{1}{g}\frac{dn_G}{dt}=\frac{1}{d}\frac{dn_D}{dt}$$

如上定义的转化速度与物质 B 的选择无关，而且无论反应进行的条件如何，总是正确的、严格的。J 的 SI 单位为 $mol\cdot s^{-1}$。

对于体积 V 一定的密闭系统，人们常用单位体积的反应速率 J'，由于 $J'=\frac{J}{V}$，代入上面的式中，则可得出任意化学反应的反应速率

$$J'=\frac{J}{V}=-\frac{1}{a}\frac{dc_A}{dt}=-\frac{1}{b}\frac{dc_B}{dt}=\frac{1}{g}\frac{dc_G}{dt}=\frac{1}{d}\frac{dc_D}{dt}$$

式中，$c_B=\frac{n_B}{V}$ 表示参加化学反应的物质 B 的物质的量浓度，J' 的单位为 $mol\cdot dm^{-3}\cdot s^{-1}$。如时间和浓度的变化较大，则可用 $\frac{\Delta c}{\Delta t}$ 代表 $\frac{dc}{dt}$，则 J' 即表示为反应的平均速率

$$J'=-\frac{1}{a}\frac{\Delta c_A}{\Delta t}=-\frac{1}{b}\frac{\Delta c_B}{\Delta t}=\frac{1}{g}\frac{\Delta c_G}{\Delta t}=\frac{1}{d}\frac{\Delta c_D}{\Delta t}$$

2.2 化学反应速率理论简介

2.2.1 碰撞理论

1918 年，路易斯（W. C. M. Lewis）根据气体双分子反应，提出了碰撞理论（collision theory）的假设。其主要论点如下。

（1）反应物分子必须相互碰撞才有可能发生反应　化学反应是旧键破坏新键生成的过程，由于相互碰撞的分子的价电子云之间存在着强烈的静电排斥力，因此碰撞的分子对必须具有足够大的碰撞动能才能克服价电子云之间的排斥力，从而导致原来化学键的断裂和新化学键的形成。这种能够发生反应的碰撞叫做有效碰撞。

（2）反应物分子要做定向碰撞　反应物分子对之间如果直接碰撞的方向部位不对头，不能有力地撞在该反应的原子上，即使反应分子对具有足够大的动能，反应还是不能发生。例如在下列反应中

$$CO(g)+NO_2(g) \xlongequal{} CO_2(g)+NO(g)$$

当 CO 和 NO_2 分子发生碰撞时，如果 C 原子与 N 原子相碰撞，就不可能发生 O 原子的转移，而只有当 C 原子与 NO_2 的 O 原子相碰撞时，其反应取向适当，才有可能使 NO_2 的 O 原子转移到 CO 的分子上，从而生成 CO_2 和 NO 分子。

2.2.2　过渡状态理论

随着人们对分子内部原子结构认识的深入，在量子力学和统计力学发展的基础上，20 世纪 30 年代，埃林（H. Eyring）等人提出了反应速率的过渡状态理论。它用量子力学方法对简单反应进行处理，计算反应物分子在相互作用过程中的势能变化，认为化学反应不只是通过反应物分子间碰撞就能完成的。而是在相互接近时要经过一个中间过渡状态，即形成一种“活化络合物”，而这一过渡状态很不稳定，会很快转化成产物

$$\underbrace{A+BC}_{\text{反应物（始态）}} \longrightarrow \underbrace{A\cdots B\cdots C}_{\text{活化络合物（过渡态）}} \longrightarrow \underbrace{AB+C}_{\text{产物（终态）}}$$

下面以大气臭氧层破坏的一个反应（O_3 和 NO 的反应）来说明反应过程中的能量关系，如图 2.1 所示。

$$O_3(g)+NO(g) \xlongequal{} NO_2(g)+O_2(g) \tag{2.1}$$

$$\Delta_r H_m^{\ominus} = -199.6 kJ \cdot mol^{-1}$$

A 点和 D 点分别表示反应物（O_3 和 NO 的混合物）和产物（O_2 和 NO_2 的混合物）所具有的平均能量。两点的能量之差（即 B 和 X 之间的垂直距离）表示反应过程中的热效应 $\Delta_r H_m^{\ominus}$。

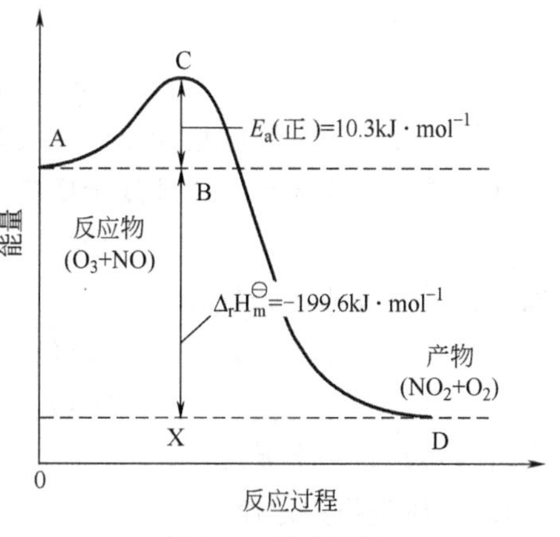

图 2.1　反应过程

化学反应历程说明反应物 A 必须跃过一个能垒才能转化为产物 D。而 C 点表示被“活化了”的分子所具有的最低能量。反应物 A 分子在转化为产物之前必须以足够的能量“碰撞”，首先形成“活化分子”。很显然，不能将反应物 A 分子能量提高到 C 点所表示的能级的任何碰撞都不会导致化学反应的发生。图 2.1 表明，即使是放热反应，外界仍然要提供最低限度的能量，这个能量就称为反应的“活化能”。B 点与 C 点的垂直距离所表示的能量（或者说活化络合物的最低能量与反应物分子所具有的平均能量的差）为该反应的活化能 E_a。

$$E_a(\text{正}) = 10.3 kJ \cdot mol^{-1}$$

X 和 C 之间垂直距离所代表的能量为该反应逆反应的活化能 E_a(逆)

$$E_a(\text{逆}) = 209.9 kJ \cdot mol^{-1}$$

反应式(2.1) 表示臭氧层被破坏的反应是放热反应，其逆反应则为吸热反应，$\Delta_r H_m^{\ominus}$(逆)= 199.6kJ·mol^{-1}。

碰撞理论从分子的外部运动，考虑有效碰撞频率等因素，直观明了地从大量分子的行为来了解反应速率，但未考虑分子的内部结构。而过渡态理论是从分子水平上研究元反应的动力学。由于过渡态的寿命极短（一般为 10^{-12} s 左右），因此对过渡态的观测非常困难。近 10 年来，随着激光技术、分子束技术以及光电子能谱等实验技术的发展，对过渡态观测及实验研究有了可喜的进展，但要揭示物质结构和反应速率之间的奥秘绝非一蹴而就的事情，

还需要科学家长期不懈的努力。

2.3 影响化学反应速率的因素

影响化学反应速率的根本原因在于物质的内部因素，而反应物的浓度、反应温度、反应物的接触情况以及催化剂的使用等，是影响化学反应速率的外部原因，内因是基础，外因是条件，外因通过内因而起作用。下面介绍浓度、温度及催化剂对反应速率的影响。

2.3.1 浓度对反应速率的影响

大量实验事实表明，在一定温度下，增加反应物的浓度可以增大反应速率。可以根据活化分子的概念来解释这一实验事实。在一定温度下，对于某一反应来说，反应物中活化分子的百分数是一定的。增加反应物浓度时，单位体积内活化分子的总数增多，故使反应速率增大。

下面讨论反应物浓度与反应速率的定量关系。

2.3.1.1 元反应和非元反应

反应物分子在有效碰撞中一步直接转变为生成物的反应，叫做元反应。例如，下列反应即为元反应

$$2NO_2 \longrightarrow 2NO + O_2$$

$$NO_2 + CO \longrightarrow NO + CO_2$$

$$SO_2Cl_2 \longrightarrow SO_2 + Cl_2$$

只有少数的化学反应是元反应。大多数反应，其反应物要经历若干步骤（即若干个元反应）才能转变为生成物，这种复杂反应称为非元反应。例如，在 1073K 时的如下反应

$$2NO + 2H_2 \longrightarrow N_2 + 2H_2O$$

被实验证明是分两步进行的：

$$2NO + H_2 \longrightarrow N_2 + H_2O_2$$

$$H_2O_2 + H_2 \longrightarrow 2H_2O$$

其中每一步都是一个元反应。

2.3.1.2 质量作用定律

从实验事实得出，在一定温度下，对某一元反应来说，其反应速率 v 与各反应物浓度（以反应方程式中该物质的化学计量数为指数）的乘积成正比，这一规律称为质量作用定律。例如，任一元反应

$$a\mathrm{A} + b\mathrm{B} \longrightarrow g\mathrm{G} + d\mathrm{D}$$

其质量作用定律的数学表达式为

$$v \propto c^a(\mathrm{A}) \cdot c^b(\mathrm{B})$$

$$v = kc^a(\mathrm{A}) \cdot c^b(\mathrm{B}) \tag{2.2}$$

式中，k 称为速率常数。当 $c(\mathrm{A}) = c(\mathrm{B}) = 1\mathrm{mol \cdot dm^{-3}}$ 时，$v = k$。故速率常数就是某反应在一定温度下，反应物为单位浓度时的反应速率。k 的数值与反应温度和催化剂等因素有关，而与反应物的浓度无关。不同的反应 k 值也不同。在相同的反应温度下，k 值越大的反应，反应速率越大。

式(2.2) 表达反应物浓度与反应速率的关系，因此也叫做反应速率方程式。各浓度项指

数之和（$a+b$）称为反应的总级数（简称反应级数）。a 和 b 分别称为反应物 A 和 B 的级数。

质量作用定律只适用于元反应。但大多数反应是非元反应，它是由几个元反应组成的总反应。质量作用定律适用于其中每一个元反应，但不适用于其总反应。例如如下反应

$$2NO + 2H_2 \longrightarrow N_2 + 2H_2O$$

由实验测定得出反应速率方程式为：

$$v = k \cdot c^2(NO) \cdot c(H_2)，而不是\ v = k \cdot c^2(NO) \cdot c^2(H_2)$$

研究确定上述反应是分两步进行的，即

$$2NO + H_2 \longrightarrow N_2 + H_2O_2 \qquad (1)\ （慢反应）$$

$$H_2O_2 + H_2 \longrightarrow 2H_2O \qquad (2)\ （快反应）$$

显然，总反应速率取决于其中的慢反应。其反应速率就与 H_2 浓度的一次方成正比。这与实验结果相一致。由此可见，反应速率方程式必须由实验来确定。反应级数也要通过实验来确定，随意根据化学反应方程式写出速率方程并确定反应级数显然是不科学的。

2.3.2　温度对反应速率的影响

温度对化学反应速率的影响是十分显著的。以氢气和氧气化合生成水的反应为例，在室温下氢气与氧气作用极慢，以致数年也观察不到有水生成，但如将此反应的温度提高到 600℃，则反应会立即发生，并且爆炸。

一般来说，化学反应速率都随温度的升高而增大。范德霍夫（van't Hoff）从实验结果归纳出一条经验规则：在反应物浓度相同的情况下，温度每升高 10℃，反应速率增加到原来的 2～4 倍。

$$\frac{k_{t+10}}{k_t} = 2 \sim 4$$

式中，k_{t+10} 为（$t+10$）℃时的反应速率常数；k_t 为 t℃时的速率常数。

无论是吸热反应还是放热反应，温度升高都使反应速率增大。可以认为，温度升高，分子运动速率增大，单位时间内分子碰撞次数增加。但更重要的是由于温度升高，分子获得能量，使更多的分子成为活化分子。增加了活化分子的百分数必然使反应速率大大加快。

1889 年瑞典化学家阿仑尼乌斯（S. A. Arrhenius）总结了大量实验事实，提出了温度与反应速率常数关系的经验公式

$$k = A e^{-\frac{E_a}{RT}} \qquad (2.3)$$

式中，k 是反应速率常数；E_a 为反应活化能；R 为摩尔气体常数；T 为热力学温度；A 为常数（称为"指前因子"）。由式(2.3) 可知，k 和 T 成指数关系。所以，温度（T）的微小变化都会使速率常数（k）发生较大的变化，说明了温度对反应速率的显著影响。

反应活化能（E_a）和指前因子（A）可以由实验数据求出。举例如下

$$CO + NO_2 \longrightarrow CO_2 + NO$$

在不同温度下，该反应速率常数的实验数据列于表 2.1。

表 2.1　速率常数与温度的对应关系

温度 T/K	600	650	700	750	800
速率常数 $k/dm^3 \cdot mol^{-1} \cdot s^{-1}$	0.028	0.22	1.30	6.00	23.0

对式(2.3) 取对数：

$$\ln k = -\frac{E_a}{RT} + \ln A$$

或
$$\lg k=-\frac{E_a}{2.303RT}+\lg A \tag{2.4}$$

用表 2.1 的实验数据，以 $\lg k$ 对 $\frac{1}{T}$ 作图，便得出如图 2.2 所示的直线。从图上直线的截距可求得 A，直线的斜率为 $-\frac{E_a}{2.303R}$，由斜率可求出 E_a。

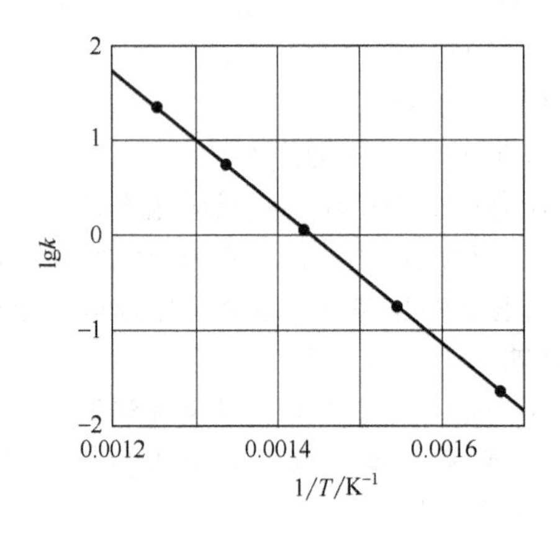

图 2.2　$\lg k$ 与 $\frac{1}{T}$ 的关系

E_a 和 A 值也可以通过实验数据计算求出。设 k_1 和 k_2 分别为某反应在 T_1 和 T_2 时的速率常数，则式(2.4) 可分别写为

$$\lg k_1=-\frac{E_a}{2.303RT_1}+\lg A \tag{1}$$

$$\lg k_2=-\frac{E_a}{2.303RT_2}+\lg A \tag{2}$$

式(2)－式(1) 得

$$\lg\frac{k_2}{k_1}=\frac{E_a}{2.303R}\left(\frac{T_2-T_1}{T_1T_2}\right) \tag{2.5}$$

应用式(2.5) 可以由两个不同温度的速率常数求出反应活化能 E_a，求出指前因子 A。因此，该公式不仅适于元反应，也适用于非元反应。在反应动力学研究中，阿仑尼乌斯公式至今仍是实验测定反应活化能 E_a 的重要方法，在研究反应机理中具有重要意义。

2.3.3　催化剂对反应速率的影响

升高温度虽能加快反应速率，但高温有时会给反应带来不利影响。例如，有些反应在高温会发生副反应，有的反应产物会在高温下分解。而且高温反应设备投资大，技术复杂，能耗高。因此选择最佳反应途径是使用催化剂。

催化剂是一种能改变反应速率，而本身的组成、质量和化学性质在反应前后不发生变化的物质。催化剂改变反应速率的作用叫做催化作用。能加快反应速率的催化剂叫做正催化剂，能减慢反应速率的催化剂叫做负催化剂。通常所说催化剂都是指正催化剂。但负催化作用有时也有积极意义，如橡胶、塑料的防老化，金属的防腐蚀等。

就催化剂而言，首先，对于可逆反应来说，催化剂既能加快正反应速率，也能同等地加快逆反应速率。因此催化剂能缩短到达平衡状态的时间。但在一定温度下，催化剂并不能改变平衡混合物的浓度（反应的限度），即不能改变平衡状态，系统的平衡常数不受影响。其原因是因为催化剂不能改变反应的标准摩尔吉布斯函数变 $\Delta_r G_m^{\ominus}$，它不能启动一个通过热力学计算不能进行的反应（即 $\Delta_r G_m > 0$ 的反应）。它只能加快那些经热力学判断可能进行的反应，并将这种可能性变为现实。

其次，催化剂加快反应速率是通过改变反应历程（或机理）、降低反应的活化能来实现的。例如，化学反应 $A+B \longrightarrow AB$ 所需的活化能为 E，在催化剂 C 的参与下，反应按以下两步进行：

$A+C \longrightarrow AC$　　　反应所需的活化能为 E_1

$AC+B \longrightarrow AB+C$　　　反应所需的活化能为 E_2

E_1 和 E_2 都小于 E（见图 2.3），催化剂只是暂时介入，改变了反应历程。最终，催化剂通过再生又回到它原来的化学状态（有时物理状态可能发生变化，如从大颗粒变成小颗粒，强度有所变化等）。一般说来，如果催化反应能使活化能减低 $40kJ \cdot mol^{-1}$，若该反应是在 300K 下进行的，则反应速率可增加 1.7×10^7 倍。

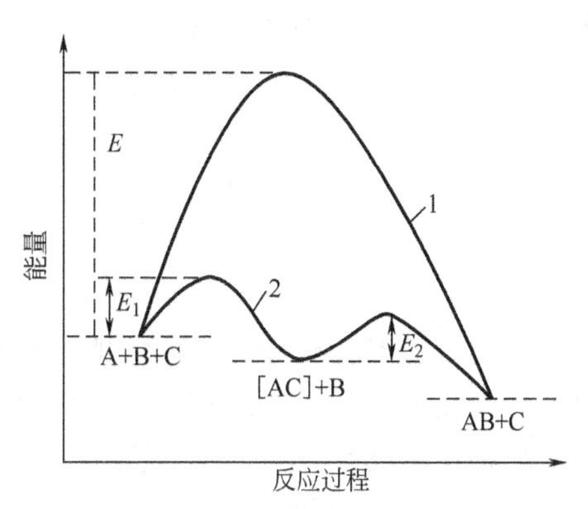

图 2.3　催化作用的能量图
1—无催化剂；2—有催化剂

活化能的大小反映了反应速率随温度变化的程度。活化能较大的反应，温度对反应速率的影响就显著，升高温度会显著地加快反应速率；而活化能较小的反应则相反。一般化学反应的活化能约为 $63 \sim 250kJ \cdot mol^{-1}$，活化能小于 $40kJ \cdot mol^{-1}$ 的化学反应，其反应在室温或低于室温均能瞬时完成，因此无法用一般的实验方法测定其反应速率，例如：中和反应，爆炸反应等。而活化能大小 $400kJ \cdot mol^{-1}$ 的反应，反应进行的速率又非常慢，以致经过很长时间也难以观察到该反应的进行。表 2.2 列举了一些典型反应与催化反应活化能的比较。

表 2.2　非催化反应和催化反应活化能的比较

反应	$E_a/kJ \cdot mol^{-1}$		催化剂
	非催化反应	催化反应	
$2HI \longrightarrow H_2 + I_2$	184.1	104.6	Au
$2H_2O \longrightarrow 2H_2 + O_2$	244.8	136.0	Pt
$3H_2 + N_2 \longrightarrow 2NH_3$	334.7	167.4	$Fe\text{-}Al_2O_3\text{-}K_2O$
蔗糖在盐水溶液中的分解	107.1	39.3	转化酶

从图 2.3 可以看出，不管反应经由何种途径，催化剂 C 恢复原状，始态（A+B）和终态（AB）的能量差是不变的。

举一个具体的例子，例如 I^- 催化 H_2O_2 水溶液的分解反应：

$$2H_2O_2(aq) = 2H_2O(l) + O_2(g)$$

反应历程可写作：

$$H_2O_2(aq) + I^-(aq) \longrightarrow H_2O(l) + IO^-(aq)$$

$$IO^-(aq) + H_2O_2(aq) \longrightarrow H_2O(l) + O_2(g) + I^-(aq)$$

$$2H_2O_2(aq) = 2H_2O(l) + O_2(g)$$

在无催化剂存在时，反应的活化能约需 75.3kJ·mol^{-1}，添加催化剂后，反应的活化能（即 E_1 与 E_2 之和）为 56.5kJ·mol^{-1}，降低了 18.8kJ·mol^{-1}。催化剂并不影响系统最终的热力学状态，只是加入催化剂后，反应从另一条捷径到达这个状态。

I^- 对 H_2O_2 分解的催化反应属均相催化反应（homogeneous catalysis），即催化剂与反应物处在同一相中，I^- 叫做均相催化剂，此为第一类。另一类反应叫做非均相（或多相）催化反应（heterogeneous catalysis），催化剂与反应物处在不同相中，这类反应中的催化剂叫做多相催化剂，此为第二类。多相催化剂在工业上用得较多（如气相反应和液-固相反应）。

第三，催化剂具有选择性，一种催化剂只能催化某一种或某一类反应。有的反应用不同催化剂得到的产物不同。例如，以乙醇为原料，用不同催化剂可得到不同的产物

$$C_2H_5OH \begin{cases} \xrightarrow[Cu]{473\sim523K} CH_3CHO + H_2O \\ \xrightarrow[Al_2O_3]{623\sim633K} C_2H_4 + H_2O \\ \xrightarrow[ZnO \cdot Cr_2O_3]{673\sim723K} CH_2{=}CH-CH{=}CH_2 + H_2 + H_2O \end{cases}$$

催化剂及其催化作用的研究既有理论意义又有实际应用价值。据统计，在大量的已工业化的化工生产流程中，约有 80%～85%的流程涉及到催化剂。如在合成氨、硫酸与硝酸生产时要使用催化剂，在乙烯、丙烯、苯乙烯的聚合反应中需要催化剂；现代石油化工中的一系列反应，如石油的催化裂化、重整和加氢精制等过程中的每一步，都离不开催化剂。催化剂在化工和石油化工中的应用见表 2.3 所示。事实证明，使用优良的催化剂是加快反应速率的最经济、最有效的途径。但是，相对来说，催化作用和催化剂的有关理论至今还不成熟，对催化剂的使用还不能完全做到运用自如。而在人们对资源的利用、能源的开发、新材料的合成等方面，在汽车尾气的净化、臭氧层的被破坏等环境保护有关方面，都涉及大量的与催化作用有关的问题有待研究和解决。

表 2.3　催化剂在化工及石油化工中的应用

化工、石化实验	催化剂	化工、石化实验	催化剂
合成氨(Haber-Bosch)	$Fe-Al_2O_3-K_2O$	乙苯制苯乙烯	Fe_3O_4(Cr、K 的氧化物)
苯加氢制环己烷	Ni 或 Pt	蜡油、渣油催化裂化制汽油、柴油	SiO_2-AlO_3
丁苯橡胶	Li 或过氧化物		HZSM-5
高密度聚乙烯、聚丙烯	Ziegler-Natta 催化剂		
甲醇制汽油(Mobil 法)	沸石分子筛	重质油加氢裂化生产润滑油基础油	MoO_3-CoO/Al_2O_3
$CO+2H_2 \longrightarrow CH_3OH$	$CuO-ZnO-Cr_2O_3$	丙烯、丁烯叠合生产高辛烷值汽油	H_3PO_4、沸石分子筛

2.3.4　反应物之间接触情况对反应速率的影响

反应物处在同一相（气相或液相）中的反应叫均相反应（homogeneous reaction）。在均相反应中，由于分子或离子的运动比较自由，相互间碰撞的机会较多，碰撞频率较高，因而反应分子间的接触问题并不显得十分重要。然而，对于处于不同相中的物质之间的多相反应（heterogeneous reaction）来说，例如气-固、液-固间的反应，以及固体与固体之间的固相反应，反应分子间的接触情况往往直接影响到反应速率的大小。例如，水蒸气与红热的铁之间的反应

$$3Fe(s) + 4H_2O(g) = Fe_3O_4(s) + 4H_2(g)$$

当铁是以大块的形式参与反应时，反应速率非常缓慢，若用铁粉参加反应，则因水分子与铁

粉之间有充分的接触表面，从而使反应速率大大加快。又如，将固体 $HgCl_2$ 装入瓶的下部，固体 KI 装入瓶的上部，放置数十年后，只是在 $HgCl_2$ 与 KI 固体相互接触的界面上，才能看到一薄层红色的 HgI_2 生成，而在瓶内其他地方看不到任何化学变化。但若将上述两种固体物质研细后混合在一起，不断摇动让其接触，则很快就可看到有红色 HgI_2 的生成，反应速率明显加快。如果分别将 $HgCl_2$ 和 KI 配成溶液，然后适量混合，便会立即析出红色 HgI_2 沉淀[1]：

$$HgCl_2(aq) + 2KI(aq) = HgI_2(s)\downarrow + 2KCl(aq)$$

以上实验表明，反应物分子之间的接触和碰撞是发生反应的必要条件。固体物质的反应发生在固体表面上，固体粒子的粒径越小，则在单位质量固体中所含的粒子数越多，固体的总表面积越大，使得反应物分子之间接触的机会增多，反应速率加快。固体物质表面积的大小，对一些有固体物质参加的多相反应或多相催化反应的速率影响极大。

如果将固体粒子的粒度减小到纳米级（$1nm = 10^{-9}m$），人们发现，这些纳米量级粒子具有一些奇特的理化性质，如金属铝中含有少量的陶瓷超细颗粒，可以制成质量轻、强度高、韧性好、耐热性强的金属陶瓷，是火箭喷气管中理想的耐高温材料。

随着 20 世纪 80 年代后制备纳米粒子新方法的不断出现，现在人们已经能够直接制备纳米粒子（如 C_{60}、碳纳米管等），并且能够在纳米尺度上对原子或分子进行加工，纳米量级粒子的一些新的特殊性质（如特殊的机械性质、光学性质、化学性质以及电子特性等）也逐渐被认识，并引起各国科学家的浓厚兴趣。目前，研究纳米技术和纳米材料（1～100nm）以及关于纳米材料的物理性质、化学性质和所涉及的理论问题已成为 21 世纪的新兴学科。

2.4　链反应和光化学反应

在化学反应中有一类特殊的反应，只要用热、光、引发剂等引发反应，产生活性组分（自由基或原子）并相继发生一系列交替的连续反应，就会像多分支的链条一样，使反应迅速进行下去。这样的反应称为链反应（chain reaction）。所谓自由基（free radical）是指带有未成对电子（即单电子）的物种，它可以是分子、原子或者基团。通过加热、光照或者与惰性物质碰撞，使分子中共价键的一对电子均裂变成不成对的电子，便产生自由基。例如，氯原子自由基（Cl· ）可以通过多种方式获得

$$Cl_2 \xrightarrow{\triangle} Cl_2^* \longrightarrow 2Cl\cdot \qquad \text{（热解反应）} \qquad (2.6)$$

$$Cl_2 \xrightarrow{h\nu} Cl_2^* \longrightarrow 2Cl\cdot \qquad \text{（光解反应）} \qquad (2.7)$$

反应式(2.6) 是在加热条件下，通过 Cl_2 分子间的相互碰撞形成活化 Cl_2^* 分子，活化分子进一步分解成 Cl· 自由基，通常称为热解反应。反应式(2.7) 则是通过 Cl_2 吸收光量子（$E = nh\nu$）变成 Cl_2^* 活化分子，然后分解为 Cl· 自由基，该反应称为光解反应。

2.4.1　链反应

所有的链反应都由三个基本步骤组成，即链引发、链增长和链终止。例如如下反应

$$H_2(g) + Cl_2(g) \longrightarrow 2HCl(g)$$

[1] 若 KI 过量，则 HgI_2 将进一步与 KI 反应，生成无色的 $[HgI_4]^{2-}$ 配离子。

室温下将 $Cl_2(g)$ 和 $H_2(g)$ 混合在一起，在避光条件下系统是相当稳定的，可以长期保存。然而混合物一旦被电火花引发，反应会立即自动进行，并迅速完成。

（1）链引发

$$Cl_2 + M \longrightarrow 2Cl\cdot + M \tag{2.8}$$

M 为第三种物质（光子、杂质分子或器壁分子等），它不参与反应，只起着传递能量的作用。$Cl_2(g)$ 分子在光照或电火花引发下，Cl—Cl 键断裂，产生氯自由基 Cl· 。

（2）链增长（又称为链传递）

$$Cl\cdot + H_2 \longrightarrow HCl + H\cdot \tag{2.9}$$

$$H\cdot + Cl_2 \longrightarrow HCl + Cl\cdot \tag{2.10}$$

由于自由基中含有未成对电子，这些未成对电子具有较强烈的成对趋向，使得自由基常表现出异常活泼的化学性质。自由基稳定化有两种途径：或者失去单电子，或者从另一物质中夺得电子。反应式(2.9)中，自由基 Cl· 从 $H_2(g)$ 中夺得一个氢原子生成 HCl(g) 分子，同时又产生一个新的自由基，即氢自由基 H· 。在反应式(2.10)中，自由基 H· 与 $Cl_2(g)$ 反应产生新的自由基 Cl· 。这样，反应式(2.9)和(2.10)循环往复，可以连续不断地进行下去。

（3）链终止　即活性粒子自由基复合，自由基被消除，反应终止

$$2Cl\cdot + M \longrightarrow Cl_2 + M \tag{2.11}$$

$$2H\cdot \longrightarrow H_2 \tag{2.12}$$

$$Cl\cdot + H\cdot \longrightarrow HCl \tag{2.13}$$

2.4.2 光化学反应

在光作用下进行的反应称为光化学反应。人们最为熟悉的植物光合作用和照相底片的感光即是常见的光化学反应。

植物光合作用的重要性是不言而喻的，人类的食物、社会文明的能源（石油、煤、天然气）都是植物光合作用给人类创造的财富，也是人类赖以生存的自然基础。如果有朝一日人们能模拟植物的叶绿素，研究成功人工固氮和光解水制氢，那么，对于解决全世界粮食、能源、污染等日益尖锐的问题将具有重要的科学意义和巨大的经济价值。

2.4.2.1 光化学反应的特征

相对于光化学反应来讲，可将通常的化学反应称为热化学反应。光化学反应具有一定的特征和规律，它与热化学反应的主要区别如下。

（1）热化学反应所需的活化能来自反应物分子的热碰撞，而光化学反应所需的活化能来源于辐射的光子能量。

（2）在恒温恒压下，热化学反应总是使体系的吉布斯函数降低，但对光化学反应则不适用。许多光化学反应体系的吉布斯函数变是增加的，如在光的作用下氧转变为臭氧、氨的分解以及植物将 CO_2 与 H_2O 合成碳水化合物并放出氧气等，都是吉布斯函数增加的例子。

（3）热化学反应的速率受温度影响较大，而光化学反应受温度影响较小，有时甚至与温度无关。例如荧光是一种可见的化学冷光，它的出现不是由于物质温度的提高，而是由于一种蛋白质的衍生物荧光素在空气中起氧化作用而产生的。另外，黄磷的发光也是由于空气的氧化作用所致。

2.4.2.2　感光作用与光敏剂

在光化学反应中的有些物质，如卤化银通过曝光后能发生化学变化，经过适当的显影、定影处理，能够形成影像，这就是照相术的基础。卤化银对可见光中的蓝色光、紫色光以及比紫色光波更短的紫外线都敏感，而对波长较长的红光、黄光不敏感。这种对不同波长有光波敏感的特征称为感光材料的感光性。

有些物质不能直接吸收某波长的光，即对光不敏感，但若在体系中加入另一种物质，该物质能吸收这种光辐射，并把光的能量传递给反应物，使反应物能够发生化学反应。所加入的这种物质就称为光敏剂，这样的反应称为光敏化反应。例如氢分子离解成氢原子时，如果用波长 253.7nm 的汞灯去照射氢气，并不发生反应。若在氢气中加入一点汞蒸气，然后把此混合物暴露在 253.7nm 波长的光中，氢分子就立刻发生解离，这里的汞蒸气就是光敏剂。汞原子吸收光子变为激发态原子 Hg•，激发态汞原子遇到氢分子时，前者就将吸收的能量传给后者，使后者离解。上述过程可表示为

$$Hg + h\nu \longrightarrow Hg\bullet \qquad Hg\bullet + H_2 \longrightarrow Hg + 2H\bullet$$

如果没有光敏剂的存在，要在光照下直接产生离解反应 $H_2 + h\nu \rightarrow 2H\bullet$，则要求光的波长 $\lambda \leqslant 84.9$nm，即要求光子的能量比有光敏剂存在时大得多。

另一个常见的例子是植物的光合作用。CO_2 和 H_2O 都不能吸收波长在 400～700nm 之间的太阳光，但是叶绿素能吸收这样的光子，使 CO_2 和 H_2O 合成碳水化合物

$$CO_2 + H_2O \xrightarrow[h\nu]{\text{叶绿素}} \frac{1}{6n}(C_6H_{12}O_6)_n + O_2$$

因此，叶绿素就是植物光合作用的光敏剂。

2.4.3　臭氧层的光化学反应

众所周知，臭氧层空洞是目前全世界面临的重大环境问题之一。人们已经认识到，人类活动使大气中某些化合物（如 N_2O、NO、NO_x 以及氯氟烃等）的量大幅度增加，致使臭氧的生成与耗损之间的平衡被破坏，造成了臭氧耗竭，臭氧层变薄，甚至在南北极上空出现了臭氧空洞。特别是氯氟烃类（CFC）化学物质，如氟利昂（简称 CFC）、CCl_4、$CHCl_3$，它们是离地面 11～48km 平流层中氯原子的主要来源，而氯原子，特别是自由基 Cl• 对臭氧分子的破坏是以链反应的方式进行的，其危害作用特别巨大。以氟利昂（CFC）为例，其过程如下。

（1）CFC 在紫外线作用下，发生光分解反应，释放出自由基 Cl•（链的引发）

$$F\text{—}\underset{\underset{Cl}{|}}{\overset{\overset{F}{|}}{C}}\text{—}Cl \xrightarrow{h\nu} F\text{—}\underset{\underset{Cl}{|}}{\overset{\overset{F}{|}}{C}}\bullet + Cl\bullet$$

（2）自由基 Cl• 与 O_3 分子反应，使 O_3 耗损（链的增长）

$$Cl\bullet + O_3 \longrightarrow ClO\bullet + O_2 \qquad (2.14)$$

$$ClO\bullet + O\bullet \longrightarrow O_2 + Cl\bullet \qquad (2.15)$$

$$(O_3 \xrightarrow{UV} O_2 + O)$$

反应式(2.15) 生成的自由基 Cl• 又可以进一步与 O_3 分子作用，即反应式(2.14) 和式(2.15) 如此循环、周而复始地进行下去。据报道，一个 Cl 原子可以吞食约十万个 O_3 分子，可见来自 CFC 中的 Cl 原子对 O_3 层的破坏作用是相当大的。

（3）自由基消除（链的终止） Cl• 与大气中的过氧自由基 $HO_2\bullet$ 反应

$$Cl\cdot + HO_2\cdot \longrightarrow HCl + O_2 \tag{2.16}$$

早在1978年公布的《世界气象组织宣言》中就明确指出，任何把 $Cl_2(g)$ 释放到平流层的气体成分都是破坏 O_3 的潜在因子。为了保护 O_3 层，国际社会已多次召开全球会议，并签署了一系列国际公约，明确了包括以CFC为代表的氯氟烃（CFC）以及溴氟烃［哈龙（Halon），含溴的卤代甲乙烷的商品名］等7类上百种物质为消耗臭氧层物质（ozone depletion substances，简称ODS），要求各国限制ODS的生产和消费数量，并制定了具体的日期和进程，实现受控ODS的逐步淘汰方案。中国也进入了全球保护 O_3 层的行列，从1999年7月1日起，冻结CFC的生产，即将CFC的生产和消费冻结在1995～1998年三年的平均水平，从2000年起已逐步淘汰CFC，在2010年已完全淘汰CFC的生产而使用替代品。

我国科学家在不断研发的基础上，开发出了新一代格林柯尔（Greencool）制冷剂。它不仅不破坏 O_3 层（不含CFC），而且制冷效率高，在相同制冷效果下，比现有制冷剂节电20%左右。从而很好地解决了全球共同面对的难题，对保护人类赖以生存的地球大气环境作出了积极的贡献。

科学家李远哲
（Yuan-Tseh Lee，1936～）

李远哲是继物理学家李政道、杨振宁和丁肇中之后又一位获得诺贝尔奖的美籍华裔科学家，也是第一个获得诺贝尔化学奖的美籍华裔科学家。

李远哲1936年生于台湾新竹市。23岁获台湾大学理学学士学位，两年后获台湾清华大学理科硕士学位。1962年赴美，1965年获美国伯克利加州大学博士学位，同年随哈佛大学赫希巴哈（D. R. Herschbach）教授从事博士后研究工作，提出了发展“交叉分子束”的草案。1974年在伯克利加州大学任化学教授。

李远哲教授非常重视实验技术的改进，创造性地发展了交叉分子束实验技术及装置。对燃烧化学、激光化学等有关的复杂反应系及反应的机理研究作出了卓越的贡献。最为出色的是 $F + H_2 \longrightarrow HF + H$ 反应的动力学研究，被称为分子反应动力学研究的里程碑。

由于李远哲运用交叉分子束技术在分子反应动力学研究中的杰出贡献，在1986年李远哲与哈佛大学的赫希巴哈教授和多伦多大学波拉尼（J. C. Polanyi）教授共同获得诺贝尔化学奖。

1978年李远哲被选为美国科学院院士，1986年3月同杨振宁博士同获美国国家科学家奖章。同年4月获美国彼得·德拜物理化学奖，1989年获美国能源部劳伦斯奖。

1978年以来，李远哲教授多次到中国科学院化学研究所讲学，并为我国大型分子束激光裂解产物谱仪的建立，为我国微观反应动力学的研究作出了重要的贡献。

复习题与习题

1. 区别下列概念

(1) 有效碰撞与无效碰撞。

(2) 反应热与活化能。

(3) 均相催化剂和多相催化剂。

(4) 反应速率与反应进度。

(5) 链反应与光化学反应。

2. 解释

(1) $A_2(g)+B_2(g)=\!=\!=2AB(g)$，但总反应不一定都是二级反应；

(2) 在反应机理中，最慢的一步反应决定总反应的速率。

3. 在 28℃，鲜牛奶约 4h 变酸，但在 5℃的冰箱内，鲜牛奶能保持 48h 才变酸。设在该条件下牛奶变酸的反应速率与变酸时间成反比，试估算牛奶变酸反应的活化能。

4. 一个反应的活化能为 $180kJ\cdot mol^{-1}$，另一个反应的活化能为 $80kJ\cdot mol^{-1}$。在相似的条件下，这两个反应中哪一个进行得较快些？为什么？

5. 选择与填空

(1) 若反应 $A_2+B_2=2AB$ 的速率方程 $v=k\cdot c(A_2)\cdot c(B_2)$，则此反应为________。

(A) 一定是元反应，且反应级数为 2

(B) 一定是非元反应

(C) 无法肯定是否为元反应

(2) 某元反应 $A+B=\!=\!=C$、E_a(正)$=600kJ\cdot mol^{-1}$、E_a(逆)$=150kJ\cdot mol^{-1}$，则该反应的 $\Delta_r H_m=$______ $kJ\cdot mol^{-1}$。

(3) 升高温度可以增加反应速率，主要是因为__________。

(A) 增加了分子总数

(B) 增加了活化分子%

(C) 降低了反应的活化能

(D) 促使平衡向吸热方向移动

(4) 已知 $2NO(g)+Br_2(g)\rightleftharpoons 2NOBr(g)$ 为元反应，在一定温度下，当总体积扩大 1 倍时，正反应速率为原来的________。

(A) 4 倍　　(B) 2 倍　　(C) 8 倍　　(D) $\frac{1}{8}$

6. 判断题

(1) 反应的级数取决于反应方程式中反应物的化学计量数。(　　)

(2) 对于反应　$C(s)+H_2O(g)\rightleftharpoons CO(g)+H_2(g)$　　$\Delta_r H^{\ominus}(298.15K)=131.3kJ\cdot mol^{-1}$ 达到平衡后，若升高温度，则正反应速率 v(正) 增加，逆反应速率 v(逆) 减少，结果平衡向右移动。(　　)

(3) 温度升高能引起反应速率增大，而且反应活化能 E_a 越大的反应，速率增加得越显著。(　　)

7. 对于下列反应：

$$C(s)+CO_2(g)\rightleftharpoons 2CO(g);\quad \Delta_r H_m^{\ominus}(298.15K)=172.5kJ\cdot mol^{-1}$$

若增加总压力或升高温度或加入催化剂，则反应速率 k(正)、k(逆) 和反应速率 v(正)、v(逆) 以及标准平衡常数 $K^{\ominus}$、平衡移动的方向等如何？分别填入下表中。

	k(正)	k(逆)	v(正)	v(逆)	$K^{\ominus}$	平衡移动方　向
增加总压力						
升高温度						
加催化剂						

8. 根据实验，在一定温度范围内。可按 NO 和 Cl_2 的下列反应方程式来表达该反应速率方程式(符合质量作用定律)。

$$2NO(g)+Cl_2(g)\longrightarrow 2NOCl(g)$$

(1) 写出该反应速度的表达式。

(2) 该反应的总级数是多少?

(3) 其他条件不变，如果将容器的体积增加到原来的 2 倍，反应速率将怎样变化?

(4) 如果容器体积不变而将 NO 的浓度增加到原来的 3 倍，反应速率又将怎样变化?

9. 某反应在无催化剂时的活化能等于 $75.24kJ\cdot mol^{-1}$，而当有催化剂时，其反应活化能为 $50.14kJ\cdot mol^{-1}$，如果反应在 25℃时进行，而当有催化剂存在时，反应速率增大多少倍?

10. 已知反应：$CH_3I(aq)+HO^-(aq)\longrightarrow CH_3OH(aq)+I^-(aq)$其反应的活化能 $E_a=92.9kJ\cdot mol^{-1}$，在 25℃时反应速率常数 $k_1=6.5\times10^{-5}mol^{-1}\cdot dm^{-3}\cdot s^{-1}$，求 75℃时的反应速率常数 k_2。

11. 光化学反应有何特点? 联系臭氧层破坏说明之。

第3章　化学平衡

【本章基本要求】

(1) 理解标准平衡常数 $K^{\ominus}$ 的意义及其与 $\Delta_r G_m^{\ominus}$ 的关系。

(2) 理解标准平衡常数 $K^{\ominus}$ 与温度的关系，理解浓度、压力和温度对化学平衡的影响。

(3) 掌握化学平衡的初步计算。

在化工生产和新产品研发时，不仅要了解反应的自发性和反应速率等问题，而且应当了解化学反应所能进行到的极限程度。例如，把等物质的 $H_2(g)$ 和 $I_2(s)$ 装入一个密闭容器中，然后升温至 718K 使之发生气相反应来制备 HI，那么，是否全部的氢气和碘蒸气都生成了碘化氢？实验表明，反应进行到一定程度时，容器中碘化氢、碘和氢气三者共存，并且它们的浓度不随时间而变，也就是说，H_2 和 I_2 在上述条件下反应，无论反应时间多长，它们都不会百分之百化合生成 HI。实际上，对于任何一个化学反应，在一定条件下，都存在一个不可逾越的最大限度，这个客观存在的规律对于指导化工生产具有十分重要的意义。按照化学反应平衡规律可以计算不同条件下反应的理论产率。从而选择最佳的反应条件用以指导实际生产。所谓化学平衡就是研究在一定条件下化学反应的极限。

研究化学平衡及其规律，可以帮助人们找到适当的反应条件，使化学平衡朝着人们所需要的方向进行。

3.1　化学平衡与标准平衡常数 $K^{\ominus}$

3.1.1　标准平衡常数 $K^{\ominus}$

通常，化学反应都具有可逆性，只是可逆的程度有所不同。可逆反应进行到一定程度后，系统中反应物和生成物的分压力不再随时间而变化，这种状态称为化学平衡。如前所述，对恒温恒压下的化学反应来说，其热力学标志为 $\Delta_r G_m = 0$。

实验表明，在一个密闭容器中，对于气相反应，在一定温度下系统达到平衡时，生成物分压力（除以标准压力 $p^{\ominus}$，以方程式中化学计量数为指数）的乘积与反应物分压力（除以标准压力 $p^{\ominus}$，以方程式中化学计量数为指数）的乘积的比值是一常数，称为标准平衡常数 $K^{\ominus}$。

从实验得出的标准平衡常数的结论也可以从热力学的等温方程式推导得出。对于气相反应

$$aA(g)+bB(g) \rightleftharpoons gG(g)+dD(g)$$

如果各气体作为理想气体，则有

$$\Delta_r G_m = \Delta_r G_m^{\ominus} + RT\ln\frac{\{p(G)/p^{\ominus}\}^g \cdot \{p(D)/p^{\ominus}\}^d}{\{p(A)/p^{\ominus}\}^a \cdot \{p(B)/p^{\ominus}\}^b}$$

对于一般反应来说，当反应的 $\Delta_r G_m = 0$ 时，反应即达到平衡，此时系统中气态物质的分压 p 均为平衡时的分压 p^{eq}（eq 为平衡 equilibrium 的缩写）。则上式即为

$$0=\Delta_r G_m^{\ominus}+RT\ln\frac{\{p^{eq}(G)/p^{\ominus}\}^g \cdot \{p^{eq}(D)/p^{\ominus}\}^d}{\{p^{eq}(A)/p^{\ominus}\}^a \cdot \{p^{eq}(B)/p^{\ominus}\}^b}$$

$$\ln\frac{\{p^{eq}(G)/p^{\ominus}\}^g \cdot \{p^{eq}(D)/p^{\ominus}\}^d}{\{p^{eq}(A)/p^{\ominus}\}^a \cdot \{p^{eq}(B)/p^{\ominus}\}^b}=\frac{-\Delta_r G_m^{\ominus}}{RT}$$

在给定条件下，反应的 T 和 $\Delta_r G_m^{\ominus}$ 均为定值，则 $-\Delta_r G_m^{\ominus}/RT$ 亦为定值。

令此常数为 $K^{\ominus}$，即得标准平衡常数表达式

$$\frac{\{p^{eq}(G)/p^{\ominus}\}^g \cdot \{p^{eq}(D)/p^{\ominus}\}^d}{\{p^{eq}(A)/p^{\ominus}\}^a \cdot \{p^{eq}(B)/p^{\ominus}\}^b}=K^{\ominus}$$

并可得

$$\ln K^{\ominus}=-\Delta_r G_m^{\ominus}/RT$$

或

$$\lg K^{\ominus}=\frac{-\Delta_r G_m^{\ominus}}{2.303RT} \tag{3.1}$$

其中 $K^{\ominus}$ 就称为反应的标准平衡常数[1]。

对于标准平衡常数 $K^{\ominus}$ 的表达式应注意以下几点。

(1) $K^{\ominus}$ 为量纲一的量。

(2) $K^{\ominus}$ 必须与相应的化学方程式相对应，否则是无意义的。例如，合成氨反应可写成

$$N_2(g)+3H_2(g)\rightleftharpoons 2NH_3(g)$$

则

$$K_1^{\ominus}=\frac{\{p^{eq}(NH_3)/p^{\ominus}\}^2}{\{p^{eq}(N_2)/p^{\ominus}\}\cdot\{p^{eq}(H_2)/p^{\ominus}\}^3}$$

若写成

$$\frac{1}{2}N_2(g)+\frac{3}{2}H_2(g)\rightleftharpoons NH_3(g)$$

则

$$K_2^{\ominus}=\frac{\{p^{eq}(NH_3)/p^{\ominus}\}}{\{p^{eq}(N_2)/p^{\ominus}\}^{\frac{1}{2}}\cdot\{p^{eq}(H_2)/p^{\ominus}\}^{\frac{3}{2}}}$$

显然

$$K_1^{\ominus}=[K_2^{\ominus}]^2$$

(3) 标准平衡常数表达式中，各物质的分压力均为平衡时的分压力，对于反应物或生成物中的固态和纯液体（如 Br_2，l）的纯物质，则视为常数，不写进 $K^{\ominus}$ 表达式中。如

$$CaCO_3(s)\rightleftharpoons CaO(s)+CO_2(g)$$

其平衡常数表达式为

$$K^{\ominus}=p^{eq}(CO_2)/p^{\ominus}$$

3.1.2 标准平衡常数与温度的关系

在一定温度下，某一给定反应的 $\Delta_r G_m^{\ominus}$ 为一定值，所以 $K^{\ominus}$ 的数值只是温度的函数。而温度对标准平衡常数的影响是与反应的热效应密切相关的。

实验表明，对于正反应是放热的化学平衡，随着温度的升高，标准平衡常数减小。如

$$N_2(g)+3H_2(g)\rightleftharpoons 2NH_3(g)$$

对于正反应是吸热的化学平衡，随着温度的升高，标准平衡常数增大。如

$$C(s)+CO_2(g)\rightleftharpoons 2CO(g)$$

标准平衡常数与温度的关系可以由化学热力学进一步讨论。

根据式(3.1) 和式(1.16)

$$\ln K^{\ominus}=\frac{-\Delta_r G_m^{\ominus}}{RT}$$

---

[1] IUPAC 曾称为热力学平衡常数，现根据国家标准称为标准平衡常数，以区别其他平衡常数。

$$\Delta_r G_m^{\ominus}(T) \approx \Delta_r H_m^{\ominus}(298.15\text{K}) - T \cdot \Delta_r S_m^{\ominus}(298.15\text{K})$$

可得

$$\ln K^{\ominus} \approx \frac{-\Delta_r H_m^{\ominus}(298.15\text{K})}{RT} + \frac{\Delta_r S_m^{\ominus}(298.15\text{K})}{R} \tag{3.2}$$

对于一给定的化学方程式，反应的 $\Delta_r H_m^{\ominus}$（298.15K）和 $\Delta_r S_m^{\ominus}$（298.15K）均为定值。显然，若 $\Delta_r H_m^{\ominus}$（298.15K）为负值（即放热反应），则 $-\Delta_r H_m^{\ominus}$（298.15K）为正值。随着温度 T 的升高，$\ln K^{\ominus}$ 或 $K^{\ominus}$ 值将减小。若 $\Delta_r H_m^{\ominus}$（298.15K）为正值（即吸热反应），$-\Delta_r H_m^{\ominus}$（298.15K）为负值。随着温度 T 的升高，$\ln K^{\ominus}$ 或 $K^{\ominus}$ 值将增大。

应当注意式(3.2) 是一近似估算的关系式。

3.1.3　多重平衡规则

所谓多重平衡，即所有存在于反应系统中的各个化学反应都同时达到平衡。这时，任一种物质的平衡分压必定同时满足每一个化学反应的标准平衡常数表达式。掌握和运用多重平衡规则，无论对生产实际还是对平衡问题的理论研究，都是很有意义的。尤其对那些难以直接测定或不易从文献查得平衡常数的反应，可根据此规则，间接计算它们的标准平衡常数。例如下列反应

$$SO_2(g) + NO_2(g) \rightleftharpoons SO_3(g) + NO(g)$$

$$K^{\ominus} = \frac{\{p^{eq}(SO_3)/p^{\ominus}\} \cdot \{p^{eq}(NO)/p^{\ominus}\}}{\{p^{eq}(SO_2)/p^{\ominus}\} \cdot \{p^{eq}(NO_2)/p^{\ominus}\}}$$

为了解决得到该 $K^{\ominus}$ 的困难，可以假设这个反应分如下两步进行，因为这两步反应的标准平衡常数是已知的。

第一步 $SO_2(g) + \frac{1}{2}O_2(g) \rightleftharpoons SO_3(g)$　$K_1^{\ominus} = \dfrac{p^{eq}(SO_3)/p^{\ominus}}{\{p^{eq}(SO_2)/p^{\ominus}\} \cdot \{p^{eq}(O_2)/p^{\ominus}\}^{\frac{1}{2}}}$

第二步 $NO_2(g) \rightleftharpoons NO(g) + \frac{1}{2}O_2(g)$　$K_2^{\ominus} = \dfrac{\{p^{eq}(NO)/p^{\ominus}\} \cdot \{p^{eq}(O_2)/p^{\ominus}\}^{\frac{1}{2}}}{p^{eq}(NO_2)/p^{\ominus}}$

显然，第一步与第二步相加即得总反应，而且

$$K_1^{\ominus} \cdot K_2^{\ominus} = K^{\ominus}$$

由此可以得到一个规则，将两个反应式相加（或相减），所得反应的标准平衡常数就等于这两个反应的标准平衡常数的乘积（或商）。这一规则叫做多重平衡规则。

实际上，如上的三个反应中只有两个是独立的。因此，无论选择其中的哪两个，第三个即可由它们的组合而得，而且第三个反应的标准平衡常数与两个独立反应的标准平衡常数之间存在着多重平衡规则所示的关系。

3.2　标准平衡常数的有关计算

如果测得化学平衡时反应物、生成物的分压力（或浓度），就能直接计算标准平衡常数。此外，若能确定初始反应物的分压力（或浓度）及平衡时某一物质的分压力（或浓度），也能计算标准平衡常数。反之，如果已知标准平衡常数，也可采用反应物的起始分压力（或浓度）计算平衡时各反应物和生成物的分压力（或浓度）及反应物的转化率。某反应物的转化率是指平衡时该反应物已转化了的量占初始量的百分数。即

$$\text{转化率} = \frac{\text{平衡时该反应物 B 转化的量}}{\text{反应开始时某反应物 B 的量}} \times 100\%$$

平衡转化率是在一定条件下某反应理论上所能达到的最大转化程度。

【例 3.1】 250℃时，五氯化磷依下式解离

$$PCl_5(g) \rightleftharpoons PCl_3(g) + Cl_2(g)$$

将 0.700mol 的 PCl_5 置于 2.00dm^3 的密闭容器中，系统达到平衡时有 0.200mol 分解。试计算该温度下的 $K^\ominus$。

解： 根据已知条件，先求出平衡时各气体组分的物质的量，再根据气态方程 $pV=nRT$ 求出其相应的平衡分压

	$PCl_5(g) \rightleftharpoons$	$PCl_3(g)+$	$Cl_2(g)$
起始时物质的量/mol	0.700		
变化的物质的量/mol	−0.200	+0.200	+0.200
平衡时物质的量/mol	0.500	0.200	0.200

所以，平衡时各物质的分压为

$$p^{eq}(PCl_5)=\frac{n(PCl_5)\cdot RT}{V}=\frac{0.500mol\times 8.314J\cdot mol^{-1}\cdot K^{-1}\times 523.2K}{2.00\times 10^{-3}m^3}$$

$$=1087\times 10^3Pa=1087kPa$$

$$p^{eq}(PCl_3)=\frac{n(PCl_3)\cdot RT}{V}=\frac{0.200mol\times 8.314J\cdot mol^{-1}\cdot K^{-1}\times 523.2K}{2.00\times 10^{-3}m^3}$$

$$=435\times 10^3Pa=435kPa$$

$$p^{eq}(Cl_2)=p^{eq}(PCl_3)=435kPa$$

$$K=\frac{\{p^{eq}(PCl_3)/p^\ominus\}\cdot\{p^{eq}(Cl_2)/p^\ominus\}}{\{p^{eq}(PCl_5)/p^\ominus\}}=\frac{(435kPa/100kPa)\times(435kPa/100kPa)}{(1087kPa/100kPa)}$$

$$=1.74$$

【例 3.2】 $N_2O_4(g)$ 的解离反应为 $N_2O_4(g) \rightleftharpoons 2NO_2(g)$，在 298K 时，$K^\ominus=0.116$。试求在此温度下，当系统总压力为 200kPa 时，$N_2O_4(g)$ 的平衡转化率。

解： 令系统平衡时 N_2O_4 转化的量为 $x$mol，为简化运算，设反应起始时 N_2O_4 的量为 1mol。

	$N_2O_4 \rightleftharpoons$	$2NO_2(g)$
开始时物质的量/mol	1.00	0
变化的物质的量/mol	$-x$	$+2x$
平衡时物质的量/mol	$1-x$	$2x$
平衡时总物质的量/mol	$n_{(总)}=1-x+2x=1+x$	

平衡时各气体的分压为

$$p^{eq}(N_2O_4)=p_{(总)}\times\frac{1-x}{1+x}$$

$$p^{eq}(NO_2)=p_{(总)}\times\frac{2x}{1+x}$$

$$K^\ominus=\frac{\{p^{eq}(NO_2)/p^\ominus\}^2}{\{p^{eq}(N_2O_4)/p^\ominus\}}=\frac{\left(\frac{2x}{1+x}\right)^2 p_{总}}{\left(\frac{1-x}{1+x}\right)p^\ominus}=0.116$$

即

$$\frac{4x^2}{1-x^2}\times\frac{200kPa}{100kPa}=0.116$$

整理得　$4.058x^2=0.058$

解此一元二次方程得　$x=\pm0.12$

舍去不合理负根得　$x=0.12$

故在 298K 及 200kPa 下 N_2O_4 的转化率为 12%。

3.3　化学平衡的移动

一切平衡都是相对的、暂时的、有条件的。化学平衡在一定条件下才能保持。当外界条件发生变化时，平衡状态就被破坏，系统内物质的浓度（或气体的分压）就会发生改变，直到与新的条件相适应，系统又达到新的平衡。这种因条件改变使化学反应从原来的平衡状态转变到新的平衡状态的过程叫做化学平衡的移动。浓度、压力、温度的改变均会使化学平衡发生移动。

3.3.1　浓度对化学平衡的影响

在一定温度下建立的化学平衡系统，当改变反应物或生成物的浓度时，虽然平衡常数 $K^{\ominus}$ 不发生改变，但会引起化学平衡的移动。

根据热力学等温方程式(1.14)

$$\Delta_r G_m(T)=\Delta_r G_m^{\ominus}(T)+RT\ln Q$$

而

$$\Delta_r G_m^{\ominus}(T)=-RT\ln K^{\ominus}(T)$$

所以

$$\Delta_r G_m(T)=-RT\ln K^{\ominus}(T)+RT\ln Q \tag{3.3}$$

即

$$\Delta_r G_m(T)=RT\ln\frac{Q}{K^{\ominus}} \tag{3.4}$$

从（3.4）式可以看出，对于任一可逆反应

当 $Q<K^{\ominus}$ 时，$\Delta_r G_m(T)<0$，正反应可自发进行；

当 $Q=K^{\ominus}$ 时，$\Delta_r G_m(T)=0$，反应处于平衡状态；

当 $Q>K^{\ominus}$ 时，$\Delta_r G_m(T)>0$，正反应非自发、逆反应自发。

对于平衡体系，如果增加反应物的浓度或减少生成物的浓度，则使 $Q<K^{\ominus}$，故反应向正方向移动。移动的结果，使 Q 增大，直到 Q 重新等于 $K^{\ominus}$，体系又建立新的平衡。反之，如果减少反应物浓度或增加生成物浓度，则使 $Q>K^{\ominus}$，反应从右向左移动，平衡逆向移动，最后又达到新的平衡状态。

【例 3.3】　763.8K 时，$H_2(g)+I_2(g)\rightleftharpoons 2HI(g)$，$K^{\ominus}=45.7$

（1）反应起始 H_2 和 I_2 的浓度均为 $1.00\text{mol}\cdot\text{dm}^{-3}$，求反应达到平衡时各物质的浓度和 I_2 的转化率。

（2）向上述平衡系统再加入 H_2，使其浓度增加 $1.00\text{mol}\cdot\text{dm}^{-3}$，求新的平衡时，HI 的浓度和 I_2 的总转化率。

解：（1）设平衡时

$c(HI)=x\text{mol}\cdot\text{dm}^{-3}$	$H_2(g)+$	$I_2(g)$	$\rightleftharpoons$	$2HI(g)$
起始浓度/$\text{mol}\cdot\text{dm}^{-3}$	1.00	1.00		0
平衡浓度/$\text{mol}\cdot\text{dm}^{-3}$	$1.00-\frac{x}{2}$	$1.00-\frac{x}{2}$		x

$$K=\frac{c^2(HI)}{c(H_2)\cdot c(I_2)}=\frac{x^2}{\left(1.00-\frac{x}{2}\right)^2}=45.7$$

解之得 $x=1.54mol\cdot dm^{-3}$

所以，平衡时生成物浓度为

$$c(HI)=1.54mol\cdot dm^{-3}$$

$$c(H_2)=c(I_2)=1.00-\frac{1.54}{2}=0.23mol\cdot dm^{-3}$$

$$I_2\text{ 的转化率}=\frac{1-0.23}{1.00}\times100\%=77\%$$

(2) 设新平衡时 HI 增加的浓度为 $y mol\cdot dm^{-3}$

	$H_2(g)$ +	$I_2(g)$ ⇌	$2HI(g)$
起始浓度/$mol\cdot dm^{-3}$	1.00+0.23	0.23	1.54
平衡浓度/$mol\cdot dm^{-3}$	$1.23-\frac{y}{2}$	$0.23-\frac{y}{2}$	$1.54+y$

$$K^{\ominus}=\frac{(1.54+y)^2}{\left(1.23-\frac{y}{2}\right)\cdot\left(0.23-\frac{y}{2}\right)}=45.7$$

解上述一 元二次方程式得 $y=0.405$

所以，当达到新平衡时，生成物浓度为

$$c(HI)=1.54+0.405=1.945mol\cdot dm^{-3}$$

$$I_2\text{ 的总转化率}=\frac{0.77+\frac{0.405}{2}}{1.00}\times100\%=97\%$$

从计算结果可看出，增加反应物 H_2 的浓度，平衡向正向移动，使 I_2 的转化率提高，生成 HI 的浓度增加。

3.3.2 压力对化学平衡的影响

由于压力的变化对固体或液体的体积影响很小，因此总压力的变化对没有气体参加的固态反应或液态反应的影响可以不予考虑。但是对有气体参加的反应来说，总压力的变化对平衡的影响是很大的（另一类情况是，反应前后气体分子总数相等的反应除外）。例如反应

$$N_2(g)+3H_2(g)\rightleftharpoons 2NH_3(g)$$

$$K^{\ominus}=\frac{\{p(NH_3)/p^{\ominus}\}^2}{\{p(N_2)/p^{\ominus}\}\cdot\{p(H_2)/p^{\ominus}\}^3}$$

当平衡时系统的体积缩小一半，这时系统的总压力就增加到原来的 2 倍，各组分的分压都增加到原来的 2 倍，则

$$Q=\frac{\{2p(NH_3)/p^{\ominus}\}^2}{\{2p(N_2)/p^{\ominus}\}\cdot\{2p(H_2)/p^{\ominus}\}^3}=\frac{1}{4}K^{\ominus}$$

即 $Q<K^{\ominus}$

因此，平衡向正方向移动，或者说，当增加系统的总压力，平衡就向着气体分子数减少的方向移动；当降低系统的总压力，平衡就向着气体分子数增加的方向移动。总之，总压力改变时，平衡移动的方向是朝着部分削弱总压力改变的方向。

要提醒的是，若在恒温恒容的前提下，向系统中通入惰性气体（指不与原化学反应中各物质起反应的气体）而使总压力增加，此时即使对有气体参加的反应平衡系统也不发生影响，读者可以自己分析论证。

3.3.3　温度对化学平衡的影响

改变温度会使平衡常数的数值发生改变。这从式(1.16)可以看出

$$\Delta_r G_m^{\ominus}(T) \approx \Delta_r H_m^{\ominus}(298.15\text{K}) - T \cdot \Delta_r S_m^{\ominus}(298.15\text{K})$$

又

$$\Delta_r G_m^{\ominus}(T) = -RT\ln K^{\ominus}(T)$$

所以

$$\ln K^{\ominus}(T) \approx \frac{\Delta_r S_m^{\ominus}(298.15\text{K})}{R} - \frac{\Delta_r H_m^{\ominus}(298.15\text{K})}{RT} \qquad (3.5)$$

设有某一可逆反应，在温度分别为 T_1 和 T_2 时，对应的平衡常数分别为 $K_1^{\ominus}$ 和 $K_2^{\ominus}$，代入式(3.5)得

$$\ln K_1^{\ominus} \approx \frac{\Delta_r S_m^{\ominus}(298.15\text{K})}{R} - \frac{\Delta_r H_m^{\ominus}(298.15\text{K})}{RT_1}$$

$$\ln K_2^{\ominus} \approx \frac{\Delta_r S_m^{\ominus}(298.15\text{K})}{R} - \frac{\Delta_r H_m^{\ominus}(298.15\text{K})}{RT_2}$$

则

$$\ln K_2^{\ominus} - \ln K_1^{\ominus} = \frac{\Delta_r H_m^{\ominus}(298.15\text{K})}{R}\left(\frac{1}{T_1} - \frac{1}{T_2}\right)$$

即

$$\ln \frac{K_2^{\ominus}}{K_1^{\ominus}} = \frac{\Delta_r H_m^{\ominus}(298.15\text{K})}{R}\left(\frac{T_2 - T_1}{T_1 T_2}\right) \qquad (3.6)$$

由式(3.6)可以得出如下结论。

(1) 吸热反应（$\Delta_r H_m^{\ominus} > 0$），温度升高（$T_2 > T_1$）时，则 $\ln \frac{K_2^{\ominus}}{K_1^{\ominus}} > 0$，$\frac{K_2^{\ominus}}{K_1^{\ominus}} > 1$，$K_2^{\ominus} > K_1^{\ominus}$，即温度升高时平衡常数增大。

(2) 放热反应（$\Delta_r H_m^{\ominus} < 0$），温度升高（$T_2 > T_1$）时，则 $\ln \frac{K_2^{\ominus}}{K_1^{\ominus}} < 0$，$\frac{K_2^{\ominus}}{K_1^{\ominus}} < 1$，$K_1^{\ominus} > K_2^{\ominus}$，故对放热反应，升高温度会使平衡常数减小。所以，升高温度使平衡向吸热方向移动，降低温度使平衡向放热方向移动。

1884 年，法国科学家吕·查德里（Le Chatelier）总结出一条平衡移动方向的普遍规律：假如改变平衡体系的条件（浓度、压力、温度）之一，平衡就向能减弱这个改变的方向移动。这个规律称做吕·查德里原理。

综上所述，虽然浓度、压力和温度都能使平衡发生移动，但温度的影响和浓度、压力的影响有本质的不同。浓度、压力的改变并不改变平衡常数，而温度却使平衡常数发生改变，从而平衡发生移动。

至于催化剂，实验及理论均可证明它不影响化学平衡，因催化剂能以同等程度使正、逆反应的活化能降低，因而使正、逆反应速率也同等程度地加大。所以催化剂不能改变反应的平衡状态，即不能使平衡发生移动，而可以加速平衡的到达，也即缩短到达平衡的时间。

科学家吕·查德里
(H. L. Le Chatelier，1850～1936)

法国无机化学家，1875 年在 Ecole des Mines 获得学位，1877 年评为教授。1908 年被指定为巴黎大学教授。吕·查德里系冶金学和水泥、玻璃、燃料及爆炸物方面的权威。1884 年在研究鼓风炉中的反应时获得了平衡移动原理。即著名的吕·查德里原理：若系统处于平衡状态，条件之一发生变化，平衡将向趋于恢复原始条件的方向移动。

复习题与习题

1. 化学反应达到平衡时的重要热力学特征是什么？
2. 举例说明如何从热力学函数求化学反应的标准平衡常数？
3. 标准平衡常数与温度有何关系？举例说明。
4. 能否用 $K^{\ominus}$ 来判断反应的自发性？为什么？
5. 如何利用物质的 $\Delta_r H_m^{\ominus}(298.15K)$，$\Delta S_m^{\ominus}(298.15K)$，$\Delta_r G_m^{\ominus}(298.15K)$ 的数据，计算反应的 $K^{\ominus}$ 值？写出有关的计算公式。
6. 选择题

(1) 下列叙述中正确的是（　）。

① 反应物的转化率不随起始浓度而变

② 一种反应物的转化率随另一种反应物的起始浓度而变

③ 平衡常数不随温度而变化

④ 平衡常数随起始浓度不同而变化

(2) 在放热反应中，温度升高 10℃将会（　）。

① 不影响反应　　② 使平衡常数增加 1 倍

③ 降低平衡常数　　④ 不改变反应速率

(3) 氨氧化反应 $4NH_3(g)+5O_2(g) \rightleftharpoons 4NO(g)+6H_2O(g)$ 达到平衡时，系统中加入惰性气体以增加系统的压力，这时（　）。

① NO 平衡浓度增加　　② NO 平衡浓度减少

③ 加快正向反应速率　　④ 平衡时 NO 和 NH_3 的量并没有变化

7. 已知 $CaCO_3(s) \rightleftharpoons CaO(s)+CO_2(g)$ 在 973K 时 $K_1=3.00\times10^{-2}$，而在 1173K 时，$K_2=1.00$，问：

(1) 上述反应是吸热反应还是放热反应？

(2) 反应的 $\Delta_r H_m^{\ominus}(298.15K)$ 是多少？

8. 比较温度与平衡常数的关系式同温度与反应速率常数的关系式，它们之间有哪些相似之处？有哪些不同之处？举例说明。
9. 某温度时，反应 $H_2(g)+Br_2(g) \rightleftharpoons 2HBr(g)$ 的标准平衡常数 $K^{\ominus}=4\times10^{-2}$，则反应 $HBr(g)=\frac{1}{2}H_2(g)+\frac{1}{2}Br_2(g)$ 的标准平衡常数 $K^{\ominus}$ 等于________。

(a) $\dfrac{1}{4\times10^{-2}}$　　(b) $\dfrac{1}{\sqrt{4\times10^{-2}}}$　　(c) 4×10^{-2}

10. 对于下列平衡系统：$C(s)+H_2O(g) \rightleftharpoons CO(g)+H_2(g)$，$q$ 为正值。

(1) 欲使平衡向右移动，可采取哪些措施？

(2) 欲使（正）反应进行得较快且较完全（平衡向右移动）的适宜条件有哪些？这些措施对 $K^\ominus$ 及 k（正）、k（逆）的影响是什么？

11. 计算下列反应在 298.15K 时（准确的）和 500K 时（近似的）$K^\ominus$ 值。

(1) $CaCO_3(s) \rightleftharpoons CaO(s)+CO_2(g)$

(2) $CO(g)+3H_2(g) \rightleftharpoons CH_4(g)+H_2O$（注意：水在 298.15K 和在 500K 具有不同的聚集状态）。

12. 某温度时 8.0mol SO_2 和 4.0mol O_2 在密闭容器中进行反应生成 SO_3 气体，测得起始时和平衡时（温度不变）系统的总压力分别为 300kPa 和 220kPa。试求该温度时 $2SO_2(g)+O_2(g) \rightleftharpoons 2SO_3(g)$ 反应的平衡常数和 SO_2 的转化率。

13. 已知下列反应：

$$Fe(s)+CO_2(g) \rightleftharpoons FeO(s)+CO(g);\text{标准平衡常数为 } K_1^\ominus$$

$$Fe(s)+H_2O(g) \rightleftharpoons FeO(s)+H_2(g);\text{标准平衡常数为 } K_2^\ominus$$

在不同温度时反应的标准平衡常数值如下：

T/K	$K_1^\ominus$	$K_2^\ominus$
973	1.47	2.38
1073	1.81	2.00
1173	2.15	1.67
1273	2.48	1.49

试计算在上述各温度时如下反应的标准平衡常数 $K^\ominus$，并通过计算说明此反应是放热还是吸热的？

$$CO_2(g)+H_2(g) \rightleftharpoons CO(g)+H_2O(g)$$

14. 在 250℃时，$PCl_5(g)$ 按下式分解

$$PCl_5(g) \rightleftharpoons PCl_3(g)+Cl_2(g)$$

(1) 计算在 250℃时，PCl_5 分解反应的标准平衡常数 $K^\ominus$。

(2) 温度升高对该反应的标准平衡常数 K 有何影响？

15. 已知下列反应的标准平衡常数

(1) $SnO_2(s)+2H_2(g) \rightleftharpoons Sn(s)+2H_2O(g)$ $K_1^\ominus$

(2) $CO(g)+H_2O(g) \rightleftharpoons CO_2(g)+H_2(g)$ $K_2^\ominus$

求反应：$SnO_2(s)+2CO(g) \rightleftharpoons Sn(s)+CO_2(g)$ 的 $K_3^\ominus$ 数值。

第4章　溶液及水溶液中的离子平衡

【本章基本要求】

(1) 了解稀溶液的通性（蒸气压下降、沸点上升、凝固点下降及渗透压）及其应用。

(2) 初步掌握酸碱质子理论，明确酸碱的解离平衡、分级解离和缓冲溶液的概念，能进行溶液pH值的基本计算，能进行同离子效应、等离子平衡（如缓冲溶液）的计算。

(3) 初步掌握溶度积和溶解度的基本计算。了解溶度积规则及其应用。

(4) 了解表面活性剂的结构、性质及其应用。

水是自然界最丰富的液体，在地球上分布极为广泛，约覆盖地球表面的四分之三。而对地球总水量（$1.386\times10^9 km^3$）而言，其中淡水仅有$0.035\times10^9 km^3$，占2.5%，其余97.5%为大洋咸水、矿化水和盐湖水。所谓淡水是指含盐量不超过0.1%的水，而海水含盐量为3.5%。人类赖以生存的是淡水，工业用水也是淡水。就淡水资源而言，世界上淡水人均拥有量最丰富的是巴西（整个巴西几乎都位于世界最大河流——亚马逊河的流域内），中国是淡水资源比较匮乏的国家之一，每人每年拥有的水量可能不超过$3000m^3$。1998年联合国将中国列为13个全球缺水国之一，珍惜水资源是我们每个人的义务和责任。

生物体内含有大量的水，在动物体中水约占70%，新鲜植物的80%～90%都是水。对生物体来说，水和空气都是不可缺少的，没有水就没有生命。

由于水分子结构上的特性，作为溶剂，它胜过其他大多数液体，被誉为“万能溶剂”。生物体的生化过程都是通过水溶液进行的。在工农业以及人们的日常生活中，水是赖以发展和生存的基础，而水溶液中的化学反应是人们最经常、最大量遇到的一类反应。然而，随着工农业生产的迅速发展，含有各种有害物质的工业废水、农业排放物以及城市污水日益增多，若不加以处理而排入河流、湖泊和海洋，势必会对人类赖以生存的环境造成严重污染，并将直接威胁着人类的生活和生存。由此可见，学习水溶液的特性和水化学的规律，具有十分重要的现实意义。

4.1　难挥发非电解质稀溶液的依数性

4.1.1　蒸气压下降

如果把一杯液体（如水）置于密闭的容器中，液面上那些能量较大的分子就会克服液体分子间的引力从表面逸出，成为蒸气分子，这个过程叫做蒸发（或气化）。相反，蒸发出来的蒸气分子在液面上的空间不断运动时，某些蒸气分子可能撞到液面，为液面分子所吸引又重新回到液体中，这个过程叫凝聚。当凝聚的速率和蒸发的速率达到相等时，液体和它的蒸气就处于平衡状态。此时，蒸气所具有的压力就叫做该温度下液体的饱和蒸气压，简称蒸气压。

以水为例，在一定温度下达到如下相平衡时

$$H_2O(l) \underset{凝聚}{\overset{蒸发}{\rightleftharpoons}} H_2O(g)$$

水蒸气所具有的压力 $p(H_2O)$ 即为该温度下水的蒸气压。例如 20℃时，$p(H_2O)=2338Pa$；100℃时，$p(H_2O)=101.325kPa$。

蒸气压的概念不仅适用于液体，在固体中能量较大的分子也能脱离母体进入空间，因此在一定温度下固体也有一定的蒸气压，不过数值一般很小，一般可以不予考虑。水和冰的蒸气压见表 4.1 和表 4.2。

表 4.1　水在不同温度下的蒸气压

温度/℃	0	10	20	30	40	50	60
压力/Pa	610.5	1228	2337.8	4242.8	7375.9	12334	19916
温度/℃	70	80	90	100	120	140	180
压力/Pa	31157	47343	70096	101325	198536	361426	1002611

表 4.2　冰在不同温度下的蒸气压

温度/℃	0	−10	−20	−30	−40
蒸气压力/Pa	610.7	259.9	103.26	38.01	12.84
温度/℃	−50	−60	−70	−80	−90
蒸气压力/Pa	3.936	1.08	0.261	0.055	0.0093

由实验可以测出，若在溶剂（如水）中加入任何一种难挥发的溶质，使它溶解生成溶液时，溶剂的蒸气压便下降。即在同一温度下，含有难挥发溶质 B 的溶液中，溶液的蒸气压力总是低于纯溶剂 A 的蒸气压力。这里，所谓溶液的蒸气压力实际是溶液中溶剂的蒸气压力（因为溶质难挥发，所以其蒸气压可忽略不计）。同一温度下，纯溶剂的蒸气压与溶液蒸气压力之差叫做溶液的蒸气压下降。

1880 年，法国化学家拉乌尔（F. M. Raoult）在研究含有难挥发非电解质的稀溶液行为时总结出一条规律：在室温下，稀溶液的蒸气压 p_1 等于纯溶剂的蒸气压 p_1^* 乘以溶剂的摩尔分数 x_1，即

$$p_1 = p_1^* \cdot x_1 \tag{4.1}$$

而由溶质引起的溶液蒸气压下降 Δp 等于纯溶剂蒸气压 p_1^* 乘以溶质的摩尔分数 x_2

$$\Delta p = p_1^* \cdot x_2 \tag{4.2}$$

这一规律被称为拉乌尔定律。

由于蒸气压下降的结果，稀溶液的沸点总是高于纯溶剂的沸点，而稀溶液的凝固点又低于纯溶剂的凝固点。这也是拉乌尔从实验中总结出来的。

4.1.2　溶液的沸点升高和凝固点下降

当我们对液体加热，在未达到沸点之前，仅限于液面上能量较大的分子开始蒸发变成气体，蒸气压也逐渐增加，当温度增加到液体的（饱和）蒸气压等于外界压力时，气化作用就不仅限于液面，在整个液体中的分子都能发生气化作用，液体开始沸腾，此时的温度就是该液体的沸点（boiling point）。

液体的沸点随外压而变化，压力愈大，沸点也愈高。当外压为标准状况的压力（即 101.325kPa）时的沸点，则称为正常沸点。一般书上或手册上所给出的液体沸点如未注明外压，指的就是“正常沸点”。我们平常说水的沸点是 100℃，就是指的这种情况。高山地

区气压低（如青藏高原的珠峰仅为32kPa），不到100℃时水就沸腾（大约在72℃左右）。相反地，在压力锅里，压力可达常压的一倍，水的沸点甚至可到120℃左右。

液体的蒸气压等于外界压力时的温度称为该液体的沸点（boiling point，简作 b. p.）。图4.1中曲线 AA' 和 BB' 分别表示纯溶剂和溶液的蒸气压随温度的变化关系。在同一温度时，溶液的蒸气压较纯溶剂低，故线 BB' 在线 AA' 之下。当外压为 $p^\ominus$ 时，溶液的沸点为 T_b，而纯溶剂的沸点为 T_b^*，显然，$T_b > T_b^*$，即沸点升高值 $\Delta T_b = T_b - T_b^*$。拉乌尔根据实验结果得出结论：溶液的沸点升高与溶液的质量摩尔浓度 b 成正比。其数学表达式为

$$\Delta T_b = k_{bp} \cdot b \tag{4.3}$$

式中，b 为溶液的质量摩尔浓度，溶质B的质量摩尔浓度是溶液中溶质B的物质的量 n_B 除以溶剂A的质量 m_A，即 $b_B \xlongequal{\text{def}} n_B/m_A$，其单位为 $mol \cdot kg^{-1}$（质量摩尔浓度表示中不含体积，因此其值不随温度而变，质量摩尔浓度也可用 m 表示，但本书中为避免与质量的表示形式混淆，一律用 b 表示）。k_{bp} 为溶剂的沸点升高常数。

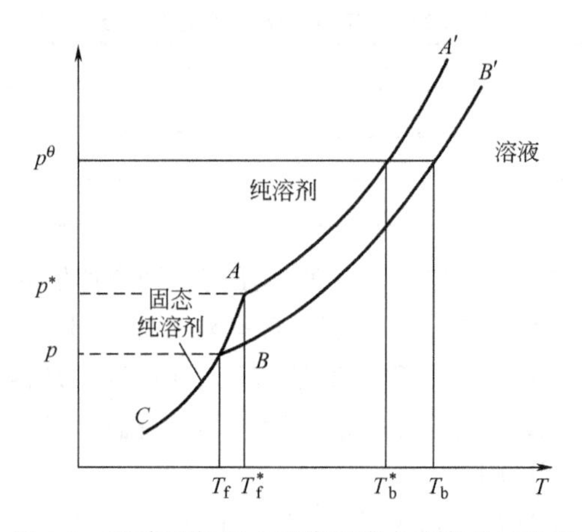

图4.1 稀溶液凝固点下降和沸点升高的示意图

图4.1中，曲线 AC 表示固态纯溶剂的蒸气压随温度的变化关系。AA' 与 AC 相交于点 A，点 A 对应的温度 T_f^* 表示溶剂的凝固点，在此温度下，液态纯溶剂和固态纯溶剂的蒸气压均为 p^*。点 B 所对应的温度 T_f 是溶液的凝固点，该温度时的溶液和固态纯溶剂的蒸气压均为 p，T_f 低于 T_f^*。因此，溶液和固态纯溶剂平衡时的温度（溶液的凝固点）比纯溶剂的凝固点低，这就是溶液凝固点降低的原因，溶液的凝固点下降值 $\Delta T_{fp} = T_f^* - T_f$。

根据拉乌尔定律，难挥发非电解质溶液的凝固点降低 ΔT_{fp} 和溶液的质量摩尔浓度 m 成正比，数学表达式为

$$\Delta T_{fp} = k_{fp} \cdot b \tag{4.4}$$

式中，k_{fp} 为溶剂的凝固点降低常数。

表4.3中列出了几种溶剂的沸点、凝固点、k_{bp} 和 k_{fp} 的数值。

表4.3 几种溶剂的沸点上升常数 k_{bp} 和凝固点下降常数 k_{fp}

溶　剂	沸点/℃	k_{bp}/(K·kg·mol^{-1})	凝固点/℃	k_{fp}/(K·kg·mol^{-1})
乙酸	117.9	2.93	16.66	3.90
苯	80.10	2.53	5.533	5.12
四氯化碳	76.75	4.48	−22.95	29.8
萘	217.95	5.80	80.29	6.94
水	100.00	0.515	0.0	1.853

在生产和科学实验中，溶液的凝固点下降这一性质得到广泛的应用。例如，汽车散热器（水箱）的用水中，在寒冷的季节，通常加入甘油或乙二醇 $C_2H_4(OH)_2$，使溶液的凝固点下降以防止结冰。在严寒的冬季，植物细胞中的可溶物会强烈溶解，使细胞液的凝固点大为降低，从而预防细胞冻裂，增强其耐寒性。食盐和冰的混合物可以作冷冻剂，是因为食盐溶解在冰的表面成为溶液，其蒸气压低于冰的蒸气压，使冰融化，冰在融化时吸收热量，从而使溶液的温度降低（100 克冰与 30 克食盐的混合物可获得－22.4℃的低温）。

4.1.3　渗透压

渗透必须通过一种膜来进行，这种膜上的孔只能允许溶剂的分子通过，而不能允许溶质的分子通过，因此叫做半透膜[1]。若被半透膜隔开的两边溶液的浓度不等就可发生渗透现象。如按图 4.2 的装置用半透膜把甘油溶液和纯水隔开，这时纯水分子通过半透膜进入甘油溶液内的速度，要大于甘油溶液内的水分子通过半透膜进入纯水的速度。结果使得甘油溶液的体积逐渐增大，垂直的细玻璃管中的液面会逐渐上升。因此，渗透是溶剂通过半透膜进入溶液的单方向扩散过程。

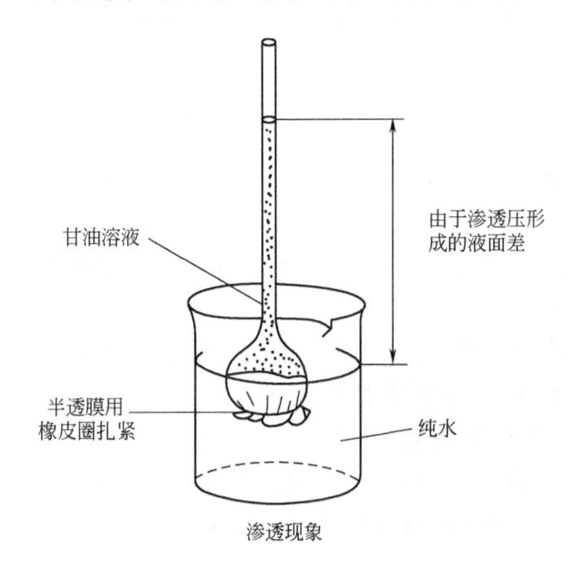

图 4.2　一个显示渗透现象的简单装置

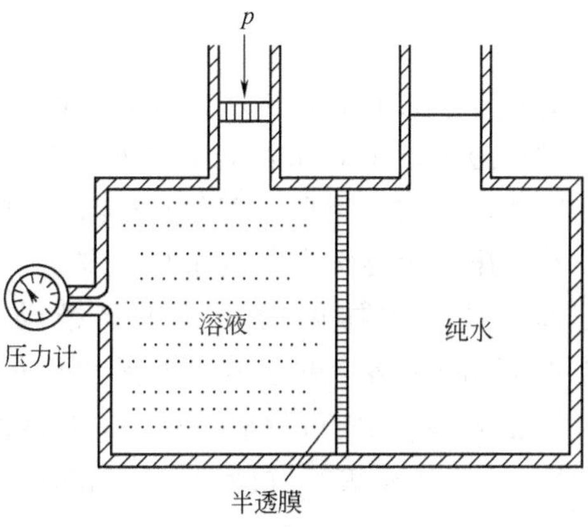

图 4.3　测定渗透压装置示意图

若要使膜内溶液与膜外纯溶剂的液面保持同一水平面，即要使溶液的液面不上升，必须在溶液液面上增加一定的压力，即使半透膜两边的液体处于渗透平衡。这样，溶液液面上所增加的压力就是该溶液的渗透压。因此，渗透压是为维持被半透膜所隔开的溶液与纯溶剂之间的渗透平衡而需要的额外压力。

图 4.3 中描绘了一种测定渗透压的装置示意图。在一只坚固（在加压时不会扩张或破裂）的容器里，溶液与纯水间有半透膜隔开，为防止纯水通过半透膜流入溶液。加压力于溶液上方的活塞上，使溶液和纯水两液面处于同一水平面。这时，所必须施加的压力就是该溶液的渗透压，其值可以从与溶液相连的压力计读出。

如果外加在溶液上的压力超过了渗透压，就会使溶液中的水向纯水方向流动，使纯水的体积增加，这个过程叫做反渗透。反渗透的原理广泛应用于海水淡化、工业废水或

[1] 天然半透膜如动物的膀胱、肠衣、细胞膜；人工半透膜如硝化纤维膜、醋酸纤维膜等。

污水处理等方面（见图 4.4）。

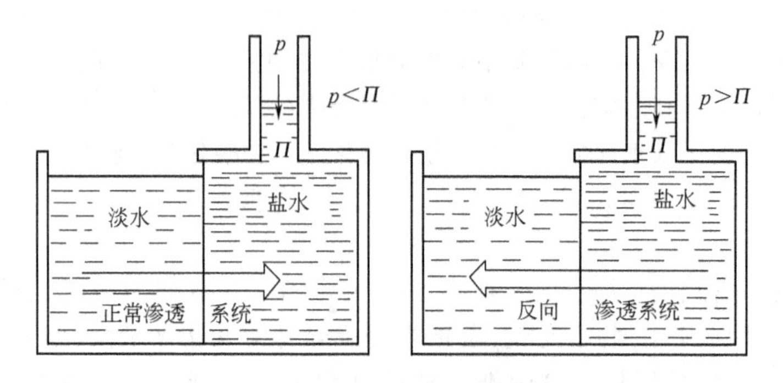

图 4.4　渗透与反渗透

1886 年范德霍夫（Van't Hoff)(第一位诺贝尔化学奖获得者）研究了渗透现象并指出，难挥发的非电解质稀溶液的渗透压与溶液的浓度（$mol\cdot dm^{-3}$）及绝对温度成正比。若以 Π 表示渗透压，c 表示浓度（$mol\cdot dm^{-3}$），T 表示热力学温度，n 表示溶质的物质的量，V 表示溶液的体积，

则
$$\Pi=cRT=\frac{n}{V}\cdot RT$$

或
$$\Pi V=nRT \tag{4.5}$$

这一方程式的形式与理想气体方程完全相似，R 的数值也完全相同，但气体的压力和溶液的渗透压产生的原因是不同的。气体的压力是由于它的分子运动碰撞容器壁而产生压力，而溶液的渗透压是溶剂分子渗透的结果。

渗透压在生物学中具有重要意义。有机体的细胞膜大多具有半透膜的性质，渗透压是引起水在生物体中运动的重要推动力。渗透压的数值相当可观，以 298.15K 时 $0.250mol\cdot dm^{-3}$ 溶液的渗透压为例，可按式(4.5）计算如下。

由于 $R=8.314Pa\cdot m^3\cdot mol^{-1}\cdot K^{-1}$，浓度采用 $c=0.250mol\cdot dm^{-3}=0.250\times10^3 mol\cdot m^{-3}$，所以

$$\begin{aligned}\Pi &=cRT=0.250\times10^3 mol\cdot m^{-3}\times8.314Pa\cdot m^3\cdot mol^{-1}\cdot K^{-1}\times298K\\&=619kPa\end{aligned}$$

这相当于 62m 高水柱的压力，可见渗透推动力是相当可观的。一般植物细胞液的渗透压大约可达 2000kPa。正因为有如此巨大的推动力，自然界才有高达数十米甚至百余米的参天大树，如澳洲的桉树高达 155m，可称为世界之最。

关于渗透现象的原因至今还不十分清楚。但生命的存在与渗透平衡有极为密切的关系，因此渗透现象很早就引起生物学家的注意。动植物体都是由无数细胞所组成的，细胞膜均具有奥妙的半透膜功能。细胞膜是一种水容易透过而溶解于细胞液中的物质几乎不能透过的薄膜。例如，若将红细胞放入纯水，在显微镜下将会看到水穿过细胞壁而会使细胞慢慢肿胀，直到最后胀裂；若将红细胞放入浓糖水溶液时，水又会向相反方向运动，红细胞因此会渐渐萎缩、干瘪。又如，人们在游泳池或河水中游泳时，睁开眼睛，很快会感到疼痛，这是因为眼睛组织的细胞由于渗透而扩张所致，而在海水中游泳，却没有不适的感觉，这是由于海水中盐的浓度很接近眼睛组织的细胞液浓度。故淡水鱼和海水鱼也不能交换生活环境，否则，将会引起鱼体细胞的肿胀或萎缩而使其难以生存。人体血液的平均渗透压约为 780kPa，由于人体有保持渗透压在正常值范围的要求，因此对人体注射或静脉输液时，应使用渗透压与

体液渗透压基本相等的溶液，在医学上称这种溶液为等渗溶液，例如，临床输液常用的是 5.0%（或 0.28mol·dm^{-3}）的葡萄糖溶液和 0.9%的生理盐水。

稀溶液的依数性规律可以应用来测定物质的相对分子质量，其中以凝固点降低法应用最多，举例如下。

【例 4.1】 将某非电解质 3.84g 溶于 500g 苯中，测得其凝固点比苯低 0.307℃，求该非电解质的分子量。

解： 设 M 为该非电解质的相对分子质量，依据拉乌尔定律

$$\Delta T_{\mathrm{fp}}=k_{\mathrm{fp}}\cdot b$$

因

$$b=\frac{3.84}{M}\times\frac{1000}{500}\ (\mathrm{mol\cdot kg^{-1}})$$

$$k_{\mathrm{fp}}=5.12\mathrm{K\cdot kg\cdot mol^{-1}}$$

则

$$5.12\mathrm{K\cdot kg\cdot mol^{-1}}\times\left(\frac{3.84}{M}\times 2\right)\mathrm{mol\cdot kg^{-1}}=0.307\mathrm{K}$$

所以

$$M=128\mathrm{g\cdot mol^{-1}}$$

即该非电解质为萘，化学式为 $C_{10}H_8$。

4.2　酸碱理论简介

大家在中学所学习的酸碱概念是根据阿仑尼乌斯提出的电离理论定义的。该理论认为酸是水溶液中可以电离出氢离子的物质，碱是可以电离出氢氧根离子的物质，而酸碱中和反应是 H^+ 离子和 OH^- 离子化合生成水的反应，这就是最早的酸碱理论，称为水-离子论。这种概念把酸和碱局限于水溶液，并把碱限定为氢氧化物。因此，一些非水体系和无溶剂体系的酸碱反应；以及含 Na_2CO_3 或 NaAc 的溶液，它们的组成中不含 OH^- 离子，但其溶液却能与酸发生中和反应的现象无法加以解释；甚至错误地认为氨溶于水形成氢氧化铵而呈碱性。

1923 年，布朗斯特和劳莱（Bronsted and Lowry）打破电离学说的局限性提出了酸碱质子理论，在同一时期又有一些科学家提出一些更新的酸碱概念，其中应用较有影响的有路易斯（G. N. Lewis）酸碱理论和近几十年发展起来的软硬酸碱理论。

4.2.1　酸碱质子理论

4.2.1.1　定义

酸碱质子理论认为，任何能给出质子的物质都是酸；任何能接受质子的物质都是碱。即酸是质子的给予体，碱是质子的接受体。例如

$$HCl \longrightarrow H^+ + Cl^-$$

$$NH_4^+ \rightleftharpoons H^+ + NH_3$$

$$[Al(H_2O)_6]^{3+} \rightleftharpoons H^+ + [Al(OH)(H_2O)_5]^{2+}$$

$$HCO_3^- \rightleftharpoons H^+ + CO_3^{2-}$$

HCl、NH_4^+、$[Al(H_2O)_6]^{3+}$、HCO_3^- 均能给出质子，它们都是酸；Cl^-、NH_3、$[Al(OH)(H_2O)_5]^{2+}$、CO_3^{2-} 均能接受质子，它们都是碱。这种酸和碱分别称作质子酸和质子碱。显然，质子酸（或质子碱）既可以是分子酸（碱），也可以是离子酸（碱）。

像 HCO_3^-、H_2O 等一些物质它们既能给出质子、又能接受质子的物质被称为两性物质。

$$HCO_3^- \rightleftharpoons H^+ + CO_3^{2-}$$

$$H_2CO_3 \rightleftharpoons H^+ + HCO_3^-$$

$$H_2O \rightleftharpoons H^+ + OH^-$$

$$H_3^+O \rightleftharpoons H^+ + H_2O$$

4.2.1.2　酸碱的共轭关系

每一种质子酸给出质子（H^+）后一定形成相应的共轭碱，而每种质子碱接受质子（H^+）后也一定形成相应的共轭酸，这种相互依存又相互转化的关系称作共轭关系。可表示为

$$\text{共轭酸} \rightleftharpoons \text{质子} + \text{共轭碱}$$

质子酸及其相应的共轭碱一起叫做共轭酸碱对。表 4.4 列出了一些常见的共轭酸碱对。

表 4.4　一些常见的共轭酸碱对

	共轭酸⇌质子＋共轭碱	
	$HCl \longrightarrow H^+ + Cl^-$	
	$HNO_3 \longrightarrow H^+ + NO_3^-$	
↑ 酸性增强	$H_3^+O \rightleftharpoons H^+ + H_2O$	↓ 碱性增强
	$HSO_4^- \rightleftharpoons H^+ + SO_4^{2-}$	
	$H_3PO_4 \rightleftharpoons H^+ + H_2PO_4^-$	
	$HF = H^+ + F^-$	
	$HAc \rightleftharpoons H^+ + Ac^-$	
	$H_2CO_3 \rightleftharpoons H^+ + HCO_3^-$	
	$H_2S \rightleftharpoons H^+ + HS^-$	
	$H_2PO_4^- \rightleftharpoons H^+ + HPO_4^{2-}$	
	$NH_4^+ \rightleftharpoons H^+ + NH_3$	
	$HCO_3^- \rightleftharpoons H^+ + CO_3^{2-}$	
	$HS^- \rightleftharpoons H^+ + S^{2-}$	
	$H_2O \rightleftharpoons H^+ + OH^-$	

4.2.1.3　酸碱反应的实质

酸愈易给出质子，其共轭碱就愈弱；反之，碱愈容易接受质子，其共轭酸就愈弱。如

$$HCl \longrightarrow H^+ + Cl^-$$

HCl 是强酸，其共轭碱 Cl^- 是很弱的碱（接近中性）。又如

$$H_2O \rightleftharpoons H^+ + OH^-$$

OH^- 是强碱，其共轭酸 H_2O 是很弱的酸。

酸碱反应的实质是质子传递的过程，即质子由较强的酸转移到较强的碱的过程。根据一系列酸碱反应，可以确定物质的酸碱性的相对强弱。如

$$HCl + OH^- \xrightarrow{H^+} H_2O + Cl^-$$

故酸性 $HCl > H_2O$，碱性 $OH^- > Cl^-$。

由于 Cl^- 是 HCl 的共轭碱，而 H_2O 是 OH^- 的共轭酸，因此酸碱反应可以表示为

$$\text{质子酸(1)} + \text{质子碱(2)} \rightleftharpoons \text{共轭碱(1)} + \text{共轭酸(2)}$$

或者说，质子酸碱理论中无盐的概念。

4.2.1.4　共轭酸碱的解离常数之间的关系

共轭酸碱对中酸和碱各有其 K_a 与 K_b，如 $NH_4^+ - NH_3$

$$NH_4^+ + H_2O \rightleftharpoons NH_3 + H_3O^+ \qquad K_a = 5.65\times10^{-10}$$

$$NH_3 + H_2O \rightleftharpoons NH_4^+ + OH^- \qquad K_b = 1.77\times10^{-5}$$

$$K_a \cdot K_b = 5.65\times10^{-10}\times1.77\times10^{-5} = 1.00\times10^{-14} = K_w$$

K_a 与 K_b 的关系为 $K_a \cdot K_b = K_w$，K_w 叫做水的离子积，在 22℃时，$K_w = 1.00\times10^{-14}$。则 K_a 与 K_b 之积为一常数的关系说明 K_a 愈大，则 K_b 愈小，即酸愈强，其共轭碱则愈弱。

科学家布朗斯特

(J. N. Bronsted，1879～1947)

丹麦物理化学家。因其酸和碱的质子理论而著称于世。布朗斯特在哥本哈根获得化学工程和化学两个学位，是研究催化性质和酸碱强度的权威，著有无机化学和物理化学教科书。1929 年成为耶鲁大学访问教授，1947 年被选为丹麦国会议员。

4.2.2　路易斯（G. N. Lewis）酸碱理论

酸碱质子理论概括了所有显示碱性的物质，但对酸仍然限制为含氢物质。实验证明，有些物质和 BF_3、$AlCl_3$ 等，它们虽然不含有氢，但却与含氢酸（H_2SO_4、HCl 等）一样，在非水溶剂中能与碱发生中和反应。如含氢酸 HCl 能与 NH_3 反应

$$HCl + NH_3 \longrightarrow NH_4^+ + Cl^-$$

而 BF_3 也能与 NH_3 反应

$$BF_3 + NH_3 \longrightarrow H_3N - BF_3$$

对上述事实，酸碱质子理论无法加以解释。直至 1923 年路易斯提出了新的酸碱概念——电子论后，才得以解决。电子论认为，凡是能给出电子对的分子、离子或原子团都属于碱，凡是能接受电子对的分子、离子或原子团都属于酸。在上述反应中，由于 BF_3 能接受电子对，故称为路易斯酸；而 NH_3 能给出电子对，故称为路易斯碱。路易斯酸又称为亲电试剂，（常称为 L 酸，而质子酸又称为 B 酸）。路易斯碱又称为亲核试剂。酸碱反应的产物称为酸碱加合物，它包含酸和碱两部分，两者通过配位键结合。在上述 NH_3 与 HCl 及 NH_3 与 BF_3 的反应产物中都含有配位键。

$$\left[\begin{array}{c} \quad H \\ \quad | \\ H-N \longrightarrow H \\ \quad | \\ \quad H \end{array}\right]^+ \quad 和 \quad \begin{array}{c} \quad H \qquad\quad F \\ \quad | \qquad\quad\; | \\ H-N \longrightarrow B-F \\ \quad | \qquad\quad\; | \\ \quad H \qquad\quad F \end{array}$$

酸碱加合物是中和反应的结果，这类反应常称为酸碱加合反应。

因此，根据路易斯酸碱概念，酸碱反应实际上包括了除具有电子得失或偏移的氧化-还原反应以外的所有化学反应，进一步扩大了酸碱的范围，故人们将电子论所划分的酸碱称为广义酸碱。但它在理论上也有一些不足之处，例如，在确定酸碱的相对强弱时，它是根据取

代顺序确定的，因此常会因参比标准不同得出的酸碱强度的顺序亦有所不同，从而造成某些混乱。

4.2.3 软硬酸碱理论

1963年皮尔逊（R. G. Person）根据路易斯的酸碱概念，提出了软硬酸碱理论。该理论认为，酸和碱都可以分为两类：一类酸是碱金属、碱土金属和具有较高氧化态的轻过渡金属的正离子，如 Ti^{4+}、Cr^{3+}、Fe^{3+}、Ce^{3+} 及 H^{+}，它们是电子的接受体，都具有较小的体积，并且正电荷高，对外层电子抓得紧，称为硬酸；另一类酸是较重的过渡金属和低氧化态的过渡金属正离子，如 Cu^{+}、Ag^{+}、Hg^{2+}、Pb^{2+} 及 Pt^{2+}，它们虽然也是电子的接受体，但与前一类的不同点是具有较大的体积，正电荷低或等于零，对外层电子抓得松，称为软酸。碱也可以分为硬碱和软碱两类。硬碱包括 NH_3、F^{-}、H_2O 等，它们中的电子给予体原子难以氧化，外层电子不容易失去；而软碱则表现为电子给予体原子较容易氧化，外层电子较容易失去，如 CN^{-}、I^{-} 等。因此，人们用酸碱抓电子的不同松紧程度来标度酸碱的软硬度。实际上，软硬之间并没有明确的界限。例如，Cs^{+} 和 Li^{+} 都是硬酸，但 Cs^{+} 要比 Li^{+} 软。又如，同一元素的不同氧化态，Fe^{3+} 和 Fe^{2+}，Fe^{3+} 属硬酸，而 Fe^{2+} 则处于软硬之间，称为交界酸。

研究发现，硬酸与硬碱形成的加合物，软酸与软碱形成的加合物都比较稳定，并且反应速率快。而硬酸与软碱或软酸与硬碱形成的加合物稳定性都比较差，反应速率也慢。交界酸碱却不管对象是软是硬均能起反应，形成的加合物的稳定性差别也不大。利用上述研究结果，该理论提出预测酸碱加合物相对稳定性的一个简单的经验规则："软亲软，硬亲硬，软硬结合不稳定"，"硬亲硬，软亲软，软硬交界就不管"，称为软硬酸碱规则（SHAB）。利用SHAB规则可以解释许多实验事实和自然现象。例如，在矿物中，亲石元素 Mg^{2+}、Ca^{2+}、Sr^{2+}、Ba^{2+}、Al^{3+} 等金属离子为硬酸，成矿时与硬碱 O^{2-}、F^{-}、CO_3^{2-}、SO_4^{2-} 等结合，大多以氧化物、氟化物、碳酸盐和硫酸盐等形式存在。而亲硫元素 Cu^{2+}、Ag^{+}、Zn^{2+}、Pb^{2+}、Hg^{2+}、Ni^{2+}、Co^{2+} 等低价金属离子为软酸，在自然界则以硫化物形式存在。

此外，软硬酸碱理论还可以用来解释化合物的稳定性、溶解性、化学反应速率等。在地球化学中，软硬酸碱理论的应用也很广泛。例如，可用来解释元素成矿的可能性，药物化学中运用软硬酸碱概念来进行药物设计，以除去体内的有毒金属离子。例如，由于 Se^{2-} 是比 S^{2-} 更软的原子，因而能从汞中毒患者中的蛋白质S原子上除去软酸 Hg^{2+}。但是，目前软硬酸碱理论的报道，仍处于研究阶段。

4.3 水溶液中的单相离子平衡

水溶液中HCl和NaOH等能够完全释放出质子或接受质子，因此它们是强酸或强碱。而大多数酸和碱溶液中存在着解离平衡，其平衡常数 K 叫做**解离常数**，可分别用 K_a 和 K_b 表示，其值可用热力学数据算得，也可从实验测定。K_a、K_b 均为温度的函数，而与测定的酸碱浓度无关。

4.3.1 一元弱酸的解离平衡及其pH值的计算

一元弱酸乙酸HAc，在水溶液中的解离平衡为

$$HAc(aq)+H_2O(l) \rightleftharpoons H_3O^{+}(aq)+Ac^{-}(aq)$$

可简写成

$$HAc(aq) \rightleftharpoons H^{+}(aq)+Ac^{-}(aq)$$

若以 HA 表示酸，则可写成如下通式

$$HA(aq)+H_2O(l)\rightleftharpoons H_3O^+(aq)+A^-(aq)$$

或简写为　$$HA(aq)\rightleftharpoons H^+(aq)+A^-(aq)$$

其平衡常数为

$$K_a(HA)=\frac{\{c^{eq}(H^+,aq)/c^{\ominus}\}\cdot\{c^{eq}(A^-,aq)/c^{\ominus}\}}{c^{eq}(HA,aq)/c^{\ominus}}$$

由于 $c^{\ominus}=1mol\cdot dm^{-3}$，所以 K_a 为量纲一的量，故可将上式简化为

$$K_a(HA)=\frac{c^{eq}(H^+)\cdot c^{eq}(A^-)}{c^{eq}(HA)} \tag{4.6}$$

但应注意，浓度 c 是有量钢的量，其 SI 单位为$mol\cdot dm^{-3}$。

设一元酸的浓度为 c，解离度为 α，则 $c^{eq}(H^+)=c\alpha=c^{eq}(A^-)$，$c^{eq}(HA)=c-c\alpha$，故

$$K_a=\frac{c\alpha\cdot c\alpha}{c(1-\alpha)}=\frac{c\alpha^2}{1-\alpha} \tag{4.7}$$

当$\frac{c}{K_a}\geqslant500$ 时，$1-\alpha\approx1$，则上式为：

$$K_{\alpha}\approx c\alpha^2$$

$$\alpha\approx\sqrt{K_{\alpha}/c} \tag{4.8}$$

$$c^{aq}(H^+)=c\alpha\approx\sqrt{K_{\alpha}\cdot c} \tag{4.9}$$

式(4.8) 表明，溶液的解离度与其浓度的平方根成反比。即弱酸的浓度越稀，其解离度越大，这个关系式称为稀释定律。

虽然 α 和 K_{α} 都可用来表示酸的强弱，但 α 随 c 的浓度的大小而变化；而 K_{α} 不随 c 而变，仅是温度的函数。

【例 4.2】 计算 $0.500mol\cdot dm^{-3}$食用醋溶液中的 $c(H^+)(aq)$ 及其 pH 值。

解： 令平衡时氢离子浓度为 $x mol\cdot dm^{-3}$

$$HAc(aq)\rightleftharpoons H^+(aq)+Ac^-(aq)$$

平衡时浓度/$(mol\cdot dm^{-3})$　　$0.500-x$　　x　　x

$$K_a=\frac{c^{eq}(H^+)\cdot c^{eq}(Ac^-)}{c^{eq}(HAc)}=\frac{x\cdot x}{0.500-x}=1.76\times10^{-5}$$

因为　$$\frac{c}{K_a}>500$$

所以　$$0.500-x\approx0.500$$

$$\frac{x^2}{0.500}\approx1.76\times10^{-5}$$

$$x\approx2.97\times10^{-3}$$

即　$$c^{eq}(H^+)\approx2.97\times10^{-3}mol\cdot dm^{-3}$$

$$pH\approx-\lg(2.97\times10^{-3})=2.52$$

下面计算 $0.200mol\cdot dm^{-3}$ NH_4NO_3 溶液中的 $H^+(aq)$ 浓度及 pH 值。NH_4NO_3 在溶液中完全解离为 $NH_4^+(aq)$ 和 $NO_3^-(aq)$。$NO_3^-(aq)$ 在溶液中可视为中性，求解溶液的 $c(H^+)$ 时只考虑 $NH_4^+(aq)$ 的解离平衡。即

$$NH_4^+(aq)+H_2O(l)\rightleftharpoons NH_3(aq)+H_3O^+(aq)$$

简写为　$$NH_4^+(aq)\rightleftharpoons NH_3(aq)+H^+(aq)$$

查得 $NH_4^+(aq)$ 的 $K_a=5.65\times10^{-10}$，所以

$$c^{eq}(H^+,aq)\approx\sqrt{K_a\cdot c}=\sqrt{5.65\times10^{-10}\times0.200}\,mol\cdot dm^{-3}$$
$$=1.06\times10^{-5}\,mol\cdot dm^{-3}$$

所以 $pH\approx-\lg(1.06\times10^{-5})=4.97$

4.3.2 多元弱酸的解离平衡及其 pH 值的计算

对多元弱酸而言，其解离是分级进行的，因此其每一级都有相应的解离常数，以硫化氢 H_2S 水溶液为例，其解离过程为

一级解离 $$H_2S(aq)\rightleftharpoons H^+(aq)+HS^-(aq)$$

$$K_a(1)=\frac{c^{eq}(H^+)\cdot c^{eq}(HS^-)}{c^{eq}(H_2S)}=9.1\times10^{-8}$$

二级解离为 $$HS^-(aq)\rightleftharpoons H^+(aq)+S^{2-}(aq)$$

$$K_a(2)=\frac{c^{eq}(H^+)\cdot c^{eq}(S^{2-})}{c^{eq}(HS^-)}=1.1\times10^{-12}$$

式中，$K_a(1)$ 和 $K_a(2)$ 分别表示 H_2S 的一级解离常数和二级解离常数。一般情况下，二元酸的 $K_a(1)\gg K_a(2)$。其二级解离使 HS^- 进一步给出 H^+ 要比一级解离困难得多，因为带有两个负电荷的 S^{2-} 对 H^+ 的吸引，显然比带一个负电荷的 HS^- 对 H^+ 的吸引强烈。另外，一级解离所生成的 H^+ 会使二级解离的平衡强烈左移，所以，二级解离的解离度比一级解离的要小得多。这样，计算多元酸的 H^+ 浓度时，若 $K_a(1)\gg K_a(2)$。则可忽略二级解离平衡，其氢离子浓度的计算与一元酸 H^+ 浓度的方法相同，即应用式(4.9) 作近似计算，不过式中的 K_a 应改为$K_a(1)$。其 $c(S^{2-})$ 则近似等于 $K_a(2)$。

【例 4.3】 已知 H_2S 的 $K_a(1)=9.1\times10^{-8}$，$K_a(2)=1.1\times10^{-12}$。计算在 $0.10mol\cdot dm^{-3}$ H_2S 溶液中 $H^+(aq)$ 的浓度、$S^{2-}(aq)$ 的浓度和 pH 值。

解： 根据式(4.9)

$$c^{eq}(H^+)\approx\sqrt{K_a(1)\cdot c}=\sqrt{9.1\times10^{-8}\times0.10}\,mol\cdot dm^{-3}$$
$$=9.5\times10^{-5}\,mol\cdot dm^{-3}$$
$$pH\approx-\lg(9.5\times10^{-5})=4.0$$
$$c^{eq}(S^{2-})\approx K_a(2)=1.1\times10^{-12}\,mol\cdot dm^{-3}$$

对于 H_2CO_3 和 H_3PO_4 等多元酸，可用类似的方法计算其 $c(H^+)$ 和溶液的 pH 值。

而 H_3PO_4 是中强酸，由于 $K_a(1)$ 较大 [$K_a(1)=7.52\times10^{-3}$]。在计算$c(H^+)$时，不能应用近似公式(4.9) 进行计算。需要求解一元二次方程得到$c^{eq}(H^+)$。

4.3.3 共轭酸碱的 K_a 与 K_b 的关系

以弱碱 NH_3 为例，

$$NH_3(aq)+H_2O(l)\rightleftharpoons NH_4^+(aq)+OH^-(aq)$$

若以 B 代表弱碱，可写成如下通式：

$$B(aq)+H_2O(l)\rightleftharpoons BH^+(aq)+OH^-(aq)$$

$$K_b=\frac{c^{eq}(BH^+)\cdot c^{eq}(OH^-)}{c^{eq}(B)} \tag{4.10}$$

一般化学手册中并不列出离子酸、离子碱的解离常数，可以根据已知分子酸的 K_a（或分子碱的 K_b），算得其共轭离子碱的 K_b（或共轭离子酸的 K_a）。以质子碱 Ac^- 为例：

质子碱 Ac^- 的解离为：$Ac^-(aq)+H_2O(l)\rightleftharpoons HAc(aq)+OH^-(aq)$

$$K_b=\frac{c^{eq}(HAc)\cdot c^{eq}(OH^-)}{c^{eq}(Ac^-)}$$

而 Ac^- 的共轭酸是 HAc，其解离为：

$$HAc(aq)\rightleftharpoons H^+(aq)+Ac^-(aq)$$

$$K_a=\frac{c^{eq}(H^+)\cdot c^{eq}(Ac^-)}{c^{eq}(HAc)}$$

则

$$K_b\cdot K_a=\frac{c^{eq}(HAc)\cdot c^{eq}(OH^-)}{c^{eq}(Ac^-)}\times\frac{c^{eq}(H^+)\cdot c^{eq}(Ac^-)}{c^{eq}(HAc)}$$

$$=c^{eq}(H^+)\cdot c^{eq}(OH^-)$$

$H^+(aq)$ 和 $OH^-(aq)$ 的浓度的乘积是一常数，叫做水的离子积，用 K_w 表示，在常温（22℃）时，$K_w=1.0\times10^{-14}$。

这说明任何共轭酸碱的解离常数之间都有下列关系

$$K_a\cdot K_b=K_w \tag{4.11}$$

K_a 与 K_b 互成反比，反映了共轭酸碱之间强度的共轭关系，即酸越强，其共轭碱越弱。对于强酸（如 HCl、HNO_3）而言，其共轭碱（Cl^-、NO_3^-）碱性极弱，可认为呈中性。

根据式(4.11)，只要已知共轭酸的解离常数 K_a，就能算得共轭碱的解离常数 K_b，已知碱的解离常数 K_b，又可算得共轭酸的解离常数 K_a。例如，已知 HNO_2 的 $K_a=4.6\times10^{-4}$，则 NO_2^- 的 $K_b=\frac{K_w}{K_a}=\frac{1.00\times10^{-14}}{4.6\times10^{-4}}=2.2\times10^{-11}$。

本书书末附录中列出了一些共轭酸碱的解离常数 K_a 和 K_b 可供查阅。

与一元酸相仿，一元碱的解离平衡中：

$$K_b=c\alpha^2/1-\alpha \tag{4.12}$$

当 $\frac{c}{K_b}\geqslant500$ 时，有

$$K_b\approx c\alpha^2$$

$$\alpha\approx\sqrt{K_b/c} \tag{4.13}$$

$$c^{eq}(OH^-)=c\alpha\approx\sqrt{K_b\cdot c}$$

从而可得

$$c^{eq}(H^+)=K_w/c^{eq}(OH^-) \tag{4.14}$$

式(4.14) 可以用来计算氨水溶液的 pH 值，也可用来计算诸如 Ac^-、NO_2^-、CN^- 等离子碱水溶液的 pH 值。以 $0.10mol\cdot dm^{-3}$ KAc 溶液为例，由于 $K^+(aq)$ 可视为中性，因而只需考虑 $Ac^-(aq)$ 的解离平衡。因 $K_b(Ac^-, aq)=5.68\times10^{-10}$，可按式（4.14）计算出

$$c^{eq}(OH^-)\approx\sqrt{K_b\cdot c}=\sqrt{5.68\times10^{-10}\times0.10}\ mol\cdot dm^{-3}$$

$$=7.5\times10^{6}mol\cdot dm^{-3}$$

$$c^{eq}(H^+)\approx K_w/(7.5\times10^{-6})mol\cdot dm^{-3}=1.3\times10^{-9}mol\cdot dm^{-3}$$

$$pH\approx-\lg(1.3\times10^{-9})=8.9$$

对于 $CO_3^{2-}(aq)$，则可近似地以一级解离常数 K_b 计算。

对于 $CO_3^{2-}(aq)$ 这些多元弱碱来说，与 $H_2S(aq)$ 的解离相似，由于其 $K_b(1)\gg K_b(2)$，因此在计算溶液的 $c^{eq}(OH^-)$ 时，可近似把它作为一元弱碱来对待，即只考虑其第一步解离。以 $0.10mol\cdot dm^{-3}$ Na_2CO_3 溶液为例，其 $K_b(1)=1.78\times10^{-4}$，$K_b(2)=2.3\times10^{-8}$，

$K_b(1) \gg K_b(2)$。可按式(4.14) 计算

$$c^{eq}(OH^-) = \sqrt{K_b(1) \cdot c}$$

$$= \sqrt{1.78 \times 10^{-4} \times 0.10} mol \cdot dm^{-3}$$

$$= 4.2 \times 10^{-3} mol \cdot dm^{-3}$$

$$pOH = -\lg c(OH^-) = -\lg 4.2 \times 10^{-3} = 2.38$$

$$pH = 14.0 - pOH = 14.0 - 2.38 = 11.62$$

实验中，溶液的 pH 值可以用仪器进行测定，如用 pH 计（又称酸度计)(图 4.5) 测定出来，具体的实验方法可参考普通化学实验教材。一些常见的液体都具有一定范围的 pH 值，如表 4.5 所示。

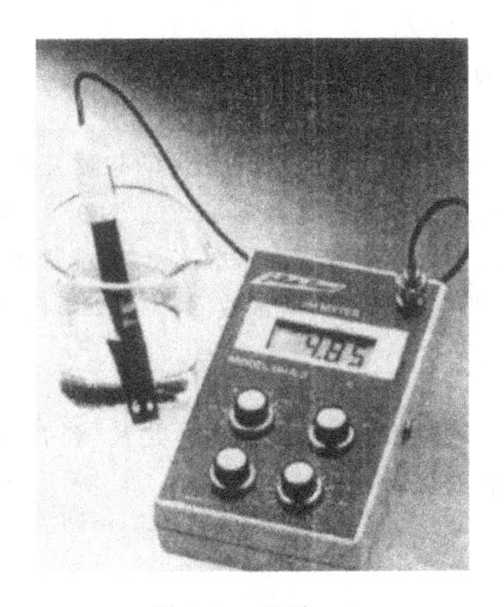

图 4.5　pH 计

表 4.5　一些常见液体的 pH 值

液　　体	pH 值	液　　体	pH 值
柠檬汁	2.2～2.4	牛奶	6.3～6.6
酒	2.8～3.8	人的唾液	6.5～7.5
醋	约 3.0	饮用水	6.5～8.0(GB)
番茄汁	约 3.5	人的血液	7.3～7.5
人尿	4.8～8.4	海水	约 8.3

4.3.4　缓冲溶液

弱酸与弱碱的解离平衡，与其他的任何化学平衡一样，当溶液的浓度、温度等条件改变时，会使其解离平衡发生移动。室温下，影响解离平衡的主要因素是浓度，就改变浓度而言，除稀释外，还可向弱酸、弱碱溶液中加入具有相同离子的强电解质，以改变某一离子的浓度，从而引起弱电解质解离平衡的移动。例如，往 HAc 溶液中加入 NaAc（或 HCl），由于 Ac^-（或 H^+）浓度增大，使平衡向生成 HAc 的方向移动，从而降低了 HAc 的解离度。在弱酸溶液中加入该酸的共轭碱，或在弱碱的溶液中加入该碱的共轭酸时，可使这些弱酸或弱碱的解离度降低的现象叫做**同离子效应**。

这种由共轭酸及其共轭碱组成的溶液具有一种很重要的性质，其 pH 值能在一定范围内不因稀释或外加少量的酸或碱而发生显著变化。也就是说，对外加的少量酸和碱具有缓冲能

力。例如，在 HAc 和 NaAc 的混合溶液中，HAc 是弱电解质，解离度较小；NaAc 是强电解质，完全解离。因而，溶液中 HAc 和 Ac^- 的浓度都较大。由于同离子效应，抑制了 HAc 的解离，而使 H_3^+O 浓度减小。

$$HAc(aq)+H_2O(l) \rightleftharpoons H_3^+O(aq)+Ac^-(aq)$$

当往该溶液中加入少量强酸时，H^+ 与 Ac^- 结合形成 HAc 分子，则平衡向左移动，使溶液中 Ac^- 浓度略有减少，HAc 浓度略有增加，但溶液中 H^+ 浓度不会有显著变化。如果加入少量强碱，强碱的 OH^- 会与 H^+ 结合，则平衡向右移动，由于 HAc 解离，使 HAc 浓度略有减少，Ac^- 浓度略有增加，H^+ 浓度不会有显著变化。这种对酸和碱具有缓冲作用的溶液叫做**缓冲溶液**。

这种共轭酸碱之间存在的平衡可表示为

$$\text{共轭酸} \rightleftharpoons H^+ + \text{共轭碱}$$

由于外加少量酸，平衡向左移动，共轭碱与 H^+ 结合生成共轭酸；外加少量碱，平衡向右移动，其共轭酸转变成共轭碱和 H^+。其中的共轭酸如 HAc、NH_4^+、$H_2PO_4^-$ 等起抵抗碱的作用；其共轭碱如 Ac^-、NH_3、HPO_4^{2-} 等起抵抗酸的作用。组成缓冲溶液的一对共轭酸碱，如 $HAc\text{-}Ac^-$、$NH_4^+\text{-}NH_3$、$H_2PO_4^-\text{-}HPO_4^{2-}$ 等也称为**缓冲对**。

根据共轭酸碱之间的平衡，可得

$$K_a=\frac{c^{eq}(H^+)\cdot c^{eq}(\text{共轭碱})}{c^{eq}(\text{共轭酸})}$$

$$c^{eq}(H^+)=K_a\times\frac{c^{eq}(\text{共轭酸})}{c^{eq}(\text{共轭碱})} \tag{4.15}$$

缓冲溶液 pH 值的计算公式为

$$pH=pK_a-\lg\frac{c^{eq}(\text{共轭酸})}{c^{eq}(\text{共轭碱})} \tag{4.16}$$

式(4.15) 中的 K_a 为共轭酸的解离常数，式(4.16) 中的 pK_a 为 K_a 的负对数，即 $pK_a=-\lg K_a$。

【例 4.4】 (1) 混合溶液中 HAc 和 NaAc 的浓度均为 $0.100mol\cdot dm^{-3}$，试计算该溶液的 pH 值。

(2) 于体积为 $1dm^3$ 的该溶液中加入 0.005mol NaOH (假定体积不变)，溶液的 pH 是多少?

(3) 于 $1dm^3$ 的纯水中加入 0.005mol NaOH (假定溶液体积不变)，溶液的 pH 是多少?

解：(1) 用 HAc 的起始浓度和 NaAc 的总浓度代替平衡浓度进行近似计算，代入式(4.16) 有

$$pH=-\lg(1.75\times10^{-5})-\lg\frac{0.100}{0.100}=4.76$$

(2) 加入的 NaOH 使 0.005mol HAc 中和的同时产生 0.005mol 的 NaAc，使两者的浓度分别改变为 $0.095mol\cdot dm^{-3}$ 和 $0.105mol\cdot dm^{-3}$，代入式(4.16) 得

$$pH=-\lg(1.75\times10^{-5})-\lg\frac{0.095}{0.105}=4.80$$

(3) $$pH=pK_w-pOH=14.00+\lg(0.005)=11.70$$

由上例可见，加入 0.005mol 的 NaOH 使纯水的 pH (为 7.00) 改变了 4.70 个单位，而上述缓冲溶液只改变了 0.04 个单位。

缓冲溶液在工业、农业、生物学等方面应用很广。例如，金属器件进行电镀时的电镀液中，常用缓冲溶液来控制一定的 pH 值。在制革、染料等工业以及化学分析中也需应用缓冲溶液。在土壤中，由于含有 H_2CO_3-$NaHCO_3$ 和 NaH_2PO_4-Na_2HPO_4 以及其他有机弱酸及其共轭碱所组成的复杂的缓冲系统，能使土壤维持一定的 pH 值，从而保证了植物的正常生长。人体的血液也依赖 H_2CO_3-$NaHCO_3$ 等所形成的缓冲系统以维持 pH 值在 7.35～7.45。如果酸碱度突然发生改变，就会引起“酸中毒”或“碱中毒”，当 pH 值改变超过这一范围时，还可能会导致生命危险。

在实际工作中常会遇到缓冲溶液的选择问题，从式(4.16) 可以看出，缓冲溶液的 pH 值取决于缓冲对中共轭酸的 K_a 值以及缓冲对的两种物质浓度之比值。缓冲对中任一种物质的浓度过小都会使溶液丧失缓冲能力。因此，两者浓度之比值最好趋近于 1。如果此比值为 1，则

$$c^{eq}(H^+)=K_a$$
$$pH=pK_a$$

所以，在选择具有一定 pH 值的缓冲溶液时，应当选用 pK_a 接近或等于该 pH 值的弱酸与其共轭碱的混合溶液。例如，科研中如果需要 pH=5 左右的缓冲溶液，选用 HAc-Ac^-（HAc-NaAc）或六亚甲基四胺与盐酸 [$(CH_2)_6N_4$-HCl] 的混合溶液比较适宜，因为它们的 pK_a 分别等于 4.75 和 5.15，与所需的 pH 值接近。表 4.6 的缓冲对可供选择时参考。

表 4.6　常用缓冲溶液及其 pH 值范围

pH 值范围	组成		酸的 pK_a
	共轭酸	共轭碱	
2.8～4.6	HCOOH	NaOH	3.75
3.7～5.6	HAc	NaAc	4.75
4.2～6.2	$(CH_2)_6N_4H^+$(HCl)	$(CH_2)_6N_4$	5.15
4.1～5.9	邻苯二甲酸氢钾 $C_6H_4(COO)_2HK$	NaOH	5.41
5.9～8.0	NaH_2PO_4	Na_2HPO_4	7.21
7.8～10.0	H_3BO_3	NaOH	9.14
8.3～10.2	NH_4Cl	NH_3	9.25
9.6～11.0	$NaHCO_3$	Na_2CO_3	10.25

4.4 难溶电解质的多相离子平衡

在科学研究和工业生产中，经常要利用沉淀反应来制备材料、分离杂质、处理污水以及鉴定离子等。怎样判断沉淀能否生成？如何使沉淀析出更趋完全？又如何使沉淀溶解？为了解决这些问题，就需要研究含有难溶电解质和水的多相系统中的离子平衡及其移动。

4.4.1 溶度积常数和溶解度

物质只有溶解度大小之分而没有溶与不溶之分，通常所说的“不溶物”确切地应当叫做“难溶物”。通常把在 100g 水中溶解度小于 0.01g 的物质称为“难溶物”。等物质的量的 $AgNO_3$ 与 HCl“完全”反应生成 AgCl 沉淀，并不意味着该含有 AgCl 沉淀的溶液中不再含有 Ag^+ 和 Cl^- 离子，而是指该系统中构成沉淀的两种离子与它们形成的固相之间处于动态平衡，叫做多

相离子平衡，又称为溶解-沉淀平衡。例如

$$AgCl(s) \underset{结晶}{\overset{溶解}{\rightleftharpoons}} Ag^{+}(aq) + Cl^{-}(aq)$$

其平衡常数表达式为

$$K^{\ominus} = K_{sp}^{\ominus}(AgCl) = \{c^{eq}(Ag^{+}, aq)/c^{\ominus}\}\{c^{eq}(Cl^{-}, aq)/c^{\ominus}\}$$

因为 $K^{\ominus}$ 为量纲一的量，可将上式简化为

$$K^{\ominus} = K_{sp}^{\ominus}(AgCl) = c^{eq}(Ag^{+}) \cdot c^{eq}(Cl^{-})$$

为了表明这种平衡常数的特殊性，通常用 $K_{sp}^{\ominus}$ 代替 $K^{\ominus}$ 以示区别，并把难溶电解质的化学式注在后面的括号内（原则上 $K_{sp}^{\ominus}$ 应称为浓度积，由于难溶电解质中离子浓度较小，故不考虑活度系数的影响而称为溶度积）。

此式表明，难溶电解质的饱和溶液中，当温度一定时，其离子浓度的乘积为一常数，这个平衡常数 $K_{sp}^{\ominus}$ 叫做**溶度积常数**，简称**溶度积**。$K_{sp}^{\ominus}$ 在一定温度下是个常数，它的大小反映了物质的溶解能力。本书书末附录中列出了一些常见难溶电解质的溶度积。

根据平衡常数表达式的书写原则，对于通式为

$$A_nB_m(s) \rightleftharpoons nA^{m+}(aq) + mB^{n-}(aq)$$

溶度积的表达式为

$$K_{sp}^{\ominus}(A_nB_m) = \{c^{eq}(A^{m+})/c^{\ominus}\}^n \cdot \{c^{eq}(B^{n-})/c^{\ominus}\}^m$$

简化为

$$K_{sp}^{\ominus}(A_nB_m) = \{c^{eq}(A^{m+})\}^n \cdot \{c^{eq}(B^{n-})\}^m \tag{4.17}$$

与其他平衡常数一样，$K_{sp}^{\ominus}$ 的数值既可由实验测得，也可以应用热力学数据计算求得。

例如：在 298.15K 时，固体 AgCl 在水中达到溶解平衡

由热力学数据表可得　　$AgCl(s) \rightleftharpoons Ag^{+}(aq) + Cl^{-}(aq)$

$\Delta_f G_m^{\ominus}(298.15K)/kJ \cdot mol^{-1}$　　-109.80　　77.124　　-131.26

$$\begin{aligned}\Delta_r G^{\ominus}(298.15K) &= [\Delta_f G_m^{\ominus}(Ag^{+}, aq) + \Delta_f G_m^{\ominus}(Cl^{-}, aq)] - [\Delta_f G_m^{\ominus}(AgCl, s)] \\ &= [(77.124 - 131.26) - (-109.80)] kJ \cdot mol^{-1} \\ &= 55.66 kJ \cdot mol^{-1}\end{aligned}$$

$$\begin{aligned}\lg K^{\ominus} &= \frac{-\Delta_r G_m^{\ominus}(298.15K)}{2.303RT} \\ &= \frac{-55.66kJ \times mol^{-1} \times 10^3}{2.303 \times 8.314J \cdot mol^{-1} \cdot K^{-1} \times 298.15K} \\ &= -9.75\end{aligned}$$

$$K^{\ominus}(AgCl) = 1.78 \times 10^{-10}$$

在难溶电解质的饱和溶液中，其中的离子浓度即为该难溶电解质的溶解度（对 AB 型难溶盐来讲，A 离子浓度或 B 离子浓度即为其溶解度；而对 AB_2 型难溶度而言，A 离子浓度为其溶解度），显然，溶度积常数和溶解度都是表示难溶盐溶解性能的物理量，它们之间必然存在着某种关系。下面通过例 4.5 来讨论它们的关系。

【例 4.5】　在 25℃ 时，碳酸钙的溶度积为 4.96×10^{-9}，氟化钙的溶度积为 1.46×10^{-10}，试求碳酸钙和氟化钙在水中的溶解度。

解：（1）设 $CaCO_3$ 的溶解度为 s_1 $mol \cdot dm^{-3}$，根据

$$CaCO_3(s) \rightleftharpoons Ca^{2+}(aq) + CO_3^{2-}(aq)$$

$$c^{eq}(Ca^{2+}) = c^{eq}(CO_3^{2-}) = s_1$$

可得 $K_{sp}^{\ominus}=c^{eq}(Ca^{2+})\cdot c^{eq}(CO_3^{2-})=s_1\cdot s_1=s_1^2$

$$s_1=\sqrt{K_{sp}^{\ominus}}=\sqrt{4.96\times10^{-9}}\,mol\cdot dm^{-3}=7.04\times10^{-5}\,mol\cdot dm^{-3}$$

（2）设 CaF_2 的溶解度为 s_2 $mol\cdot dm^{-3}$，根据

$$CaF_2(s)\rightleftharpoons Ca^{2+}(aq)+2F^-(aq)$$

$$c^{eq}(Ca^{2+})=s_2$$

$$c^{eq}(F^-)=2s_2$$

可得 $K_{sp}^{\ominus}=\{c^{eq}(Ca^{2+})\}\cdot\{c^{eq}(F^-)\}^2=s_2\cdot(2s_2)^2=4s_2^3$

所以 $s_2=\sqrt[3]{\dfrac{K_{sp}^{\ominus}}{4}}=\sqrt[3]{\dfrac{1.46\times10^{-10}}{4}}\,mol\cdot dm^{-3}=3.32\times10^{-4}\,mol\cdot dm^{-3}$

计算结果表明，$CaCO_3$ 的溶度积 $K_{sp}^{\ominus}$ 比 CaF_2 的溶度积 $K_{sp}^{\ominus}$ 要大，但 $CaCO_3$ 的溶解度（$7.04\times10^{-5}\,mol\cdot dm^{-3}$）反而比 CaF_2 的溶解度（$3.32\times10^{-4}\,mol\cdot dm^{-3}$）要小。这是因为 $CaCO_3$ 是 AB 型难溶电解质，CaF_2 是 AB_2 型难溶电解质。两者的类型不同，且两者的溶度积数值相差不大。因此，对于同一类型的难溶电解质，可以通过溶度积的大小来比较它们的溶解度大小。例如，均属 AB 型的难溶电解质 AgCl、$BaSO_4$ 和 $CaCO_3$ 等，在相同温度下，溶度积越大，溶解度也越大；反之亦然。但对于不同类型的难溶电解质，则不能认为溶度积小者，溶解度也一定小。

还须指出，上述溶度积与溶解度的换算是一种近似的计算，其中忽略了难溶电解质的离子与水的作用等情况。

4.4.2 溶度积规则

在讨论溶度积规则时有必要先回忆一下第 3 章中介绍过的离子积，离子积在本章中指难溶电解质溶液中离子浓度的乘积。而溶度积仅指平衡状态下离子浓度的乘积。这种关系和反应商与标准平衡常数之间的关系具有类似的实质，故采用与反应商同样的符号表示离子积。

对一给定的难溶电解质来说，在一定条件下沉淀能否生成或溶解可从溶度积与离子积的比较来判断。例如，当混合两种电解质的溶液时，若有关的两种相应离子浓度（以溶解平衡中该离子的化学计量数为指数）的乘积（离子积 Q）大于由该两种有关离子所组成的物质的溶度积（即 $K_{sp}^{\ominus}$）就会产生该物质的沉淀；若溶液中相应离子浓度的乘积小于溶度积，则不可能产生沉淀。又如，往含有沉淀的溶液中（此时有关相应离子浓度的乘积等于溶度积）加入某种物质使其中某一离子浓度减小，导致相应离子积小于溶度积时，则沉淀必将溶解。这种关系叫溶度积规则。

离子积的表达式为

$$Q=\{c(A^{m+})/c^{\ominus}\}^n\{c(B^{n-})/c^{\ominus}\}^m$$

简写为

$$Q=\{c(A^{m+})\}^n\{c(B^{n-})\}^m$$

可归纳为

$$\begin{cases}Q=\{c(A^{m+})\}^n\cdot\{c(B^{n-})\}^m>K_{sp}^{\ominus} & \text{有沉淀析出}\\ Q=\{c(A^{m+})\}^n\cdot\{c(B^{n-})\}^m=K_{sp}^{\ominus} & \text{饱和溶液}\\ Q=\{c(A^{m+})\}^n\cdot\{c(B^{n-})\}^m<K_{sp}^{\ominus} & \text{不饱和溶液，无沉淀析出}\end{cases}\tag{4.18}$$

应用溶度积规则，能够判断沉淀的生成和溶解。

4.4.3 沉淀的生成

原则上讲，在难溶电解质的溶液中，只要其离子积大于溶度积，就会有难溶盐的沉淀

生成。

从化学平衡上讲，向难溶电解质的饱和溶液中加入与其具有相同离子的强电解质，如向 $BaSO_4(s)$ 的饱和溶液中加入 $BaCl_2$ 溶液，由于 Ba^{2+} 的浓度增大，会使 $c(Ba^{2+})\cdot c(SO_4^{2-})>K_{sp}(BaSO_4)$，平衡向生成 $BaSO_4$ 沉淀的方向移动，直到溶液中 Ba^{2+} 浓度与 SO_4^{2-} 浓度乘积等于 $BaSO_4$ 溶度积为止。在新的平衡中，SO_4^{2-} 的浓度必然降低，也就是 $BaSO_4$ 的溶解度降低，这种因加入含有相同离子的强电解质而使难溶电解质溶解度降低的现象称为同离子效应。在实验中应用溶度积规则可以使某离子形成难溶盐而沉淀，加入的物质称为沉淀剂。例如：回收废定影液中的银（以可溶性 $[Ag(S_2O_3)_2]^{3-}$ 形式存在），可以采用加入沉淀剂 Na_2S 的饱和溶液，使 Ag 配离子转化为黑色 Ag_2S 沉淀，经过滤得到黑色 Ag_2S 固体，然后利用高温分解使其转化为金属银。应用同离子效应可以使沉淀进行得更完全。

【例 4.6】 往 $0.004mol\cdot dm^{-3}$ 的 $AgNO_3$ 溶液中加入等体积的 $0.04mol\cdot dm^{-3}$ 的 K_2CrO_4 溶液，有无 Ag_2CrO_4 沉淀生成？若有，则沉淀后溶液中 Ag^+ 和 CrO_4^{2-} 的浓度各为多少？

解： $2Ag^{2+}(aq)+CrO_4^{2-}(aq) \rightleftharpoons Ag_2CrO_4(s)$

$$Q=[c(Ag^+)/c^\ominus]^2\cdot[c(CrO_4^{2-})/c^\ominus]$$
$$=[0.002mol\cdot dm^{-3}/1mol\cdot dm^{-3}]^2\times[0.02mol\cdot dm^{-3}/1mol\cdot dm^{-3}]$$
$$=8\times10^{-8}>K_{sp}^\ominus(Ag_2CrO_4)=1.12\times10^{-12}$$

所以，有 Ag_2CrO_4 沉淀生成。

确定生成沉淀后，溶液中 Ag^+ 和 CrO_4^{2-} 的浓度，要进行平衡计算。

	$2Ag^+(aq)+$	$CrO_4^{2-}(aq) \rightleftharpoons Ag_2CrO_4(s)$
起始浓度/$mol\cdot dm^{-3}$	0.002	0.02
完全反应后的近似浓度	0.0	0.02－0.001
平衡时令 CrO_4^{2-} 浓度为 x	$2x$	$0.019+x$

$$(2x)^2\times(0.019+x)=1.12\times10^{-12}$$

因为 $x\ll0.019$，$0.019+x\approx0.019$，

$$(2x)^2\approx\frac{1.12}{0.019}\times10^{-12}$$

$$x\approx7.67\times10^{-6}$$

所以 $$c(Ag^+\ aq)\approx1.53\times10^{-5}mol\cdot dm^{-3}$$

$$c(CrO_4^{2-}\ aq)\approx0.019mol\cdot dm^{-3}$$

当溶液中含有能与沉淀剂生成沉淀的几种离子，倘若加入沉淀剂，利用溶度积规则还能计算出哪种离子先生成沉淀，哪种离子后生成沉淀，即所谓先后沉淀的问题。

【例 4.7】 某溶液中含有 $1.0mol\cdot dm^{-3}$ 的 Ni^{2+} 和 $0.1mol\cdot dm^{-3}$ 的 Fe^{3+}，当逐滴加入 NaOH 溶液，问：哪种离子先沉淀？哪种离子后沉淀？能否利用此沉淀反应分离这两种离子？

解： 根据溶度积规则，可以分别计算生成 $Fe(OH)_3$ 和 $Ni(OH)_2$ 沉淀所需要的 OH^- 的最低浓度。

$$\frac{c(OH^-)}{c^\ominus}=\sqrt[3]{\frac{K_{sp}^\ominus[Fe(OH)_3]}{c(Fe^{3+})/c^\ominus}}=\sqrt[3]{\frac{2.64\times10^{-39}}{0.1}}=2.98\times10^{-13}$$

即 $Fe(OH)_3$ 开始沉淀时的 $c(OH^-)$ 为 $2.98\times10^{-13}mol\cdot dm^{-3}$

$$\frac{c(OH^-)}{c^{\ominus}}=\sqrt{\frac{K_{sp}^{\ominus}[Ni(OH)_2]}{c(Ni^{2+})/c^{\ominus}}}=\sqrt{\frac{2.0\times10^{-15}}{1.0}}=4.47\times10^{-8}$$

即 $Ni(OH)_2$ 开始沉淀时 $c(OH^-)$ 为 $4.47\times10^{-8}mol\cdot dm^{-3}$。可见 $Fe(OH)_3$ 先沉淀，$Ni(OH)_2$ 后沉淀，那么刚开始有 $Ni(OH)_2$ 沉淀时，溶液中 Fe^{3+} 浓度为多少呢?

$$\frac{c(Fe^{3+})}{c^{\ominus}}=\frac{K_{sp}^{\ominus}[Fe(OH)_3]}{[c(OH^-)/c^{\ominus}]^3}=\frac{2.64\times10^{-39}}{(4.47\times10^{-8})^3}=2.96\times10^{-17}$$

所以，当 $Ni(OH)_2$ 开始沉淀时，溶液中 Fe^{3+} 的浓度仅为 $2.96\times10^{-17}mol\cdot dm^{-3}$。可见，在 $Ni(OH)_2$ 开始沉淀时，$Fe(OH)_3$ 早已沉淀完全了 [即 $c(Fe^{3+})<1.0\times10^{-5}mol\cdot dm^{-3}$ 叫做该离子沉淀完全]。故可以利用此沉淀反应来分离 Fe^{3+} 和 Ni^{2+}。

4.4.4 沉淀的溶解

在实际工作中，经常会遇到要使难溶电解质溶解的问题。根据溶度积规则，如果用某种办法可以使难溶电解质饱和溶液中有关离子的浓度降低，就可使沉淀的溶解度增大而溶解。降低难溶电解质饱和溶液中离子浓度的办法有下列几种：

(1) 利用加入酸碱

① 往 $CaCO_3$、$SrCO_3$、$BaCO_3$ 一些碳酸盐的饱和溶液中加入稀盐酸（HCl），能使 $CaCO_3$、$SrCO_3$、$BaCO_3$ 溶解，这一反应的实质是利用酸碱反应使 CO_3^{2-} 的浓度不断降低，难溶电解质的多相离子平衡发生移动，因而使沉淀溶解。

其离子方程式为

$$BaCO_3(s)+2H^+(aq)=\!=\!=Ba^{2+}(aq)+CO_2(g)\uparrow+H_2O(l)$$

② 难溶金属氢氧化物加入强酸后，由于生成极弱的电解质 H_2O，使 OH^- 浓度大为降低，从而使金属氢氧化物溶解，例如 $Fe(OH)_3$、$Mg(OH)_2$ 及稀土元素的氢氧化物可用盐酸来溶解：

$$Mg(OH)_2(s)+2H^+(aq)=\!=\!=Mg^{2+}(aq)+2H_2O(l)$$
$$Sc(OH)_3(s)+3H^+(aq)=\!=\!=Sc^{3+}(aq)+3H_2O(l)$$

③ 部分金属硫化物加入盐酸，由于生成 H_2S 而使其溶解。如 FeS、MnS、ZnS、CoS 等：

$$ZnS(s)+2H^+(aq)=\!=\!=Zn^{2+}(aq)+H_2S(g)$$

(2) 利用配合反应

过渡金属离子往往容易生成配合物，利用往过渡金属难溶盐中加入配合剂使之生成更稳定的配合物，从而降低了难溶盐饱和溶液中的离子浓度，达到难溶盐溶解。

① AgCl、$Zn(OH)_2$、$Ni(OH)_2$、$Cu(OH)_2$ 等难溶盐可以利用加入氨水来溶解

$$Ni(OH)_2(s)+NH_3\cdot H_2O(aq)=\!=\!=[Ni(NH_3)_4]^{2+}(aq)+2OH^-(aq)$$

② 照相底片上未曝光的 AgBr(s)，可用 $Na_2S_2O_3$ 溶液来溶解，反应方程式为

$$AgBr(s)+2S_2O_3^{2-}=\!=\!=[Ag(S_2O_3)_2]^{3-}+Br^-(aq)$$

(3) 利用氧化还原反应

一些溶度积很小的硫化物如 Ag_2S、CuS、PbS 等，不能用加入非氧化性酸和配合剂等方法使其饱和溶液中相应的离子积降低至小于其溶度积，因而不能采用上述两种方法来溶解。但可加入氧化性酸使之溶解。例如，加入 HNO_3 作氧化剂，使 CuS 溶解：

$$3CuS(s)+8HNO_3(稀)=\!=\!=3Cu(NO_3)_2+3S(s)+2NO(g)+4H_2O(l)$$

由于 HNO_3 能将 S^{2-} 氧化为 S，从而大大降低了 S^{2-} 的浓度，当 $c(Cu^{2+})\cdot c(S^{2-})<K_{sp}^{\ominus}(CuS)$ 时，CuS 即可溶解。

4.5　表面活性剂的结构、性能和应用

表面活性剂分子的一端为长链憎水基烃链，另一端为体积较小的亲水基团，形成不对称的双亲结构。其加入量很少时即能大大降低溶液的表面张力，改变系统界面状态，从而产生润湿、乳化、起泡以及增溶等一系列作用，广泛应用于工业、农业、医药、分析及日常生活，已经形成了一个独立的工业部门。

4.5.1　表面张力与表面活性剂

表面张力的概念可以通过下面实验来说明。在图 4.6 中，设有细钢丝制成的框架，其 AB 边（其长度为 L）可以自由上下滑动。将此框架从肥皂液中拉出来，则可在框架中形成一层肥皂水膜。此水膜会自动收缩，以减小膜的表面积。这种引起膜自动收缩的力叫表面张力，用 σ 表示。若要阻止肥皂水膜的自动收缩，需在相反方向施加作用力 F。显然，σ 是作用在膜的边界上的，此膜有正、反两个表面，故有

$$F=\sigma\cdot 2L$$

σ 可看成是引起液体表面积收缩的单位长度上的力。单位为牛顿·米$^{-1}$（$N\cdot m^{-1}$）。

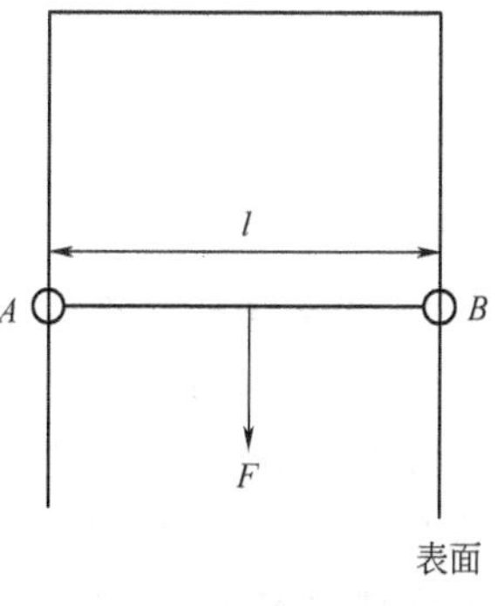

图 4.6　一个理想的表面张力实验示意图

表面活性剂能降低表面张力可以通过其分子结构的特点来说明。由于表面活性剂分子含有双亲结构，按照“相似相溶”规则，当将表面活性剂溶于水后，势必有一些表面活性剂的分子替换了水-气表面的水分子，并且其分子的极性部分必在水中，而将非极性部分挤露在气相。这时净吸引力（指液相内部分子与气相分子对表面分子吸引力的差值）将发生如下变化。

(1) 由于水分子极性较大，当极性较小的表面活性剂的极性部分替换了表面的水分子时，液相水对表面分子的吸引力减小。

(2) 由于表面活性剂分子的非极性部分与气相分子的吸引力主要靠色散力，而色散力又随分子的相对分子质量的增加而增大。因此，当表面活性剂分子替换了水分子并将非极性部分露在气相时，气相对表面的吸引力加强了。

综合这两个因素的变化，显然，表面净吸引力会大大减小。净吸引力的大大减小将引起表面收缩力的大大减小，从而使表面张力大大降低。表面活性剂由于能减小液体的表面张力，故而得名。

4.5.2　表面活性剂的分类

按照化学结构一般将表面活性剂分为离子型和非离子型两大类。表面活性剂溶于水时，能解离成离子的为离子型，而不能解离为离子的为非离子型。离子型表面活性剂按照其具有表面活性的离子的电性又分为阴离子型、阳离子型和两性型三种。其中重要的一些可归纳如表 4.7 所示：

表 4.7　一些重要表面活性剂的分类

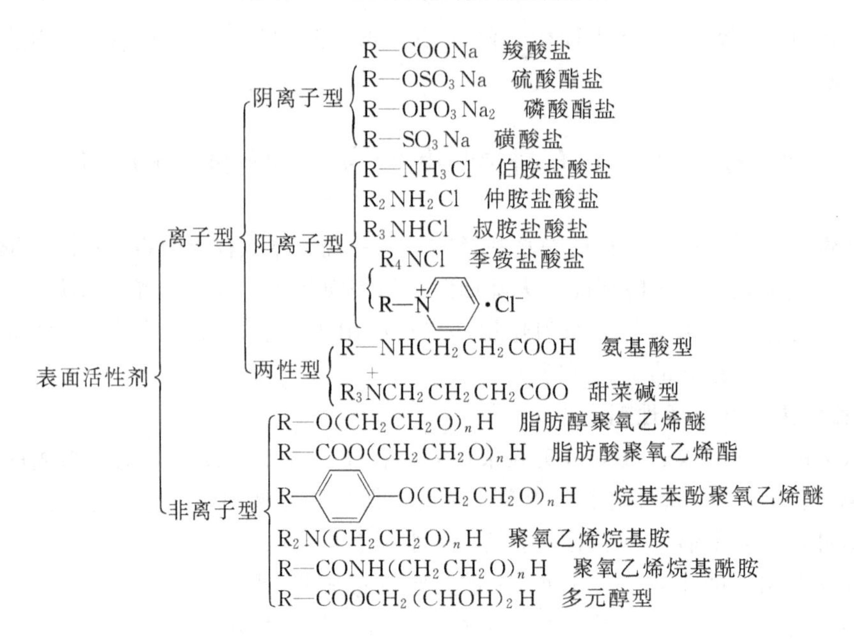

表面活性剂
- 离子型
  - 阴离子型
    - R—COONa　羧酸盐
    - $R—OSO_3Na$　硫酸酯盐
    - $R—OPO_3Na_2$　磷酸酯盐
    - $R—SO_3Na$　磺酸盐
  - 阳离子型
    - $R—NH_3Cl$　伯胺盐酸盐
    - R_2NH_2Cl　仲胺盐酸盐
    - R_3NHCl　叔胺盐酸盐
    - R_4NCl　季铵盐酸盐；$R—\overset{+}{N}C_5H_5 \cdot Cl^-$
  - 两性型
    - $R—NHCH_2CH_2COOH$　氨基酸型
    - $R_3\overset{+}{N}CH_2CH_2CH_2COO$　甜菜碱型
- 非离子型
  - $R—O(CH_2CH_2O)_nH$　脂肪醇聚氧乙烯醚
  - $R—COO(CH_2CH_2O)_nH$　脂肪酸聚氧乙烯酯
  - $R—C_6H_4—O(CH_2CH_2O)_nH$　烷基苯酚聚氧乙烯醚
  - $R_2N(CH_2CH_2O)_nH$　聚氧乙烯烷基胺
  - $R—CONH(CH_2CH_2O)_nH$　聚氧乙烯烷基酰胺
  - $R—COOCH_2(CHOH)_2H$　多元醇型

4.5.3　表面活性剂的功能

4.5.3.1　润湿作用

润湿是指液体与固体接触时，扩大接触面而相互附着的现象。若接触面趋于缩小不能附着则称为不润湿。可以用接触角 θ 的大小来描述润湿的情况，如图 4.7 所示。液体，比如把水滴在玻璃表面上，它很容易铺展开，在固液交界处有较小的接触角 θ，如图 4.7(a)；而滴在固体石蜡上则呈球形，θ 达到 180°如图 4.7(b)。接触角 θ 越小，液体对固体的润湿得越好，θ 为 180°表示液体完全不润湿固体，θ<90°时，液体能够润湿固体；θ>90°时，液体不能润湿固体。通常表面活性剂可以改善液体对固体的润湿性能，可由下式得出

$$\cos\theta=(\sigma_{气\text{-}固}-\sigma_{液\text{-}固})/\sigma_{气\text{-}液} \tag{4.19}$$

式中，$\sigma_{气\text{-}固}$与固体种类有关，固体一定，则$\sigma_{气\text{-}固}$为定值。

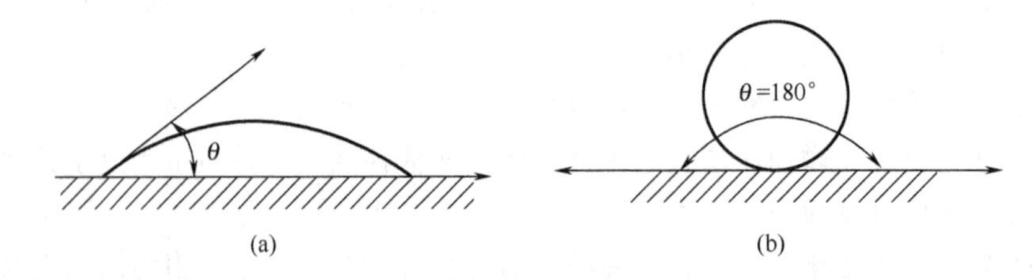

图 4.7　润湿与接触角

$\sigma_{气\text{-}液}$和$\sigma_{液\text{-}固}$分别为液体表面张力和液-固界面张力。加入表面活性剂后，它们的数值均变小。这样右边的数值变大，θ 值必然变小。这说明了表面活性剂能降低表面张力，使接触角 θ 变小，从而增加润湿作用。

4.5.3.2　增溶作用

众所周知，大多数有机物在水中溶解度很小。如苯在 100g 水中只能溶解 0.07g，但在皂类表面活性剂的水溶液中，却能溶解相当数量的苯。如在溶有 0.10g 的油酸钠的 100g 水

溶液中可以溶解 7g 的苯。这种将溶解度增大的作用的现象叫做增溶作用。

胶团的形成为增溶作用提供了最合理的解释，根据“相似相溶”原理，憎水的烃类化合物能溶于胶团内部碳氢链所构成的“油相”中，增溶后的胶团应当胀大些，x 射线衍射的分析结果证实了这种解释的合理性。

4.5.3.3　乳化作用

把一种液体以极其细小的液滴（直径约在 0.1 至几十微米）均匀分散到另一种与之不相混溶液体中的过程称为乳化，所形成的系统称为乳状液。比如把水和油放在一起用力振荡（或搅拌），能得到液珠（油）分散于系统（水）中的乳状液，称为热力学不稳定系统。静置后水珠迅速合并并变大，油水又会分为两层。但若在上述系统中加入一些表面活性剂，则它能包围油滴（假定油分散于水中）作界面定向吸附，亲水端向外与水接触，亲油端向内与油滴接触。从而有效地降低了油-水界面的表面自由能，致使油滴能够分散在水中形成稳定的乳状液。这种分散介质是水，分散相为油，所得的乳状液称为水包油型（O/W）；倘若介质是油，分散相为水，所得的乳状液称为油包水型（W/O）。

4.5.3.4　起泡和消泡作用

纯水不易起泡，肥皂水却容易形成稳定的泡沫。泡沫是不溶气体分散于液体或熔融固体中形成的分散系。能使泡沫稳定的物质为起泡剂。它们大多数是表面活性剂，肥皂便是一种。气体进入液体（水）中被液膜包围形成气泡。表面活性剂富集于气液界面，其疏水基伸向气泡内，而亲水基指向溶液，形成单分子层膜。这种膜的形成降低了界面的张力而使气泡处于较稳定的状态。当气泡在溶液中上浮到液面并逸出时，泡沫已形成双分子膜结构，如图 4.8。倘若再加入另一类表面活性剂，部分替代原气泡中起泡剂分子，从而改变膜层分子间引力，使膜的强度降低，泡沫的稳定性便下降，即可达到消泡的作用。

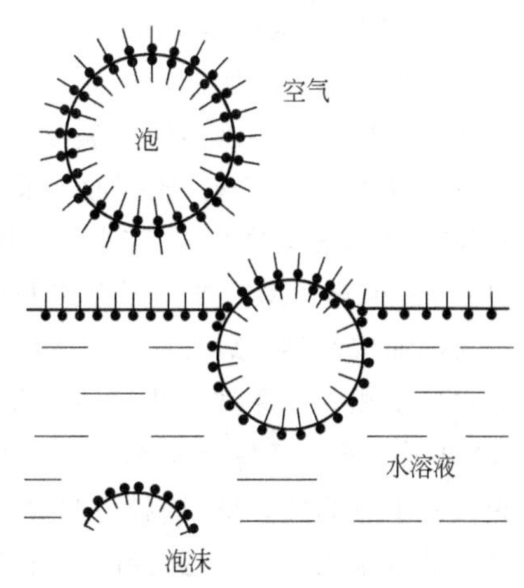

图 4.8　泡沫生成模式图

4.5.3.5　洗涤作用

从固体表面除掉污渍的过程为洗涤。洗涤作用主要基于表面活性剂降低界面表面张力而产生的综合效应。污物在洗涤剂（即表面活性剂）溶液中浸泡一定时间后，由于表面活性剂明显降低了水的表面张力，故使油污易被湿润。表面活性剂夹带着水润湿并渗透到污物表面，使污物与洗涤剂溶液中的成分相溶，经揉洗及搅拌等机械作用，污物随之乳化、分散和增溶进入洗涤液中，部分还随着产生的泡沫浮上液面，经清水反复漂洗便达到去污的目的。

4.5.4　表面活性剂的应用

如前所述，表面活性剂具有润湿、增溶、乳化、起泡与消泡、洗涤等诸多功能，因此在工业、农业、国防、科学研究乃至日常生活中有着广泛的应用。它在国民经济的各个部门中用量虽少，但能起到增加产品品种、降低能耗，提高质量等关键作用，在国际上享有“工业味精”的美称。下面介绍表面活性剂的一些主要用途。

（1）洗涤剂　这是表面活性剂最广泛的应用领域，如：硬脂酸钠、油酸钠是肥皂主要原料；十二烷基苯磺酸钠是合成洗衣粉的主要成分。阴离子型表面活性剂、非离子型表面活性剂可作为新型洗涤剂的原料，阳离子表面活性剂用作织物柔软剂、抗静电剂，以制造织物柔顺剂和洗发剂等。

(2) 电镀、金属加工、润滑油工业部门　电镀中常使用表面活性剂，以便使镀层更均匀、致密、牢固、平整等。金属切削加工时，用表面活性剂配制的切削乳化液能保护刀具和保证加工质量。润滑油中加入表面活性剂作缓蚀剂及清洁分散剂可以防止油泥沉淀，保证机器的正常运行。

(3) 石油工业　表面活性剂在石油工业中有着重要的应用和开发前景。举例如下。

① 驱油剂　目前油层采收率不超过50%。含有活性剂的水用作驱油剂可以提高采油率。如某实验场试验面积0.126km^2，油层平均厚度7m，生产井数21口，注水井数19口。经注活性水试验两年，活性剂选用聚氧乙烯异辛基苯酚醚－10，注入浓度0.002%，每注1m^{3}活性水采出油量为0.26m^3，相同条件普通水出油量为0.23m^3。

利用含有微乳和水解聚丙烯酰胺水溶液作为微乳驱油剂。某试验区面积为0.162km^2，油层深度305m，厚度3.4～9.1m，注水井18口。向井中注入6.7%孔隙体积的微乳和31%孔隙体积的、平均浓度为470mg·dm^{-3}的部分水解聚丙烯酰胺水溶液后，原油日产量由原来的3.1m^{3}增加至38.6m^3，产液中油含量由1.5%增至22%以上。试验区的原油采油率为试验开始时石油储量的38%。

② 压裂液　压裂是用压力将地层压开，形成裂缝，并用支撑剂把它支撑起来，以减小流体流动阻力的增产增注措施。

压裂过程中用的液体叫压裂液。

如水包油型（O/W）压裂液，采用水、油和表面活性剂组成。其中活性剂含量在0.1%～3%范围（以水相为准），油与水的比例在50∶50～80∶20之间。表面活性剂采用HLB❶值在8～18范围的离子型、非离子型或两性活性剂。如烷基苯磺酸钠、吐温型活性剂等。

再如油包水型（W/O）压裂液，以水作分散相、油作分散介质的乳状液。例如以淡水或盐水作水相，以原油、柴油或煤油作油相，以司盘80和月桂二乙醇胺作乳化剂，配成W/O型压裂液。其特点是黏度大，悬砂能力强，滤失量低，对油层伤害小。若将W/O型压裂液的水改为酸，就可制成油包酸型压裂液。油包酸压裂不仅可以减轻酸对管线的腐蚀，而且在乳状液破乳后，还可释放出酸液，将压裂产生的裂缝溶蚀加宽，提高压裂效果。

(4) 食品工业　表面活性剂与食品密切相关。牛奶和豆浆是典型的水包油（O/W）型乳状液，是以氨基酸作为表面活性剂使牛油和豆脂分散在水中的分散系统。人们食用的蛋黄酱、人造奶油、巧克力的生产都利用了表面活性剂。日常美容用的雪花膏、面霜、剃须膏以及医用药膏、乳油也要使用表面活性剂。

总之，表面活性剂用途很广，其用量尽管很少，但却起着其他物质不可替代的作用。

复习题与习题

1. 为什么氯化钙和五氧化二磷可作为干燥剂？而食盐和冰的混合物可以作为冷冻剂？
2. 为什么某酸越强，则其共轭碱越弱？或某酸越弱，其共轭碱越强？共轭酸碱对的 K_a 与 K_b 之间有何定量关系？
3. 为什么 Na_2CO_3 溶液是碱性的，而 $ZnCl_2$ 溶液却是酸性的？试用酸碱质子理论予以说明。以上两种溶液

❶ HLB值：即亲水亲油平衡值。表示表面活性剂的亲水性、疏水性好坏的指标。HLB值越大，该表面活性剂亲水性越强；HLB值越小，该表面活性剂的亲油性越强。表面活性剂的HLB值一般在0～20范围内。

的离子碱或离子酸在水中的单相离子平衡如何表示？

4. 下列因素中哪些影响甲酸解离平衡常数 $K_a^{\ominus}$？

$$HCOOH(aq) \rightleftharpoons HCOO^-(aq) + H^+(aq)$$

① 温度　② 压力　③ pH 值　④ HCOOH 的浓度　⑤ $HCOO^-$ 的浓度

5. 计算 pH=3.72 溶液中的 $H^+(aq)$ 和 $OH^-(aq)$ 离子的浓度。

6. 下列溶液中，哪一种溶液酸性最强？

① $0.10mol \cdot dm^{-3}$ CH_3COOH　$K_a^{\ominus}=1.8\times10^{-5}$

② $0.10mol \cdot dm^{-3}$ HCOOH　$K_a^{\ominus}=1.8\times10^{-4}$

③ $0.10mol \cdot dm^{-3}$ $ClCH_2COOH$　$K_a^{\ominus}=1.4\times10^{-3}$

④ $0.10mol \cdot dm^{-3}$ $Cl_2CHCOOH$　$K_a^{\ominus}=5.1\times10^{-2}$

7. 常温常压下于 $c(H^+)=0.30mol \cdot dm^{-3}$ 的 HCl 溶液中通入 H_2S 气体直至饱和，实验测得 H_2S 的浓度近似为 $0.10mol \cdot dm^{-3}$，计算溶液的 S^{2-} 的浓度。

8. 将下列水溶液按其凝固点的高低顺序排列之。

（1）$1mol \cdot kg^{-1}$ NaCl　（2）$1mol \cdot kg^{-1}$ $C_6H_{12}O_6$

（3）$1mol \cdot kg^{-1}$ H_2SO_4　（4）$0.1mol \cdot kg^{-1}$ CH_3COOH

（5）$0.1mol \cdot kg^{-1}$ NaCl　（6）$0.1mol \cdot kg^{-1}$ $C_6H_{12}O_6$

（7）$0.1mol \cdot kg^{-1}$ $CaCl_2$

9. 海水中盐的总浓度约为 $0.60mol \cdot dm^{-3}$（以质量分数计约为 3.5%）。若均以主要组分 NaCl 计，试估算海水开始结冰的温度和沸腾的温度，以及在 25℃时用反渗透法提取纯水所需的最低压力（设海水中盐的总浓度以质量摩尔浓度 m 表示时也近似为 $0.60mol \cdot kg^{-1}$）。

10.（1）写出下列各种物质的共轭酸：

① SO_3^{2-}　② HS^-　③ H_2O　④ HPO_4^{2-}　⑤ NH_3　⑥ S^{2-}

（2）写出下列各种物质的共轭碱：

① H_2SO_4　② HAc　③ HS^-　④ HNO_2　⑤ HClO　⑥ H_2CO_3

11. 已知碳酸的解离常数 $K_a(1)=4.3\times10^{-7}$，$K_a(2)=5.6\times10^{-11}$，求 $0.01mol \cdot dm^{-3}$ Na_2CO_3 溶液的 pH 值。

12. 取 $50.0cm^3$ $0.100mol \cdot dm^{-3}$ 某一元弱酸溶液，与 $20.0cm^3$ $0.100mol \cdot dm^{-3}$ KOH 溶液混合，将混合溶液稀释至 $100cm^3$，测得此溶液的 pH 值为 5.25。求此一元弱酸的解离常数。

13. 在 $100cm^3$ $0.10mol \cdot dm^{-3}$ 的氨水中加入 1.07g 氯化铵，溶液的 pH 值为多少？在此溶液中再加入 $100cm^3$ 的水，pH 值有何变化？

14. 在烧杯中盛放 $20.00cm^3$ $0.100mol \cdot dm^{-3}$ 氨的水溶液，逐步加入 $0.100mol \cdot dm^{-3}$ HCl 溶液。试计算：

（1）当加入 $10.00cm^3$ HCl 后，混合液的 pH 值。

（2）当加入 $20.00cm^3$ HCl 后，混合液的 pH 值。

（3）当加入 $30.00cm^3$ HCl 后，混合液的 pH 值。

15. 现有 $125cm^3$ $1.0mol \cdot dm^{-3}$ NaAc 溶液，欲配制 $250cm^3$ pH 值为 5.0 的缓冲溶液，需加入 $6.0mol \cdot dm^{-3}$ HAc 溶液多少 cm^3？

16. 已知 18℃时 $Mg(OH)_2$ 的溶解度为 $7.6\times10^{-4}g/100g$ 水，求 $Mg(OH)_2$ 的溶度积 K_{sp}？

17. 将 $20cm^3$ $0.002mol \cdot dm^{-3}$ Na_2SO_4 溶液加到 $20cm^3$ $0.002mol \cdot dm^{-3}$ $CaCl_2$ 的溶液中，有无 $CaSO_4$ 沉淀生成？若将固体 $CaSO_4$ 放入此混合溶液中会有什么变化？

[$K_{sp}(CaSO_4)=2.5\times10^{-5}$]

18. 已知 $Mn(OH)_2$ 的 $K_{sp}=2.0\times10^{-3}$，HAc 的 $K_a=1.76\times10^{-5}$。今有 $20cm^3$ 的 $0.20mol \cdot dm^{-3}$ HAc～$0.40mol \cdot dm^{-3}$ NaAc 组成的缓冲溶液，向其中加入 0.20mol 的 $MnSO_4(s)$，问有无 $Mn(OH)_2$ 沉淀生成？

19. 根据 PbI_2 的溶度积，计算（在25℃时）：

（1）PbI_2 在水中的溶解度（$mol \cdot dm^{-3}$）。

（2）PbI_2 饱和溶液中的 Pb^{2+} 和 I^- 离子的浓度。

（3）PbI_2 在 $0.010 mol \cdot dm^{-3}$ KI 饱和溶液中 Pb^{2+}。

（4）PbI_2 在 $0.010 mol \cdot dm^{-3}$ $Pb(NO_3)_2$ 溶液中的溶解度（$mol \cdot dm^{-3}$）。

20. 将 $Pb(NO_3)_2$ 溶液与 NaCl 溶液混合，设混合液中 $Pb(NO_3)_2$ 的浓度为 $0.20 mol \cdot dm^{-3}$ 问：

（1）当混合溶液中 Cl^- 的浓度等于 $5.0 \times 10^{-4} mol \cdot dm^{-3}$ 时是否有沉淀生成？

（2）当混合溶液中 Cl^- 的浓度多大时，开始生成 $PbCl_2$ 沉淀？

（3）当混合溶液中 Cl^- 的浓度为 $6.0 \times 10^{-2} mol \cdot dm^{-3}$ 时，残留于溶液中 Pb^{2+} 的浓度为多少？

第5章　电化学原理及其应用

【本章基本要求】

（1）了解电极电势的概念，能用能斯特方程式进行有关计算。

（2）能应用电极电势的数据判断氧化剂和还原剂的相对强弱及氧化还原反应自发进行的方向和程度。了解摩尔吉布斯函数变 $\Delta_r G_m^{\ominus}$ 与原电池电动势 $E^{\ominus}$，$\Delta_r G_m^{\ominus}$ 与氧化还原反应平衡常数 $K^{\ominus}$ 的关系。

（3）了解电解的基本原理及规律，了解电解在工程实际中的应用。

（4）了解金属腐蚀及防护原理。

电化学是研究化学能与电能相互转化及转化规律的科学。电化学中所涉及到的化学反应称为电化学反应。电化学反应具有两个鲜明的特点，一是电化学反应必须有电子的转移，二是电化学反应一般在电极上进行。

化学反应按照有无电子转移可以分为氧化还原反应和非氧化还原反应。在非氧化还原反应中，没有电子的转移，因而元素的氧化数不发生变化，如中和反应、复分解反应等。而在氧化还原反应中，有电子的转移，因此某些元素的氧化数必然发生变化，如印刷线路板的制备中 $FeCl_3$ 腐蚀 Cu 的反应

$$2FeCl_3 + Cu \longrightarrow CuCl_2 + 2FeCl_2$$

其离子反应方程式为

$$2Fe^{3+} + Cu = Cu^{2+} + 2Fe^{2+} \quad (2e^- \text{ 由 Cu 转移给 } Fe^{3+})$$

在反应前后，Cu 的氧化数由 0 升高到 +2，说明 Cu 失去电子；Fe^{3+} 的氧化数由 +3 降低至 +2，说明 Fe^{3+} 获得电子。整个反应中，电子由 Cu 转移给 Fe^{3+}。

电化学反应中有电子的转移，自然隶属于氧化还原反应。而氧化还原反应不仅是电化学的基本反应，也是自然界最普遍最重要的反应之一，在人类生命和科学技术的各个领域都有着广泛的应用。例如，金属的冶炼与防腐，新型材料的制备，计算机中集成电路的制造，人造卫星中高能电池的研制，机械工业中的电镀、电解加工等，无一不是在氧化还原反应的基础上得以实现的。因此，学习氧化还原反应的基本理论，对于掌握运用电化学规律就显得尤为重要。

5.1　氧化还原反应及其方程式的配平

5.1.1　氧化数

氧化数（又叫氧化值）是指某一元素一个原子的表观荷电数，这种荷电数是由假设把每一个键中的电子指定给电负性更大的原子而求得。在 1970 年，国际纯粹化学与应用化学联合会（IUPAC）对氧化数作了上述的定义，据此确定分子中元素氧化数的规则。

（1）单质中，各元素的氧化数为零，如 H_2，Cu，C 等。

（2）氢的氧化数一般为 +1，在离子型氢化物中氢为 −1，例如 CaH_2 中 H 为 −1。

氧元素一般为－2，在氟化物（如 OF_2）中为＋2，在过氧化物（如 Na_2O_2）中为－1，在超氧化物（如 KO_2）中为$-\frac{1}{2}$。

氟元素氧化数为－1。

（3）化合物分子中，所有元素氧化数的代数和为零；离子中所有元素氧化数的代数和等于离子的电荷数。

综上可以看出，氧化数是按一定规则指定了的，用来表征元素在化合状态时的表观电荷数。

5.1.2　半反应和氧化还原反应

任何一个氧化还原反应均可拆成两个半反应，其中一个表示氧化剂的被还原，另一个表示还原剂的被氧化。氧化剂获得电子被还原，氧化剂（分子或离子）中某中心元素的氧化数必然降低；还原剂失去电子被氧化，还原剂（分子或离子）中某中心元素的氧化数必然升高。

两个半反应加合即组成一个氧化还原反应。如

氧化数升高，被氧化

$$Fe^{2+} \longrightarrow Fe^{3+} + e^- \quad \text{（氧化半反应）}$$

氧化数降低，被还原

$$14H^+ + Cr_2O_7^{2-} + 6e^- \longrightarrow 2Cr^{3+} + 7H_2O \quad \text{（还原半反应）}$$

$$6Fe^{2+} + Cr_2O_7^{2-} + 14H^+ = 2Cr^{3+} + 6Fe^{3+} + 7H_2O \quad \text{（氧化-还原反应）}$$

5.1.3　用离子-电子法配平半反应和氧化还原反应

包含着多物种的氧化还原反应很难用目视法来配平。只有按照一定的方法仔细分析，找到各物种合适的化学计量系数才能配平。本章主要介绍应用广泛的离子-电子法。

【例 5.1】　已知 $KMnO_4$ 和 $FeSO_4$ 在酸性介质中反应，生成 $MnSO_4$ 和 $Fe_2(SO_4)_3$，以离子-电子法配平该方程式（硫酸为介质）。

解：（1）用离子方程式写出反应物和氧化还原产物

$$MnO_4^- + Fe^{2+} \longrightarrow Mn^{2+} + Fe^{3+}$$

（2）将上述离子方程式拆成两个半反应式

氧化半反应　$Fe^{2+} \longrightarrow Fe^{3+}$

还原半反应　$MnO_4^- \longrightarrow Mn^{2+}$

（3）配平半反应式两端的原子数及电荷数

$$Fe^{2+} = Fe^{3+} + e^-$$

$$MnO_4^- + 8H^+ + 5e^- = Mn^{2+} + 4H_2O$$

在酸性介质中，若半反应式两边氧原子数不等时，则在多氧的一方加 H^+，H^+ 的个数为多出氧原子个数的二倍。少氧的一方加上 H_2O。

（4）根据同一反应中氧化剂获得的电子数和还原剂失去的电子数相等的原则，将两个半反应式乘上相应数字（即按最小公倍数原则），合并成一个配平的离子方程式

$$5\times \quad (Fe^{2+} = Fe^{3+} + e^-)$$

$$+)\quad 1\times \quad (MnO_4^- + 8H^+ + 5e^- = Mn^{2+} + 4H_2O)$$

$$MnO_4^- + 5Fe^{2+} + 8H^+ = Mn^{2+} + 5Fe^{3+} + 4H_2O$$

（5）写出相应的分子方程式并配平

$$2KMnO_4 + 10FeSO_4 + 8H_2SO_4 = 2MnSO_4 + 5Fe_2(SO_4)_3 + K_2SO_4 + 8H_2O$$

【例 5.2】 已知 NaClO 和 $NaCrO_2$（亚铬酸钠）在碱性介质中反应，生成 NaCl 和 Na_2CrO_4（铬酸钠），以离子-电子法配平该方程式（NaOH 为介质）。

解：（1）用离子方程式写出反应物和氧化还原产物

$$ClO^- + CrO_2^- \longrightarrow Cl^- + CrO_4^{2-}$$

（2）将上述离子方程式拆成两个半反应式

氧化半反应　　$CrO_2^- \longrightarrow CrO_4^{2-}$

还原半反应　　$ClO^- \longrightarrow Cl^-$

（3）配平半反应式两端的原子数和电荷数

$$CrO_2^- + 4OH^- = CrO_4^{2-} + 2H_2O + 3e^-$$

$$ClO^- + H_2O + 2e^- = Cl^- + 2OH^-$$

在碱性介质中，若半反应式两边的氧原子数不等时，则在多氧的一方加 H_2O，H_2O 的个数与多出的氧原子数相等，少氧的一方加 OH^-。

（4）根据氧化剂获得的电子数和还原剂失去的电子数相等的原则，将两个半反应乘以相应的数字（按最小公倍数的原则），合并为一个配平的离子方程式

$$2\times(CrO_2^- + 4OH^- = CrO_4^{2-} + 2H_2O + 3e^-)$$

$$+)\quad 3\times(ClO^- + H_2O + 2e^- = Cl^- + 2OH^-)$$

$$3ClO^- + 2CrO_2^- + 2OH^- = 3Cl^- + 2CrO_4^{2-} + H_2O$$

（5）写出相应的分子方程式

$$3NaClO + 2NaCrO_2 + 2NaOH = 3NaCl + 2Na_2CrO_4 + H_2O$$

另外，用离子-电子法配平氧化还原方程式时，若反应在中性介质中进行，则在反应物中多氧方加 H_2O，另一方加 OH^-；反应物如少氧则加 H_2O，多氧方加 H^+。

用离子电子法配平氧化还原方程式能清楚地看出在水溶液中进行氧化还原反应的电子得失情况，而各半反应式与电极电势表列举的电极反应一致，特别对于含氧酸盐等复杂离子的配平更能体现出它的优点。

5.2　原电池与电极电势

5.2.1　原电池

5.2.1.1　原电池的组成

对于一个能够自发进行的氧化还原反应

$$Zn(s) + Cu^{2+}(aq) = Zn^{2+}(aq) + Cu(s)$$

根据热力学计算可知，反应的标准摩尔吉布斯函数变为

$$\Delta_r G_m^{\ominus}(298.15K) = -212.55kJ\cdot mol^{-1}$$

一个化学反应在恒温恒压下的吉布斯函数变的减少即等于反应所做的最大有用功。那么，能不能将此反应的标准摩尔吉布斯函数变直接转变为电能呢？

［实验一］ 取一条锌片，将其直接插入硫酸铜溶液中，Cu^{2+} 会直接从锌片上得到电子被还原，锌片上有铜析出。由于这个过程电子的流动是无序的，反应的吉布斯函数变的降低基本上转化为热能，因而得不到电流。

［实验二］ 将锌片和铜片分别插入 $ZnSO_4$ 和 $CuSO_4$ 的溶液中（见图 5.1），用导线连接

锌片和铜片，在导线中间连一只伏特计，用盐桥将两杯溶液联系起来，就会看到伏特计的指针发生偏转，说明回路中有电流通过。这时，反应吉布斯函数变的降低转变为电能。这种借助于氧化还原反应将化学能直接转变为电能的装置叫做原电池。图 5.1 的装置称为铜锌原电池。

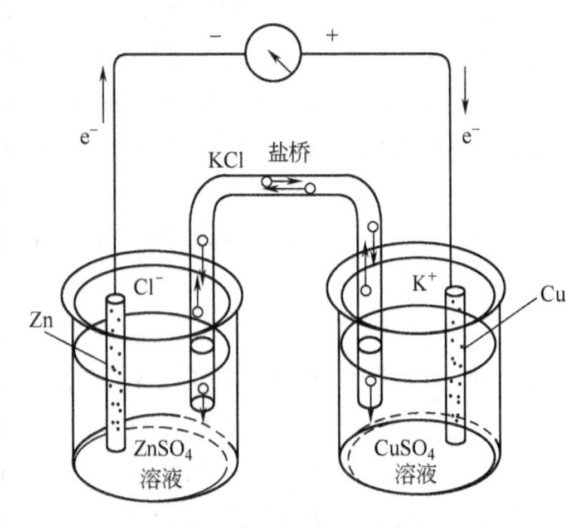

图 5.1 铜锌原电池装置示意图

在铜锌原电池中，金属铜与硫酸铜溶液，金属锌与硫酸锌溶液分别称为铜电极和锌电极。图 5.1 中所看到的倒插的 U 形管，管内充满着含饱和 KCl 溶液的琼脂凝胶，称为 KCl 盐桥。盐桥中的 KCl 解离出的 K^+ 和 Cl^- 分别向正负两极迁移，中和由于反应在两极产生的电荷，保持溶液的电中性，起着沟通原电池中两个电极间的内回路的作用。所以原电池是由两个不同的电极和盐桥组成，能够把化学能直接转变为电能的装置。

5.2.1.2 电极、电极反应与电池符号

在原电池中，规定电子流出的电极为负极，电子流入的电极为正极。因此，负极发生的是氧化反应，正极发生的是还原反应。在铜锌原电池中，金属锌的活泼性大于铜，因此，锌电极为负极，铜电极为正极。原电池工作时，发生在两极上的反应称为电极反应，电极反应的合反应即为电池反应。因此，铜锌原电池工作时进行如下反应：

锌电极反应：(氧化反应) $Zn = Zn^{2+} + 2e^-$

铜电极反应：(还原反应) $Cu^{2+} + 2e^- = Cu$

电池反应： $Zn + Cu^{2+} = Zn^{2+} + Cu$

每个原电池都由两个电极组成，电极又称为半电池，因此电极反应又称为半反应。每个电极都是由两类物质组成，一类是可以作为还原剂的物质，称为还原态（氧化数较低，如 Zn，Cu）；另一类是与还原态相对应的可以作为氧化剂的物质，称为氧化态（氧化数较高，如 Zn^{2+}，Cu^{2+}）。电化学把氧化态及其对应的还原态称为氧化还原电对，用符号“氧化态/还原态”表示。国际通用符号为“Ox/Re”，Ox 与 Re 分别是 Oxidation state（氧化态）和 Reducing state（还原态）的缩写。

每个电极由一对氧化还原电对组成，它们的关系类似共轭酸碱对之间的关系，可以表示为

$$氧化态 + ne^- \rightleftharpoons 还原态 \quad 或 \quad Ox + ne^- \rightleftharpoons Re$$

例如在铜锌原电池中，负极电对为 Zn^{2+}/Zn，正极电对为 Cu^{2+}/Cu，其标准电极反应（还原电势）为

$$Zn^{2+} + 2e^- = Zn$$

$$Cu^{2+} + 2e^- = Cu$$

原电池的装置可按一定规则用原电池符号表示。如图 5.1 的 Cu-Zn 原电池可表示为

$$(-)Zn|ZnSO_4(c_1) \,\|\, CuSO_4(c_2)|Cu(+)$$

习惯上把负极写在左边，正极写在右边，用双垂虚线“┆┆”表示盐桥，单垂线“|”表示固相（或气相）与液相的接界面，c 表示溶液的浓度（严格说来应为活度）。若为气态

物质，则应注明分压。

由电对 MnO_4^-/Mn^{2+} 与 Fe^{3+}/Fe^{2+} 组成的原电池可表示为

$$(-)Pt|Fe^{3+},Fe^{2+}\ \|\ MnO_4^-,Mn^{2+}|Pt(+)$$

式中，Pt 作为电极导体，仅起吸附气体或传递电子的作用，不参与电极反应，称为惰性电极。

要正确的写出原电池符号，关键在于正确写出电极符号。从电极类型来讲，金属～金属离子组成的电极，由于带有能导电的金属，因此可以直接按表 5.1 的示例写出，如 Cu^{2+}/Cu 电对作负极时写为 $(-)Cu\ |\ Cu^{2+}(c_1)$；作正极时写为 $Cu^{2+}(c_1)|Cu(+)$。对于同一金属不同价态的离子组成的电极，由于缺少导电的材料，因此在书写时，要补加附加电极（如 Pt 惰性电极）。如 MnO_4^-/Mn^{2+} 电对作负极时应写为 $(-)Pt\ |\ MnO_4^-(c_1)$，$Mn^{2+}(c_2)$，作正极时应写为 $MnO_4^-(c_1)$，$Mn^{2+}(c_2)|Pt(+)$ 由于离子之间没有相界面，所以用逗号分开。至于某个电对在电池中究竟作正极还是作负极应当由该电极的电极电势的大小来决定，电极电势大的电对中的氧化态是强氧化剂物质，因此原电池中电极电势大的电对作正极，熟记这些规律也就不难正确写出电池符号了。

5.2.1.3　电极类型

任何一个原电池都是由两个电极构成的。构成原电池的电极通常分为四种类型，如表 5.1 所示。

表 5.1　电极类型

电 极 类 型	电极符号示例(作负极)	电极反应示例
(1)金属-金属离子电极	$(-)Zn\|Zn^{2+}$ $(-)Ni\|Ni^{2+}$	$Zn^{2+}+2e^-=Zn$ $Ni^{2+}+2e^-=Ni$
(2)同一金属的两种不等电荷离子	$(-)Pt\|Fe^{3+},Fe^{2+}$ $(-)Pt\|MnO_4^-,Mn^{2+}$	$Fe^{3+}+e^-=Fe^{2+}$ $MnO_4^-+8H^++5e^-=Mn^{2+}+4H_2O$
(3)非金属单质-非金属离子	$(-)Pt\|H_2(p)\|H^+$	$2H^++2e^-=H_2$
(4)金属-金属难溶盐-难溶盐离子	$(-)Pt\|Hg\|Hg_2Cl_2(s)\|Cl^-$	$Hg_2Cl_2(s)+2e^-=2Hg+2Cl^-$

除金属及其对应的金属盐溶液以外，其余三种电极中常需外加导电材料，如 Pt、石墨，外加导电材料被称做惰性电极，在写电极符号及电池符号时切勿漏写。

5.2.2　电极电势

原电池能够产生电流说明原电池两极之间有电势差存在，也说明了每一个电极必有一定的电势（称之为电极电势）。由于原电池中两电极的电势不同，因而存在电势差而产生电流。目前对电极电势产生的机理可以用双电层理论来解释。

5.2.2.1　电极电势的产生

德国化学家能斯特（W. Nernst）于 1889 年提出了双电层理论，说明了电极电势产生的原因。

他认为，当把金属插入其盐溶液中时，金属表面的正离子受到极性水分子的吸引，有溶解到溶液中形成金属离子、而将电子留在金属表面的趋势，金属越活泼，溶液中的金属离子浓度越小，这种趋势越大。另一方面，溶液中的金属离子有沉积到金属表面获得电子的趋势，金属越不活泼，溶液中该金属离子的浓度越大，这种趋势就越大。当这两个方向相反过程的速率相等时就达到了如下动态平衡

$$M(s) \underset{沉积}{\overset{溶解}{\rightleftharpoons}} M^{n+}(aq) + ne^-$$

当金属溶解趋势大于沉积趋势，则金属带负电荷，溶液带正电荷。由于异电相吸，带正电荷的金属离子与金属中的自由电子在界面上就形成了所谓“双电层”，如图 5.2(a)。如果前一种趋势小于后一种趋势，则金属带正电荷，溶液带负电荷，同样也会形成“双电层”，如图 5.2(b)。由于在金属与其盐溶液的界面之间形成双电层而产生的电势差，称为电极的电极电势。将两种电极电势不同的电极用盐桥相连就可组成原电池，而产生电流，因此原电池的电动势 $E_{池}$ 等于两电极的电极电势之差，即

$$E_{池} = E(正) - E(负) \tag{5.1}$$

• 按 GB 3102.8—93，由于“电极电势”是一种特殊的电动势，即以所讨论的电极作为还原电极，以标准氢电极作为氧化电极所组成的电池的电动势，因此电极电势的符号是 E。只是在表示电极电势时要标明正、负极或写出对应的氧化还原电对。

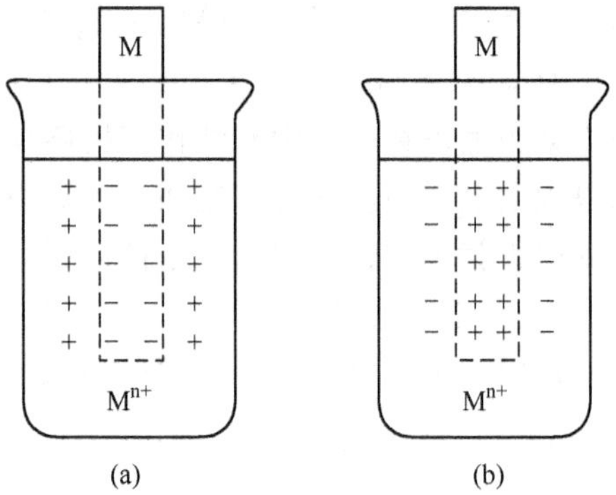

图 5.2 双电层示意图

5.2.2.2 标准电极电势

迄今为止，人们尚无法测定电极电势的绝对值，国际上采用标准氢电极作为比较的标准来确定某一电极的电极电势的相对值。

标准氢电极是将镀有一层蓬松铂黑的铂片插入 H^+ 浓度（严格地说是 H^+ 活度）为 $1mol \cdot dm^{-3}$ 的硫酸溶液中，在 298.15K 下，不断通入压力为 100kPa 的纯氢气流，铂黑吸附了氢气并达到饱和。溶液中的氢离子与被铂黑所吸附的氢气建立了如下动态平衡

$$2H^+(1.0mol \cdot dm^{-3}) + 2e^- \rightleftharpoons H_2(100kPa)$$

铂片上吸附的氢气与溶液之间产生的电势差，称为标准氢电极的电极电势（见图 5.3），且人为规定其值为零，记作

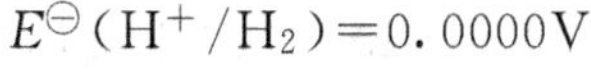

$$E^{\ominus}(H^+/H_2) = 0.0000V$$

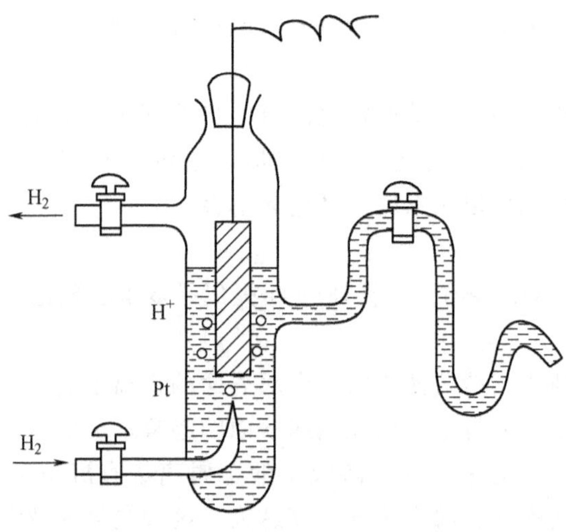

图 5.3 氢电极示意图

这样，以标准氢电极作为负极与待测电极作为正极组成的原电池的电动势之数值就是该待测电极的电极电势。例如，在下列原电池中

$$(-)Pt|H_2(100kPa)|H^+(1mol\cdot dm^{-3})\ ¦¦\ Cu^{2+}(1mol\cdot dm^{-3})|Cu(+)$$

原电池的电动势就等于铜电极的标准电极电势。这里铜电极为原电池的正极，所以电极电势为正值。电池反应为

$$Cu^{2+}+H_2 = Cu+2H^+$$

电池电动势　$$E^{\ominus}_{池}=0.340V$$

$$E^{\ominus}_{池}=E^{\ominus}(Cu^{2+}/Cu)-E^{\ominus}(H^+/H_2)$$

$$0.340V=E^{\ominus}(Cu^{2+}/Cu)-0.00V$$

$$E^{\ominus}(Cu^{2+}/Cu)=+0.340V$$

若待定电极为原电池的负极，如在下列电池中（见图 5.4）

$$(-)Ni|Ni^{2+}(1mol\cdot dm^{-3})\ ¦¦\ H^+(1mol\cdot dm^{-3})|H_2(100kPa)|Pt(+)$$

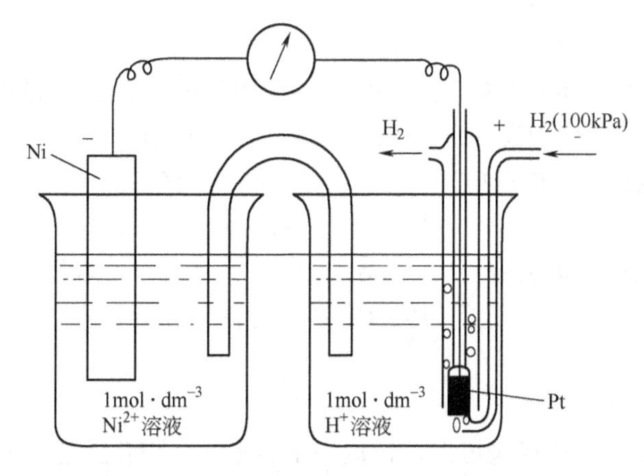

图 5.4　测量 $E^{\ominus}(Ni^{2+}/Ni)$ 的实验图

镍电极为负极，氢电极为正极，电池反应为

$$Ni+2H^+ = Ni^{2+}+H_2$$

测得该电池电动势为 $E^{\ominus}_{池}=0.257V$，由下式

$$E^{\ominus}_{池}=E^{\ominus}(H^+/H_2)-E^{\ominus}(Ni^{2+}/Ni)$$

即

$$0.257V=0-E^{\ominus}(Ni^{2+}/Ni)$$

$$E^{\ominus}(Ni^{2+}/Ni)=-0.257V$$

由于上述待测电极均处于标准条件下，所以对应的电极电势均为电极反应的标准电势，简称**标准电极电势**，以 $E^{\ominus}(Ox/Re)$ 表示。

在实际应用中，由于标准氢电极操作条件难于控制，因此，实际上常用易于制备、使用方便且电势稳定的甘汞电极或氯化银电极等作**参比电极**。

甘汞电极　甘汞电极如图 5.5 所示，其电极反应为

$$Hg_2Cl_2(s)+2e^- = 2Hg(l)+2Cl^-(aq)$$

按 Cl^- 浓度分为饱和甘汞电极、$1mol\cdot dm^{-3}$ 甘汞电极和 $0.1mol\cdot dm^{-3}$ 甘汞电极等。它们在 298.15K 时的电极电势分别为 0.2412V，0.2801V 和 0.3337V。

如上所述，可利用标准氢电极等参比电极测得一系列待定电极的（氢标）标准电极电

势。本书书末附录列出了 298.15K 时一些氧化还原电对的标准电极电势，都是按代数值由小到大的顺序自上而下排列的。由于同一还原剂或氧化剂在不同介质中的产物和标准电极电势可能是不同的，所以在查阅标准电极电势时，要注意电对的具体存在形式、状态及介质条件必须完全符合。

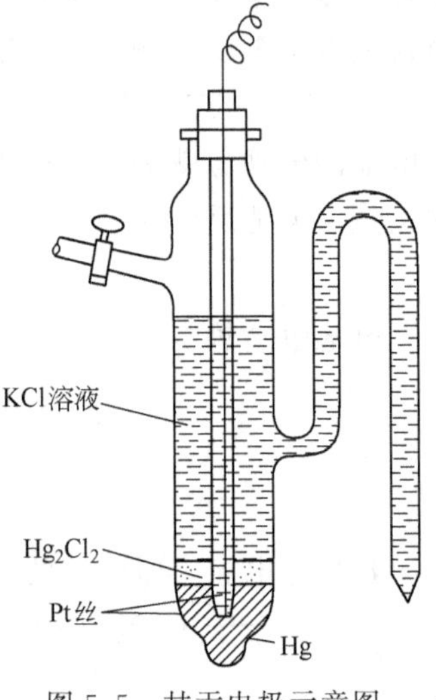

图 5.5 甘汞电极示意图

与标准电极电势相对应的电极反应中，应注明反应式中各物质（包括氧化态，还原态及介质）的状态（如 s，l，g，aq），若不会引起混淆，为了简化亦可略去。如

$$Fe^{2+}(aq)+2e^{-} \xlongequal{} Fe(s)$$

可简写成

$$Fe^{2+}+2e^{-} \xlongequal{} Fe$$

$$E^{\ominus}(Fe^{2+}/Fe) \xlongequal{} -0.447V$$

$$MnO_4^{-}(aq)+8H^{+}(aq)+5e^{-} \rightleftharpoons Mn^{2+}(aq)+4H_2O(l)$$

简写为

$$MnO_4^{-}+8H^{+}+5e^{-} \rightleftharpoons Mn^{2+}+4H_2O$$

$$E^{\ominus}(MnO_4^{-}/Mn^{2+})=+1.507V$$

本书采用的电极电势为还原电势，是根据 1953 年 IUPAC 规定，标准电极电势以还原反应的符号为准，即规定电极反应均表示为 a 氧化态$+ne^{-} \rightleftharpoons$b 还原态。

如（Zn^{2+}/Zn）电极的电极反应 $Zn^{2+}(aq)+2e^{-} \rightleftharpoons Zn(s)$

$$E^{\ominus}(Zn^{2+}/Zn)=-0.763V$$

$Cr_2O_7^{2-}/Cr^{3+}$电极的电极反应 $Cr_2O_7^{2-}+14H^{+}+6e^{-} \xlongequal{} Cr^{3+}+7H_2O$

$$E^{\ominus}(Cr_2O_7^{2-}/Cr^{3+})=+1.33V$$

5.2.3 Nernst 方程及其应用

5.2.3.1 原电池的热力学

一个自发进行的氧化还原反应可以设计成一个原电池，把化学能转变为电能，在等温等压条件下，反应的摩尔吉布斯函数变的减少（$-\Delta_r G_m$）等于原电池可能做的最大电功（W_{max}），即

$$-\Delta_r G_m = W_{max}$$

所谓电功就是一定量电荷 Q 由原电池（电动势为 $E_{池}$）的负极移到正极时原电池所作的最大功，其数值为 $Q \cdot E_{池}$。当原电池的两极在氧化还原反应中有单位物质的量的电子发生转移时，就产生 96485C（库仑）的电量；如果在氧化还原反应中电子得失的化学计量数为 n，则产生的 $n \times 96485$C 的电量，因此

$$Q=nF$$

式中，F 叫做法拉第（Faraday）常数，其值为 96485C·mol^{-1}，从而可得

$$\Delta_r G_m = -W_{max} = -nFE_{池} \tag{5.2}$$

式中负号表示系统向环境做功。

当原电池处于标准状态，即溶液具有理想稀溶液特性，各有关离子浓度为 1mol·dm^{-3}，压力为 100kPa（通常选温度为 298.15K），此时的电动势为原电池的标准电动势 $E^{\ominus}_{池}$，$\Delta_r G_m$ 为 $\Delta_r G^{\ominus}_m$。即

$$\Delta_r G^{\ominus}_m = -nFE^{\ominus}_{池} \tag{5.3}$$

式中，$E^{\ominus}_{池}$的 SI 单位是 V(伏)；$\Delta_r G^{\ominus}_m$ 的 SI 单位为 kJ·mol^{-1}。

利用式(5.3) 可以计算电池反应的吉布斯函数变。

【例 5.3】 计算由标准铜电极和标准银电极组成的原电池反应的标准摩尔吉布斯函数变。

解：查本书附录电极电势表得

$$E^{\ominus}(Ag^+/Ag)=0.7990V \qquad E^{\ominus}(Cu^{2+}/Cu)=0.3419V$$

则该原电池的标准电动势为

$$E^{\ominus}_{池}=E^{\ominus}(正)-E^{\ominus}(负)=E^{\ominus}(Ag^+/Ag)-E^{\ominus}(Cu^{2+}/Cu)$$
$$=0.7990-0.3419=0.4571V$$
$$\Delta_r G^{\ominus}_m=-nFE^{\ominus}_{池}=-2\times 96485\times 0.4571$$
$$=-88206J\cdot mol^{-1}=-88.21kJ\cdot mol^{-1}$$

5.2.3.2　浓度对电池电动势的影响

对于一个原电池反应

$$aA(aq)+bB(aq)=gG(aq)+dD(aq)$$

其反应的吉布斯函数变可按热力学的等温方程式求得

$$\Delta_r G_m=\Delta_r G^{\ominus}_m+RT\ln\frac{\{c(G)/c^{\ominus}\}^g\{c(D)/c^{\ominus}\}^d}{\{c(A)/c^{\ominus}\}^a\{c(B)/c^{\ominus}\}^b}$$

将式 (5.2) 和式 (5.3) 代入上式得

$$E_{池}=E^{\ominus}_{池}-\frac{RT}{nF}\ln\frac{\{c(G)/c^{\ominus}\}^g\{c(D)/c^{\ominus}\}^d}{\{c(A)/c^{\ominus}\}^a\{c(B)/c^{\ominus}\}^b} \tag{5.4}$$

当选定温度为 $T=298.15K$ 时，因为 $F=96485C\cdot mol^{-1}$，$R=8.314J\cdot K^{-1}\cdot mol^{-1}$，再把自然对数换算成常用对数，则

$$\frac{RT}{F}\times 2.303=0.05917$$

$$E_{池}=E^{\ominus}_{池}-\frac{0.05917V}{n}\lg\frac{\{c(G)/c^{\ominus}\}^g\{c(D)/c^{\ominus}\}^d}{\{c(A)/c^{\ominus}\}^a\{c(B)/c^{\ominus}\}^b} \tag{5.5}$$

式(5.4) 即为表达浓度（压力）及温度与原电池电动势关系的**能斯特**（W. Nernst）**方程式**。式(5.5) 是 298.15 K 时浓度（分压）对原电池电动势影响的能斯特方程式。

当各种离子浓度为 $1mol\cdot dm^{-3}$ 时，$E_{池}=E^{\ominus}_{池}$，即为标准电动势。当浓度不为 $1mol\cdot dm^{-3}$ 时，可根据式(5.5) 进行计算。

5.2.3.3　浓度对电极电势的影响

原电池电动势的变化归根结底是原电池中电极电势的变化，由于电极电势不仅与物质的本性有关，还与温度、离子浓度或气体分压等有关，但是电极反应通常是在室温下进行的，故这里主要讨论离子浓度或气体分压对电极电势的影响。

离子浓度对电极电势的影响也可从热力学推导得到如下结论。

对于任意给定的电极，电极反应通式为

$$a(氧化态)+ne^-\rightleftharpoons b(还原态)$$

其相应的浓度对电极电势影响（298.15K 时）的通式为

$$E(氧化态/还原态)=E^{\ominus}(氧化态/还原态)+\frac{0.05917V}{n}\lg\frac{\{c(氧化态)/c^{\ominus}\}^a}{\{c(还原态)/c^{\ominus}\}^b}$$

或

$$E(氧化态/还原态)=E^{\ominus}(氧化态/还原态)-\frac{0.05917V}{n}\lg\frac{\{c(还原态)/c^{\ominus}\}^b}{\{c(氧化态)/c^{\ominus}\}^a} \tag{5.6}$$

由于 $c^{\ominus}=1\mathrm{mol\cdot dm^{-3}}$，作为对数真数项为量纲 1 的量，因此（5.6）也可简写为

$$E(\text{氧化态/还原态})=E^{\ominus}(\text{氧化态/还原态})-\frac{0.05917\mathrm{V}}{n}\lg\frac{c^{b}(\text{还原态})}{c^{a}(\text{氧化态})} \tag{5.7}$$

此方程式(5.7）称为电极电势的能斯特方程式，简称能斯特方程式。

应用能斯特方程式时应注意以下几点。

（1）若电极反应式中氧化态、还原态物质的化学计量数不等于 1，则氧化态、还原态物质的相对浓度应以对应的化学计量数为指数。

（2）在原电池反应或电极反应中，若某一物质是固体或液体（如液态溴），则不列入方程式中；若是气体 B 则用相对压力 $p(\mathrm{B})/p^{\ominus}$ 表示。例如，对于 H^+/H_2 电极，电极反应为 $2H^+(aq)+2e^-=H_2(g)$，计算时水合氢离子用相对浓度 $c(H^+)/c^{\ominus}$ 表示，而氢气用相对分压 $p(H_2)/p^{\ominus}$ 表示，即

$$E(H^+/H_2)=E^{\ominus}(H^+/H_2)-\frac{0.05917\mathrm{V}}{2}\lg\frac{\{p(H_2)/p^{\ominus}\}}{\{c(H^+)/c^{\ominus}\}^2}$$

（3）若在原电池反应或电极反应中，除氧化态和还原态物质外，还有 H^+ 或 OH^- 参加反应，则这些离子的浓度及其在反应式中的化学计量数也应根据反应式写在能斯特方程式中。

科学家能斯特
(W. H. Nernst，1864～1941)

德国化学家和物理学家。曾在奥斯特瓦尔德指导下学习和工作。1886 年获博士学位，后在多所大学执教。从 1905 年起一直在柏林大学执教，并曾任该校原子物理研究所所长。1932 年被选为美国皇家学会会员。后受纳粹政权迫害，1933 年退休，在农村度过了晚年。他主要从事电化学、热力学和光化学方面的研究。1889 年引入了溶度积这一重要概念，用以解释沉淀平衡。同年提出了电极电势和溶液浓度的关系式，即著名的能斯特公式。1906 年提出了热力学第三定律，并断言绝对零度不可能达到。1918 年他提出了光化学的链反应理论，用以解释氯化氢的光化学合成反应。能斯特因研究热化学，提出热力学第三定律的贡献而获 1920 年诺贝尔化学奖。他一生著书 14 本，最著名的为《理论化学》(1895 年)。

【例 5.4】 计算中性水溶液中，氧的电极电势 $E(O_2/OH^-)$ $[p(O_2)=100\mathrm{kPa}$，$T=298.15\mathrm{K}]$。

解：从附录可查得氧的标准电极电势

$$O_2(g)+2H_2O(l)+4e^- \rightleftharpoons 4OH^-(aq) \qquad E^{\ominus}(O_2/OH^-)=0.401\mathrm{V}$$

式中，OH^- 的化学计量数不等于 1，所以在能斯特方程式中应以其化学计量数作为相

应浓度的指数。

中性水溶液中 $c(OH^-)=1.0\times10^{-7}mol\cdot dm^{-3}$，氧的电极电势为

$$E(O_2/OH^-)=E^\ominus(O_2/OH^-)-\frac{0.05917V}{n}\lg\frac{c^4(OH^-)/c^\ominus}{\{p(O_2)/p^\ominus\}}$$

$$=E^\ominus(O_2/OH^-)-\frac{0.05917V}{4}\lg\frac{(1.0\times10^{-7})^4}{100/100}$$

$$=0.401-\frac{0.05917}{4}\lg(1.0\times10^{-7})^4=0.815V$$

若把电极反应式写成 $\frac{1}{2}O_2+H_2O+2e^-=2OH^-$，是否影响氧电极的电极电势值呢?

按照 Nernst 方程式，此时电极电势的计算式为

$$E(O_2/OH^-)=E^\ominus(O_2/OH^-)-\frac{0.05917V}{2}\lg\frac{c^2(OH^-)/c^\ominus}{\{p(O_2)/p^\ominus\}}$$

$$=0.401-\frac{0.05917V}{2}\lg(1.0\times10^{-7})^2=0.815V$$

从计算结果可以看出，只要是已配平的电极反应，反应式中各物质的化学计量数各乘以一定的倍数，对电极电势的数值并无影响。

【例 5.5】 求高锰酸钾在 $c(H^+)=1.000\times10^{-5}mol\cdot dm^{-3}$ 时弱酸性介质中的电极电势。设其中的 $c(MnO_4^-)=c(Mn^{2+})=1.000mol\cdot dm^{-3}$，$T=298.15K$。

解： 在酸性介质中，MnO_4^- 的还原产物为 Mn^{2+}，其电极反应和标准电极电势为

$$MnO_4^-+8H^++5e^-\rightleftharpoons Mn^{2+}+4H_2O$$

上述电极反应中有 H^+ 参加反应，H^+ 浓度的改变对电极电势的影响可用能斯特方程式计算如下

$$E(MnO_4^-/Mn^{2+})=E^\ominus(MnO_4^-/Mn^{2+})+\frac{0.05917V}{5}\lg\frac{c(MnO_4^-)\cdot c^8(H^+)}{c(Mn^{2+})}$$

$$=1.507+\frac{0.059\ 17V}{5}\lg(1.000\times10^{-5})^8$$

$$=1.507-0.473=1.034V$$

这里要说明的是介质的酸碱性不仅影响 $KMnO_4$ 的电极电势，而且还影响其还原产物。

在中性或弱碱性介质中，MnO_4^- 被还原为褐色的 MnO_2 沉淀，其电极反应为

$$MnO_4^-+2H_2O+3e^-\rightleftharpoons MnO_2(s)+4OH^-$$

$$E^\ominus(MnO_4^-/MnO_2)=0.588V$$

在强碱性介质中，MnO_4^- 被还原为绿色的 MnO_4^{2-}，其电极反应为

$$MnO_4^-+e^-\rightleftharpoons MnO_4^{2-}$$

$$E^\ominus(MnO_4^-/MnO_4^{2-})=0.564V$$

综上可以得出如下结论。

(1) 氧化态或还原态物质离子浓度的改变对电极电势有一定的影响。

(2) 氧化态金属离子浓度及氢离子浓度的减小会使电极电势代数值减小，亦即使金属或氢气的还原能力增强，使氧化态的氧化能力减弱。

(3) 还原态非金属离子浓度的减小会使非金属的电极电势代数值增大，亦即使非金属单质的氧化性增强。

（4）介质的酸碱性对含氧酸盐氧化性影响较大。一般讲，具有氧化性的含氧酸盐的氧化能力随介质酸性的增强而增强，随酸性减弱而降低。例如，$KMnO_4$ 作为氧化剂，当介质的 H^+ 浓度从 1.000mol·dm^{-3}（pH＝0.0）降低到 1.000×10^{-5} mol·dm^{-3}（pH＝5.0）时，MnO_4^-/Mn^{2+} 电对的电极电势从 1.507V 降到 1.034V。

5.2.4 电极电势的应用

电极电势数值是电化学中重要的数据，除了用以计算原电池的电动势和相应氧化还原反应的摩尔吉布斯函数变外，还可借此比较氧化剂及还原剂的相对强弱，判断氧化还原反应进行的方向和程度等。

5.2.4.1 判断氧化剂及还原剂的相对强弱

电极电势的大小反映了氧化还原电对中的氧化态物质和还原态物质在水溶液中氧化还原能力的相对强弱。若氧化还原电对的电极电势值越小，则该电对中的还原态物质愈易失去电子，为强的还原剂；而对应的氧化态就愈难获得电子，为弱的氧化剂。若电对的电极电势值越大，则该电对中氧化态就是越强的氧化剂，其对应的还原态物质就是越弱的还原剂。

由于在本书附录的电极电势表中查出的是在标准态下电对的电极电势，所以当反应中各离子浓度处于非标态时，应当按照能斯特方程计算出非标态时的电极电势值，然后再行比较，尤其是反应介质 OH^-，H^+ 参加的电极反应，对电对的电极电势值会有较大的影响，必须计算后进行比较才能得到正确的结果。

【例 5.6】 在标准条件下，下列三个电对中，哪个是最强的氧化剂？若在pH＝5.00 时，它们的氧化态的氧化能力强弱怎样改变？

解：

$$E^{\ominus}(MnO_4^-/Mn^{2+})=+1.507V$$

$$E^{\ominus}(Br_2/Br^-)=+1.066V$$

$$E^{\ominus}(Fe^{3+}/Fe^{2+})=+0.771V$$

从 $E^{\ominus}$ 的代数值大小可见，在标准状态下，氧化态的氧化能力大小为

$$MnO_4^- > Br_2 > Fe^{3+}$$

当 pH＝5.00 时，H^+ 浓度为 1.00×10^{-5}mol·dm^{-3}，根据能斯特方程可得（见例 5.5）$E(MnO_4^-/Mn^{2+})=+1.034V$，由于 Br_2/Br^- 与 Fe^{3+}/Fe^{2+} 的电极反应均无 H^+ 参与反应，故不受 H^+ 浓度的影响，所以在 pH＝5.00 时电极电势的相对大小顺序为

$$E^{\ominus}(Br_2/Br^-) > E(MnO_4^-/Mn^{2+}) > E^{\ominus}(Fe^{3+}/Fe^{2+})$$

因此，氧化态的氧化能力大小为

$$Br_2 > MnO_4^-(pH=5.00) > Fe^{3+}$$

5.2.4.2 氧化还原反应方向的判断

一个反应的自发方向是由反应的 $\Delta_r G$ 来判断的，氧化还原反应的方向同样可用反应的 $\Delta_r G$ 来判断，由于氧化还原反应的 $\Delta_r G$ 与原电池的电动势 $E_池$ 关系为 $\Delta_r G=-nFE_池$，所以要使 $\Delta_r G<0$，只有当原电池的 $E_池>0$ 才能满足，即原电池

$$\begin{cases} E_池>0 & \text{正向自发} \\ E_池=0 & \text{处于平衡态} \\ E_池<0 & \text{正向非自发，逆向自发} \end{cases}$$

该法称为电动势法。因此，根据组成氧化还原反应的两电对的电极电势的大小，就可以判断氧化还原反应进行的方向。即氧化还原反应按电极电势大的电对中的氧化态氧化电极电势值小的电对中的还原态，生成其对应的还原态和氧化态的方向进行。

例如：已知下列电对

$$Cr_2O_7^{2-}+14H^{+}+6e^{-}=2Cr^{3+}+7H_2O \qquad E^{\ominus}(Cr_2O_7^{2-}/Cr^{3+})=+1.33V$$

$$Fe^{3+}+e^{-}=Fe^{2+} \qquad E^{\ominus}(Fe^{3+}/Fe^{2+})=+0.771V$$

因为 $E^{\ominus}(Cr_2O_7^{2-}/Cr^{3+})>E^{\ominus}(Fe^{3+}/Fe^{2+})$

所以将此两电极组成原电池，一定是电对 $Cr_2O_7^{2-}/Cr^{3+}$ 为正极，电对 Fe^{3+}/Fe^{2+} 为负极。它们在原电池中发生的反应是

$Cr_2O_7^{2-}/Cr^{3+}$ 电极进行还原反应：

$$Cr_2O_7^{2-}+14H^{+}+6e^{-}=2Cr^{3+}+7H_2O$$

Fe^{3+}/Fe^{2+} 电极进行氧化反应：

$$Fe^{2+}-e^{-}=Fe^{3+}$$

两电极的加合反应即

$$Cr_2O_7^{2-}+14H^{+}+6e^{-}=2Cr^{3+}+7H_2O$$

$$+\quad 6\ (Fe^{2+}-e^{-}=Fe^{3+})$$

电池反应为　$Cr_2O_7^{2-}+6Fe^{2+}+14H^{+}=2Cr^{3+}+6Fe^{3+}+7H_2O$

该反应在分析化学中被用来测定溶液中的铁含量，称为重铬酸钾法。

对于简单的电极反应，由于离子浓度对电极电势影响不大，如果两电对的标准电极电势相差较大（如大于 0.2V），则即使离子浓度发生变化也还不会使 $E_{池}$ 值的正负号发生变化。因此对于非标准条件仍可以用 $E^{\ominus}_{池}>0$ 或 $E^{\ominus}$(正)$>E^{\ominus}$(负) 来进行判别。但如果反应中有 H^{+} 和 OH^{-} 参与反应，则必须用 $E_{池}>0$ 或 E(正)$>E$(负)来判别，即应用 Nernst 方程计算非标准条件下的电极电势后再行判断。

要提醒的是，上述我们讨论的系统多属液相反应，而有些气固两相反应就不一定遵循这些规律。

【例 5.7】 计算在标准态下水溶液中金与氯气能否按下式反应？

$$2Au+3Cl_2=2Au^{3+}+6Cl^{-}$$

解： 查表知

$$E^{\ominus}(Au^{3+}/Au)=+1.42V$$

$$E^{\ominus}(Cl_2/Cl^{-})=+1.36V$$

据此可知，以 Au 电极为负极和以 Cl_2 为正极的电池的电动势为

$$E^{\ominus}_{池}=E^{\ominus}(Cl_2/Cl^{-})-E^{\ominus}(Au^{3+}/Au)=1.36V-1.42V=-0.06V$$

故上述反应不能向右自发进行。但要告诉读者的是长期在氯气环境中的工作人员所佩戴的黄金饰物会因表面生成 $AuCl_3$ 而失去光泽，说明上述反应在固-气态条件下是可以发生的。

5.2.4.3　判断氧化还原反应进行的程度

一个反应进行的完全程度可用平衡常数来判断。氧化还原反应的平衡常数与原电池的电动势有关，即与有关电对的电极电势有关。

对于水溶液中及无气体参与的氧化还原反应来说

$$aA(aq)+bB(aq)=gG(aq)+dD(aq)$$

在 298.15K 时，其原电池电动势的 Nernst 方程式为

$$E_{池}=E^{\ominus}_{池}-\frac{0.05917V}{n}\lg\frac{c^{g}(G)c^{d}(D)}{c^{a}(A)c^{b}(B)} \tag{5.5}$$

当反应达到平衡时，系统的 $\Delta_rG=0$，由 $\Delta_rG=-nFE_{池}$，可知电动势 $E_{池}=0$，此时反应商

$$\frac{c^g(G)/c^{\ominus} \cdot c^d(D)/c^{\ominus}}{c^a(A)/c^{\ominus} \cdot c^b(B)/c^{\ominus}} = K^{\ominus}$$

$K^{\ominus}$为反应的标准平衡常数。将此关系式代入前式即可得

$$E^{\ominus}_{池} = \frac{0.05917\text{V}}{n} \lg K^{\ominus}$$

或

$$\lg K^{\ominus} = \frac{nE^{\ominus}_{池}}{0.05917\text{V}} \tag{5.8}$$

由式（5.8）可以看出，在 298.15K 时，氧化还原反应的标准平衡常数仅与标准电动势$E^{\ominus}_{池}$有关，而与溶液的起始浓度无关。由于

$$E^{\ominus}_{池} = E^{\ominus}(正) - E^{\ominus}(负)$$

$$\lg K^{\ominus} = \frac{n[E^{\ominus}(正) - E^{\ominus}(负)]}{0.05917\text{V}}$$

可见，氧化还原反应平衡常数 $K^{\ominus}$ 的大小是直接由氧化剂和还原剂两电对的标准电极电势之差决定的，相差越大，$K^{\ominus}$ 值愈大，反应也愈完全。

【例 5.8】 计算下列反应的标准平衡常数，并分析该反应进行的程度（298.15K）。

（1）$Sn + Pb^{2+} \longrightarrow Sn^{2+} + Pb$

（2）$MnO_4^- + 5Fe^{2+} + 8H^+ \longrightarrow Mn^{2+} + 5Fe^{3+} + 4H_2O$

解：（1）因为 $E^{\ominus}(Sn^{2+}/Sn) = -0.1375\text{V}$　　$E^{\ominus}(Pb^{2+}/Pb) = -0.1262\text{V}$

$$E^{\ominus}_{池} = E^{\ominus}(Pb^{2+}/Pb) - E^{\ominus}(Sn^{2+}/Sn)$$
$$= -0.1262 - (-0.1375) = 0.001\,13\text{V}$$

所以

$$\lg K^{\ominus} = \frac{n[E^{\ominus}(正) - E^{\ominus}(负)]}{0.05917\text{V}} = \frac{2 \times 0.001\,13}{0.05917\text{V}} = 0.382$$

即

$$K^{\ominus} = \frac{c(Sn^{2+})}{c(Pb^{2+})} = 2.41$$

所以该反应进行得很不彻底，溶液中将会有四种物种同时存在（即 Sn，Sn^{2+}，Pb，Pb^{2+}）。

（2）

$$E^{\ominus}(MnO_4^-/Mn^{2+}) = +1.507\text{V}$$
$$E^{\ominus}(Fe^{3+}/Fe^{2+}) = +0.771\text{V}$$

$$\lg K^{\ominus} = \frac{n[E^{\ominus}(正) - E^{\ominus}(负)]}{0.05917\text{V}} = \frac{5 \times (1.507 - 0.771)}{0.05917\text{V}} = 62.194$$

$$K^{\ominus} = 1.56 \times 10^{62}$$

$K^{\ominus}$极大，说明该反应进行得非常完全。

一般说来，当 $n=1$ 时，$E^{\ominus} > 0.3\text{V}$ 的氧化还原反应的 $K^{\ominus}$ 值大于 10^5；当 $n=2$ 时，$E^{\ominus} > 0.2\text{V}$的氧化还原反应的 $K^{\ominus}$ 值大于 10^6，此时可认为反应即进行得相当彻底。自然，这里的判断仅仅是热力学上的判断，并未涉及到反应速率的大小问题。

5.2.4.4　元素的标准电势图及其应用

如果一个元素有几种氧化态，就可形成多种氧化还原电对，例如铁有 0，+2，+3 等氧化态，因此有以下几种氧化还原电对及相应的电极电势。

电极反应	$E^{\ominus}$/V
$Fe^{2+} + 2e^- \rightleftharpoons Fe$	−0.447

$Fe^{3+} + e^- \rightleftharpoons Fe^{2+}$ $+0.771$

$Fe^{3+} + 3e^- \rightleftharpoons Fe$ -0.037

$FeO_4^{2-} + 8H^+ + 3e^- \rightleftharpoons Fe^{3+} + 4H_2O$ $+2.20$

拉蒂默（Latimer）把不同氧化态间的标准电极电势按照氧化态中氧化数依次降低的顺序排成图式

$$FeO_4^{2-} \xrightarrow{2.20V} Fe^{3+} \xrightarrow{0.771V} Fe^{2+} \xrightarrow{-0.447V} Fe \quad (Fe^{3+} \xrightarrow{-0.037V} Fe)$$

两种氧化态之间的连线上的数字为该电对的标准电极电势。这种表示一种元素各种氧化态之间标准电极电势关系的图式叫元素电势图，又叫拉蒂默图。元素电势图在电化学中有着重要的应用，简述如下：

（1）判断是否发生歧化反应。某元素的某一氧化态在发生氧化反应的同时，又发生还原发应，这类反应叫做歧化反应。同一元素不同氧化态的任何三种物种组成的两个电对按氧化态由高到低排列为

$$\underset{\text{氧化态降低}}{\underline{A \xrightarrow{E^{\ominus}_{左}} B \xrightarrow{E^{\ominus}_{右}} C}}$$

若 $E^{\ominus}_{右} > E^{\ominus}_{左}$，则 B 物种能发生歧化反应，生成氧化数较高的 A 物种和氧化数较低的 C 物种，即 B 能发生歧化反应

$$B \longrightarrow A + C$$

如 $E^{\ominus}_{右} < E^{\ominus}_{左}$，则 B 不能发生歧化反应，但能发生反歧化反应，即

$$A + C \longrightarrow B$$

【例 5.9】 根据锰的标准电势图，判断锰的何种氧化态能发生歧化反应？已知

$$MnO_4^- \xrightarrow[n_1]{E_1^{\ominus}=+0.564V} MnO_4^{2-} \xrightarrow[n_2]{E_2^{\ominus}=+2.26V}$$

$$MnO_2 \xrightarrow[n_3]{E_3^{\ominus}=+0.95V} Mn^{3+} \xrightarrow[n_4]{E_4^{\ominus}=+1.51V} Mn^{2+} \xrightarrow[n_5]{E_5^{\ominus}=-1.18V} Mn$$

解： 根据上述条件，从锰的标准电势图可见，MnO_4^{2-} 和 Mn^{3+} 出现了 $E^{\ominus}_{右} > E^{\ominus}_{左}$，故 MnO_4^{2-} 和 Mn^{3+} 都能发生歧化反应，歧化反应方程式如下

MnO_4^{2-} 的歧化反应 $MnO_4^{2-} \longrightarrow MnO_4^- + MnO_2$

$$3MnO_4^{2-} + 4H^+ = 2MnO_4^- + MnO_2 + 2H_2O$$

Mn^{3+} 的歧化反应 $Mn^{3+} \longrightarrow MnO_2 + Mn^{2+}$

$$2Mn^{3+} + 2H_2O = MnO_2 + Mn^{2+} + 4H^+$$

（2）求算未知电对的电极电势 $E_x^{\ominus}$。已知某元素的标准电势图为

$$\underbrace{A \xrightarrow[n_1]{E_1^{\ominus}} B \xrightarrow[n_2]{E_2^{\ominus}} C \xrightarrow[n_3]{E_3^{\ominus}} D}_{E_x^{\ominus}}$$

则未知电对 A/D 的标准电极电势 $E_x^{\ominus}$ 为

$$E_x^{\ominus} = \frac{n_1 E_1^{\ominus} + n_2 E_2^{\ominus} + n_3 E_3^{\ominus}}{n_1 + n_2 + n_3}$$

n_1, n_2, n_3 分别表示各相应电对内转移的电子数。

【例 5.10】 已知铜的标准电势图

$$Cu^{2+}\xrightarrow[n_1]{E_1^{\ominus}=+0.153V}Cu^{+}\xrightarrow[n_2]{E_2^{\ominus}=0.521V}Cu$$

试计算电对 Cu^{2+}/Cu 的标准电极电势 $E^{\ominus}(Cu^{2+}/Cu)$

解： 与 Cu^{2+}/Cu 相关的电对的标准电势和内转移电子数为

$$Cu^{2+}+e^{-}=\!=\!=Cu^{+} \qquad n_1=1 \qquad E_1^{\ominus}(Cu^{2+}/Cu^{+})=+0.153V$$

$$Cu^{+}+e^{-}=\!=\!=Cu \qquad n_2=1 \qquad E_2^{\ominus}(Cu^{+}/Cu)=+0.521V$$

则 $$E^{\ominus}(Cu^{2+}/Cu)=\frac{n_1E_1^{\ominus}+n_2E_2^{\ominus}}{n_1+n_2}=\frac{1\times0.153V+1\times0.521V}{1+1}=+0.337V$$

5.3 电　　解

电解是在直流电的作用下发生氧化还原反应，将电能转变为化学能的电化学过程。

借助于直流电引起化学变化的装置，叫电解槽。

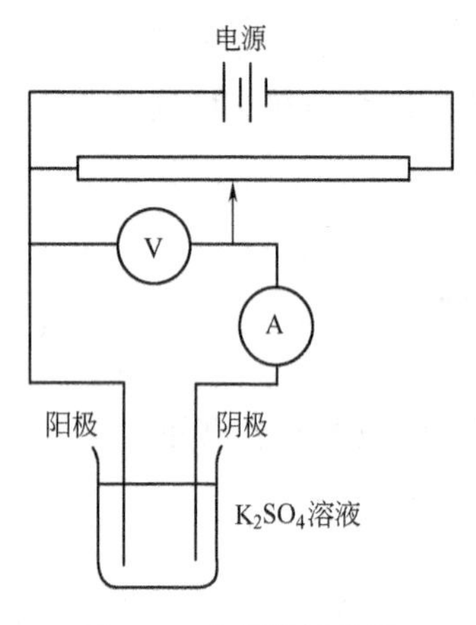

图 5.6　电解槽示意图

在电解槽中，与直流电源负极相连接的极叫做阴极，与直流电源正极相连接的极叫做阳极（见图 5.6）。电子从阴极进入电解槽，从阳极离开再回到电源。在电解槽内是离子导电，并无电子流过。在阴极上电子过剩，电解液中的正离子移向阴极，正离子得电子进行还原反应；在阳极上电子缺少，电解液中的负离子移向阳极，负离子失电子进行氧化反应。在电解槽的两极上进行氧化或还原反应时，所发生的电子得失过程称为放电。

电解过程是一种在外加电能作用下进行的氧化还原反应，一些从氧化还原反应本身不能进行或很难进行的过程，在电解槽中均能得以实现。所以，电解过程是人们掌握的最强有力的氧化还原方法。如：水或者 K_2SO_4 水溶液，在常态下不可能自动分解得到氧气和氢气。但如果将 K_2SO_4 水溶液放入电解槽，将直流电源与电解槽两极相连，通电后，就可以在阳极得到氧气，在阴极得到氢气。

$$2H_2O\longrightarrow 2H_2\uparrow+O_2\uparrow$$

5.3.1　分解电压与超电压

在实验中得知，要使电解能顺利进行，必须在电解槽两极施加一定的电压。使电解能顺利进行所必需的最小电压叫做分解电压。下面以铂作电极电解 $0.1mol\cdot dm^{-3}$ 的 K_2SO_4 溶液为例讨论之。

在图 5.7 装置中电解 $0.1mol\cdot dm^{-3}$ 的 K_2SO_4 溶液，电解进行中通过可变电阻 R 调节施加于电解槽两极上的外电压 U，同时从电流计 A 读出在一定外加电压下的相应的电流数值。接通电流后，当外加电压很小时，电流很小，电压逐渐增加到 1.23V 时，电流增大仍很小，电极上没有明显的变化；当电压增加到 1.70V 时，电流开始剧增，以后随电压的增加呈直线上升。同时，在阴、阳两极上有明显的气泡发生，电解能顺利进行（见图 5.8），上述实验中，能使电解反应顺利进行的最小电压 1.70V 称为实际分解电压，简称分解电压，如图5.8中D处所表示的电压。

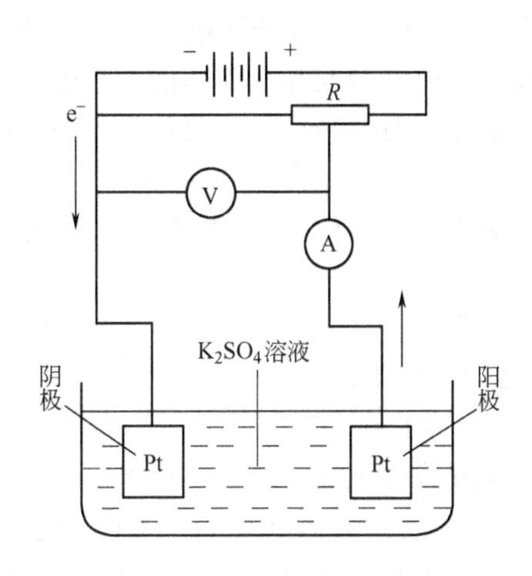

图5.7　电解 K_2SO_4 溶液

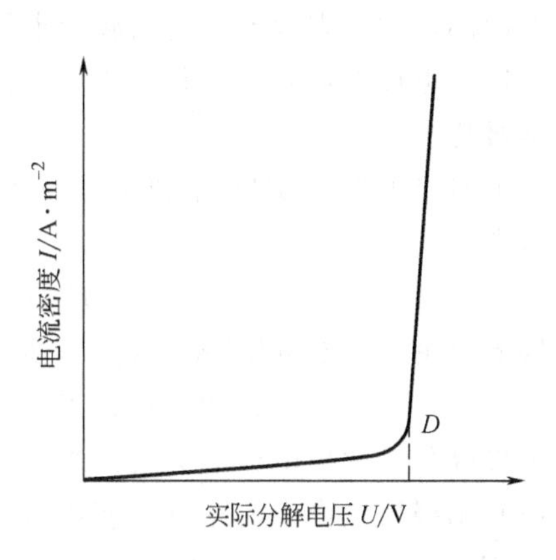

图5.8　分解电压-电流密度曲线

分解电压产生的原因，可以从电解槽两极进行的反应来讨论。例如，常压下用Pt作电极电解 $0.100mol \cdot dm^{-3}$ 的 K_2SO_4 溶液，两极进行如下反应：

阳极
$$2OH^- = H_2O + \frac{1}{2}O_2 + 2e^-$$

阴极
$$2H^+ + 2e^- = H_2$$

生成的部分氧气和氢气分别吸附在Pt电极上，使两个铂电极分别变成了氢电极和氧电极，组成了一个氢氧原电池

$$(-)(Pt)H_2 | K_2SO_4(0.100mol \cdot dm^{-3}) | O_2(Pt)(+)$$

它的电动势是正极（氧电极）和负极（氢电极）的电极电势之差，其值由如下计算获得：

在 $0.100mol \cdot dm^{-3}$ 的 K_2SO_4 溶液中

$$c(OH^-) = 1.00 \times 10^{-7} mol \cdot dm^{-3} = c(H^+)$$

正极反应
$$H_2O + \frac{1}{2}O_2 + 2e^- = 2OH^-$$

正极电势
$$E(O_2/OH^-) = E^\ominus(O_2/OH^-) + \frac{0.05917V}{2}\lg\frac{\{p(O_2)/p^\ominus\}^{1/2}}{c^2(OH^-)}$$

$$= 0.401 - \frac{0.05917V}{2}\lg(1.00 \times 10^{-7})^2 = 0.815V$$

负极反应
$$H_2 = 2H^+ + 2e^-$$

负极电势
$$E(H^+/H_2) = E^\ominus(H^+/H_2) + \frac{0.05917V}{2}\lg\frac{c^2(H^+)}{\{p(H_2)/p^\ominus\}}$$

$$= 0 + \frac{0.05917V}{2}\lg(1.00 \times 10^{-7})^2 = -0.414V$$

氢氧原电池的电动势为

$$E_{池} = E(正) - E(负) = 0.815 - (-0.414) = 1.23V$$

由于氢氧原电池的电子流动的方向正好与外加电源的方向相反。因此，要使电解得以顺利进行，必须施加一定值的外电压克服该原电池所产生的电动势。如图5.7和图5.8实验所示，外加电压达1.23V时，电解并未明显进行，两极电解产物不多；当外加电压达1.70V

时，电解才顺利进行，能使电解顺利进行的最低电压 1.70V 称为实际分解电压。克服氢氧原电池电动势所需施加的外电压（1.23V）称为理论分解电压。实际分解电压高于理论分解电压的原因，除了因内电阻所引起的电压降外，主要是电极的极化作用引起的。当电流通过时，两极的电极电势发生了某些改变，这种现象在电化学上称为极化。极化包括浓差极化和电化学极化。

电解时电解池的实际分解电压 E(实) 与理论分解电压 E(理) 之差称为超电压 E(超)，即

$$E(超) \approx E(实) - E(理)$$

因此电解 $0.100\text{mol}\cdot\text{dm}^{-3}$ K_2SO_4 溶液，该电解池的超电压为

$$E(超) \approx E(实) - E(理) = 1.70 - 1.23 = 0.47\text{V}$$

电极极化使两极电极电势发生改变，会引起析出电压发生变化，其规律如下。

（1）阳极极化产生的超电压使阳极析出电压代数值增大。例如电对 O_2/OH^- 的理论电极电势 $E^\ominus(O_2/OH^-) = 0.401\text{V}$，由于反应生成的 O_2 在阳极产生的超电压较大，使 OH^- 的析出电压大于 1.70V。

（2）阴极极化产生的超电压使阴极析出电压的代数值减小。例如电对 H^+/H_2 的理论电极电势 $E^\ominus(H^+/H_2) = 0.000\text{V}$，由于反应生成的 H_2 在阴极产生的超电压使 H^+ 的析出电压减小为 −1.0V 以下。

5.3.2 电解产物的判断规律

分析判断电解过程两极上的电解产物，首先要依据标准电极电势数值的大小，还要考虑析出产物在两极上的超电压以及使用电极的材料等诸多因素，才能做出正确的判断。

5.3.2.1 熔融盐电解规律

电极采用铂或石墨等惰性电极，则电解产物只可能是熔融盐中的正、负离子分别在阴、阳两极上发生还原和氧化后所得的产物。例如，电解熔融的 $MgCl_2$，在阴极上得到金属镁，在阳极得到氯气。

5.3.2.2 简单盐类水溶液电解规律

综合考虑相应电对的标准电极电势、离子浓度、电极材料及电解产物的超电压等因素，可以得到如下判断规律。

（1）阴极

① 电极电势 E 值大于 Al 的金属离子在水溶液中总是首先获得电子而被还原：

$$M^{n+}(aq) + ne^- = M(s)$$

② 电极电势 E 值小于 Al（包括 Al）的金属离子在水溶液中不放电，放电的是 H^+：

$$2H^+(aq) + 2e^- = H_2(g)$$

因此，一些活泼金属如 K、Na、Mg、Al 等不能通过电解其盐的水溶液而得到，通常采用熔盐电解来制备这些金属。

（2）阳极

① 除 Pt、Au 等惰性金属外，其他金属作阳极，首先失去电子的是这些阳极金属。

② 以惰性电极（Pt、石墨等）电解含有如 S^{2-}、Br^-、I^-、Cl^- 等简单阴离子时，首先失去电子的是简单阴离子，而不是 OH^- 失去电子。如

$$2Cl^- = Cl_2 + 2e^-$$

③ 以惰性电极（Pt、石墨等）电解含氧酸盐如 SO_4^{2-} 时，由于 $E^\ominus(S_2O_8^{2-}/SO_4^{2-}) =$

2.01V，异常的大，因而这些复杂含氧酸盐一般不被氧化，而是 OH^- 放电

$$4OH^- = 2H_2O + O_2\uparrow + 4e^-$$

自然，这些规律并不是绝对的，如电解 K_2MnO_4 的碱性水溶液时，在阳极上为 MnO_4^{2-} 失去电子，生成 $KMnO_4$。

例如，用石墨作电极电解 Na_2SO_4 水溶液，在阴极上得到 H_2，在阳极上得到 O_2。Na^+ 和 SO_4^{2-} 均不放电，因此相当于电解水。

又如，以铜厂冶炼的粗铜为阳极，以精铜作阴极，电解硫酸铜的水溶液时，阳极的铜会不断失去电子被氧化为 Cu^{2+} 而溶解

阳极　$Cu = Cu^{2+} + 2e^-$

阴极上 Cu^{2+} 离子不断获得电子而还原析出

阴极　$Cu^{2+} + 2e^- = Cu$

这就是铜厂精炼铜的基本反应（自然界铜与金、银等同族元素往往以硫化物等形式在矿物中共生，因此，粗铜在精炼时，随着铜的溶解，金、银等元素沉积在阳极下面形成“阳极泥”，是提炼贵金属金、银的重要原料之一）。

电镀是应用电解的原理和方法将一种金属牢固覆盖在另一种金属或非金属零件表面的电化学过程。根据电解原理，只要将镀件作为阴极材料，将欲镀的金属作为可溶性阳极材料，就可完成电镀过程。例如铁器镀锌，只要将铁器件作为阴极，金属锌作为阳极，放在锌盐（并加入配合剂如 NaOH，保证镀层光滑致密）配制的电镀液中，在电流作用下完成镀锌

阳极反应　$Zn - 2e^- = Zn^{2+}$

阴极反应　$Zn^{2+} + 2e^- = Zn$

5.4　金属的腐蚀与防腐

当金属与周围介质接触时，由于发生化学作用或电化学作用而引起的破坏叫做金属的腐蚀。金属的腐蚀现象十分普遍，所造成的损失是巨大的，每年约占国民生产总值 2%～3% 的财富因腐蚀而化为灰烬。世界上每年因腐蚀而报废的金属设备和材料约在亿吨（10^8t）以上，为每年产量的 20%～30%。因此，研究腐蚀发生的原因，寻找防止和减缓腐蚀的方法具有十分重要的实际意义。

根据金属腐蚀过程的不同特点，金属腐蚀可分为化学腐蚀和电化学腐蚀两大类。虽然这两大类的腐蚀条件不同，但在腐蚀过程中都涉及氧化还原反应的问题。

5.4.1　腐蚀的分类

5.4.1.1　化学腐蚀

单纯由化学作用而引起的腐蚀叫做化学腐蚀。凡金属表面直接与作为氧化剂的干燥气体（如 O_2，H_2S，SO_2，Cl_2 等）接触，在金属表面生成相应的氧化物、硫化物、氯化物等，破坏金属表面；使钢材发生脱碳现象，破坏金属材料结构的，都属于化学腐蚀。但这些反应一般在高温下进行。

$$2Fe + O_2 = 2FeO$$

$$FeC + O_2 = Fe + CO_2$$

金属在非电解质溶液（如润滑油、液压油）中产生的腐蚀也属化学腐蚀，在原油中含有

各种有机硫化物，它们对金属输油管及容器也会产生化学腐蚀。

5.4.1.2 电化学腐蚀

当金属与电解质溶液接触时，由电化学作用而引起的腐蚀叫做电化学腐蚀。金属电化学腐蚀与原电池作用在原理上没有本质区别。但通常把腐蚀中的原电池称为腐蚀电池，习惯上把腐蚀电池中发生氧化（失电子）反应的电极称为阳极，一般电极电势小的电对中还原态易失电子，其值越小越易失电子；把发生还原（得电子）反应的电极称为阴极，一般电极电势大的电对的氧化态易得电子，其值越大越易得电子。

电化学腐蚀，从机理上看可以分为析氢腐蚀和吸氧腐蚀。

（1）析氢腐蚀。在酸洗或用酸浸蚀某种较活泼金属的工艺过程中常发生析氢腐蚀。特别是当钢铁制件暴露于潮湿空气中时，由于表面的吸附作用，使钢铁表面覆盖了一层极薄的水膜。此时，铁作为腐蚀电池的阳极发生（失电子）氧化反应；氧化层、碳或其他比铁不活泼的杂质作阴极，H^+在这里（接受电子）发生还原反应

阳极（Fe）　$Fe = Fe^{2+} + 2e^-$

阴极（杂质）　$2H^+ + 2e^- = H_2 \uparrow$

总反应　$Fe + 2H^+ = Fe^{2+} + H_2 \uparrow$

这种腐蚀过程中有氢气析出，所以称为析氢腐蚀。

工厂附近的空气中含有较多的CO_2，SO_2等酸性气体，水膜中将存在下列平衡

$$CO_2 + H_2O \rightleftharpoons H_2CO_3 \rightleftharpoons H^+ + HCO_3^-$$

$$SO_2 + H_2O \rightleftharpoons H_2SO_3 \rightleftharpoons H^+ + HSO_3^-$$

由于氢离子浓度较大，有可能发生析氢腐蚀，使铁被腐蚀生成Fe^{2+}。在pH值较高时能以$Fe(OH)_2$沉淀析出，并进一步被氧化为棕红色的$Fe(OH)_3$。

在中性溶液中　$c(H^+) = 1.0 \times 10^{-7} mol \cdot dm^{-3}$，根据Nernst方程可以算出

$$E(H^+/H_2) = 0.00 + \frac{0.05917V}{2} \lg(1.0 \times 10^{-7}) = -0.414V$$

一般说来，H_2在阴极析出时产生的超电压会使$E(H^+/H_2)$减小，如在$0.5mol \cdot dm^{-3}$的H_2SO_4中，当电流密度为$1mA \cdot cm^{-2}$时，氢在石墨上的超电压为0.55V，因此会使$E(H^+/H_2)$值降低得更小（$-1.0V$），以致不会高于铁的$E^{\ominus}(Fe^{2+}/Fe) = -0.447V$（未考虑浓度等因素），即此时不会发生析氢腐蚀。但在潮湿空气中铁照样会被腐蚀，这是什么原因呢？这就是另一种电化学腐蚀——吸氧腐蚀。

（2）吸氧腐蚀。在中性或弱酸性介质中发生“吸收”氧气的电化学腐蚀称为吸氧腐蚀。此时由于阴极吸收氧气，溶于水膜的氧气得到电子作为腐蚀阴极；而阳极仍是金属（如Fe）失去电子被氧化。反应式表示为

阳极（Fe）　$2Fe = 2Fe^{2+} + 4e^-$

阴极（杂质）　$O_2 + 2H_2O + 4e^- = 4OH^-$

总反应　$2Fe + O_2 + 2H_2O = 2Fe(OH)_2$

锅炉、铁制水管等都与大气相通，当水管中无水时管道中会被空气充满，故锅炉管道系统常含有大量的氧气，常会发生严重的吸氧腐蚀。

差异充气腐蚀是由于氧浓度不同而造成的腐蚀，是金属吸氧腐蚀的一种形式，是因金属表面氧气分布不均匀而引起的。例如，钢管、铸铁管埋在地下，地下的土有砂土、黏土之分或压实程度不同之分，因此砂土部分或压得不太实的黏土中氧气比较充足，此处的氧气的分

压要高一些，氧的电极反应式为

$$O_2+2H_2O+4e^- \rightleftharpoons 4OH^-$$

可知

$$E(O_2/OH^-)=E^{\ominus}(O_2/OH^-)+\frac{0.05917V}{4}\lg\frac{pO_2/p^{\ominus}}{[c(OH^-)/c^{\ominus}]^4}$$

显然，在氧气分压 $p(O_2)$ 大的地方，$E(O_2/OH^-)$ 值也大；$p(O_2)$ 小的地方，$E(O_2/OH^-)$ 值也小，这样，$E(O_2/OH^-)$ 值大的地方的金属为阴极，而 $E(O_2/OH^-)$ 小的地方，金属为阳极，这就组成了一个氧的浓差电池。也就是说，$p(O_2)$ 小的地方或靠近黏土层的金属成为阳极先被腐蚀。

差异充气腐蚀对材料的腐蚀是显而易见的，工件上的一条裂缝，一个微孔，往往因差异充气腐蚀会毁坏整个工件，造成巨大损失。

5.4.2 腐蚀的防止

5.4.2.1 合理选材

金属与周围介质接触后的腐蚀现象，都是由一些能自发进行的氧化还原反应所致。要制止或减缓腐蚀，应从材料本身和环境两方面着手，改善材料，正确选材。

将不同金属组成合金，既不改变金属的使用性能，又可改善金属的耐腐蚀性能。例如，锆合金就可耐 70%硫酸、25%盐酸、强碱溶液、熔融碱的腐蚀，用于核反应堆、化工设备、农药、染料等工业中。耐蚀合金有许多品种，按其成分分类，可分成铁基合金、镍基合金、铜基合金、铝基合金和镁基合金等。应根据工件的工作环境合理选用。

5.4.2.2 缓蚀剂法

在腐蚀性的介质中，可加入少量能减小腐蚀速度的物质来防止腐蚀。所加的物质叫缓蚀剂。缓蚀剂可分为无机缓蚀剂和有机缓蚀剂两大类。

在中性或碱性介质中主要采用无机缓蚀剂，常用的有铬酸盐、重铬酸盐、硝酸盐、亚硝酸盐等。具有氧化性的盐可与金属形成钝化膜（致密的 Fe_2O_3 层），使金属表面与腐蚀介质隔开，从而减缓腐蚀。例如

$$2Fe+2Na_2CrO_4+2H_2O = Fe_2O_3+Cr_2O_3+4NaOH$$

这类缓蚀剂的加入量要适当，如不能形成完整的钝化膜，反而会加速腐蚀。

非氧化性的无机缓蚀剂能与电化学腐蚀中溶解下来的金属离子作用，生成难溶物，覆盖在金属表面而防止腐蚀。例如

$$3Fe^{2+}+2PO_4^{3-} = Fe_3(PO_4)_2\downarrow$$

在酸性介质中，常采用有机缓蚀剂，如乌洛托品、咪唑啉、二甲苯硫脲等含 N，S，O 的有机化合物。这类缓蚀剂吸附在金属表面，形成一层难溶而腐蚀介质又很难透过的保护膜，阻碍 H^+ 放电，延缓腐蚀速度。

5.4.2.3 保护层法

用防腐蚀膜将金属与介质隔开是常用的有效方法。用油漆、塑料、搪瓷、橡胶、涂料、金、银、锡、铬、镍、铝、锌、黄铜等非金属或金属材料，采用电镀、化学镀、喷镀、浸镀等方法在金属表面加覆盖层，使其形成一层致密防扩层，都能起到防腐蚀的作用，还可增加器件的美观度。

如器件金属电极电势较镀层金属低，一旦镀层局部被破坏就会加速器件金属的腐蚀。马口铁镀层 Sn 局部破坏时，整个基层铁会腐蚀得更严重。

5.4.2.4 牺牲阳极法

鉴于金属电化学腐蚀是阳极被腐蚀，可以借助于外加阳极将金属器件作阴极而被保护。

这类方法又称为阴极保护法。可分为牺牲阳极法和外加电流法两种。

牺牲阳极法将较活泼的金属（Mg、Al、Zn 等）或合金连接在保护的金属设备上，形成原电池。这时较活泼的金属作为阳极而被腐蚀，金属设备作为阴极得到保护。此法适用于海轮船体外壳、海底设备、工业用锅炉的保护。牺牲的阳极与被保护金属的表面积应有一定比例，通常是被保护金属面积的1%～5%（见图 5.9）。

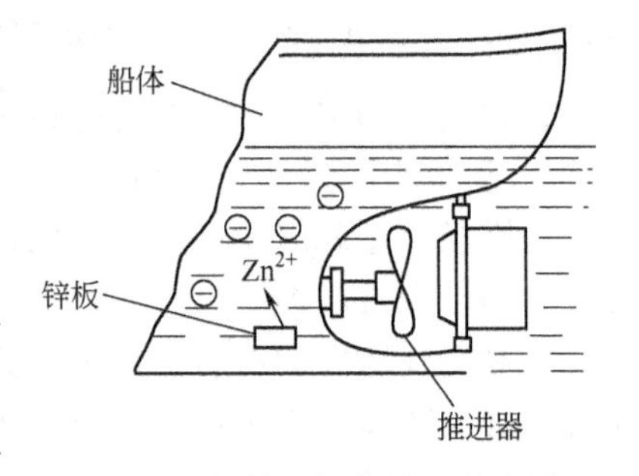

图 5.9　牺牲阳极保护法示意图

外加电流法将外加直流电源的负极接在被保护的金属设备上，正极接到另一导体上（一般用废设备），适当控制电流，作为阴极的金属设备将受到保护。这种方法常用于防止地下、海底和河底金属设备的腐蚀。

将被保护的金属设备与外电源正极相连，通电后，处于阳极的金属设备生成一层耐腐蚀的钝化膜可以达到保护目的。此方法适用于易钝化金属的保护，叫做阳极保护法。

有时化学腐蚀尚属于有用之列，如印刷电路的制版中，采用化学腐蚀方法去掉图形以外的铜箔才能制成所需的版图。其反应为

$$2FeCl_3 + Cu = 2FeCl_2 + CuCl_2$$

复习题与习题

1. 写出下列化学方程式的氧化反应及还原反应的半反应式并用离子-电子法配平。

（1）$Zn + Fe^{2+} \longrightarrow Zn^{2+} + Fe$

（2）$I^- + Fe^{3+} \longrightarrow I_2 + Fe^{2+}$

（3）$Fe^{2+} + H^+ + MnO_4^- \longrightarrow Mn^{2+} + Fe^{3+} + H_2O$

（4）$H_2O_2 + I^- + H^+ \longrightarrow I_2 + H_2O$

（5）$H_2S + Cr_2O_7^{2-} \longrightarrow Cr^{3+} + S + H_2O$

（6）$KClO_3 \longrightarrow KCl + KClO_4$

2. 将上题各氧化还原反应组成原电池，分别用符号表示各原电池。

3. 将下列反应组成原电池（温度为 298.15K）

$$2I^-(aq) + 2Fe^{3+}(aq) = I_2(s) + 2Fe^{2+}(aq)$$

（1）计算原电池的标准电动势。

（2）计算反应的标准摩尔吉布斯函数变。

（3）用符号表示原电池。

（4）计算 $c(I^-) = 1.0\times10^{-2} mol\cdot dm^{-3}$ 以及 $c(Fe^{+3}) = c(Fe^{2+})/10$ 时，原电池的电动势。

4. 当 pH=5.00，除 $H^+(aq)$ 外，其余有关物质均处于标准条件下时，下列反应能否自发进行？试通过计算说明之。

$$2MnO_4^-(aq) + 16H^+(aq) + 10Cl^- = 5Cl_2(g) + 2Mn^{2+}(aq) + 8H_2O(l)$$

5. 判断下列氧化还原反应进行的方向（设离子浓度为 $1mol\cdot dm^{-3}$）：

（1）$Ag^+ + Fe^{2+} \rightleftharpoons Ag + Fe^{3+}$

（2）$2Cr^{3+} + 3I_2 + 7H_2O \rightleftharpoons Cr_2O_7^{2-} + 6I^- + 14H^+$

（3）$Ni + 2FeCl_3 \rightleftharpoons NiCl_2 + 2FeCl_2$

6. 在 pH=4.0 时，下列反应能否自发进行？试通过计算说明（除 H^+ 及 OH^- 外，其他物质均处于标准态）。

（1）$Cr_2O_7^{2-}(aq) + H^+(aq) + Br^-(aq) \longrightarrow Br_2(l) + Cr^{3+}(aq) + H_2O(l)$

（2）$MnO_4^-(aq)+H^+(aq)+Cl^-(aq) \longrightarrow Cl_2(g)+Mn^{2+}(aq)+H_2O(l)$

7. 从标准电极电势值分析下列反应向哪一方向进行？

$$MnO_2(s)+2Cl^-(aq)+4H^+(aq) = Mn^{2+}(aq)+Cl_2(g)+2H_2O(l)$$

实验室中是根据什么原理、采取什么措施利用上述反应制备氯气的？

8. 用符号表示下列反应可能组成的原电池，并计算反应的标准平衡常数。

$$Sn(s)+2Fe^{3+}(aq) \rightleftharpoons Sn^{2+}(aq)+2Fe^{2+}(aq)$$

9. 用两极反应表示下列物质的主要电解产物。

（1）电解 $NiSO_4$ 溶液，阳极用镍，阴极用铁。

（2）电解熔融 $CaCl_2$，阳极用石墨，阴极用铁。

（3）电解 Na_2SO_4 溶液，两极都用铂。

10. 已知下列两个电对的标准电极电势为

$$Ag^+(aq)+e^- \rightleftharpoons Ag(s),\ E^\ominus(Ag^+/Ag)=+0.7996V$$

$$AgCl(s)+e^- \rightleftharpoons Ag(s)+Cl^-(aq),\ E^\ominus(AgCl/Ag)=+0.2222V$$

试由 $E^\ominus(Ox/Re)$ 值及能斯特方程式，计算 AgCl 的溶度积。

11. 根据 $E^\ominus_{池}$ 值计算下列反应的平衡常数，并比较反应进行的程度。

（1）$Fe^{3+}+Ag = Fe^{2+}+Ag^+$

（2）$6Fe^{2+}+Cr_2O_7^{2-}+14H^+ = 6Fe^{3+}+2Cr^{3+}+7H_2O$

（3）$2Fe^{3+}+2Cl^- = 2Fe^{2+}+Cl_2$

12. 已知：

$$MnO_4^-+8H^++5e^- = Mn^{2+}+4H_2O;\ E^\ominus(MnO_4^-/Mn^{2+})=+1.51V$$

$$MnO_2+4H^++2e^- = Mn^{2+}+2H_2O;\ E^\ominus(MnO_2/Mn^{2+})=+1.22V$$

（1）利用这些数据作出 Mn^{2+} 的电势图。

（2）计算如下半反应的标准电极电势：

$$MnO_4^-+4H^++3e^- = MnO_2+2H_2O$$

（3）MnO_2 歧化为 MnO_4^- 和 Mn^{2+} 的过程以及相关的反歧化过程哪一个是热力学的自发过程？

13. 通过查阅电极电势表，设计比较 Fe^{3+}，Br_2，I_2 三种氧化剂氧化能力大小的实验方案。

14. Fe 与稀 HNO_3 作用得到什么产物？试从电极电势的大小说明之。

15. 某未名湖中含有 Cl^- 并略带酸性，试设计一个简单方便的原电池测定湖水中的 Cl^- 浓度。写出电池符号和被测电极的电极电势表达式。

第6章　原子结构与周期系

【本章基本要求】

(1) 初步认识原子核外电子的运动特征（波粒二象性、量子化和统计性），联系波函数、四个量子数、电子云等基本概念，了解 s、p、d 波函数和电子云的角度分布图。

(2) 掌握周期系元素原子核外电子分布的一般规律及其与长式周期表的关系；明确原子（及离子）的外层电子分布和元素按 s、p、d、ds 及 f 分区的情况。

(3) 联系原子结构了解元素的基本性质（如原子半径、氧化值、电离能、电负性等）在周期系中的递变规律。

人们对原子、分子的认识要比对宏观物体的认识艰难得多。因为原子、分子过于微小，人们只能通过观察宏观实验现象，经过推理去认识它们。物质宏观上所表现出的性质上的千差万别，归根结底是物质内部微观结构的差异所致。因此，要深入了解物质的性质和变化规律的起因，就必须进一步研究物质的微观结构。

6.1　原子结构的近代理论

6.1.1　玻尔（N. Bohr）原子结构模型

对化学反应而言，原子核并不发生变化（核反应除外）。因此，原子结构主要就是指原子核外电子的运动状态。氢原子是最简单的原子，普通氢原子核只有一个质子，核外只有一个电子。因此，人们研究核外电子运动规律就是从氢原子开始的。

1885 年，瑞士物理学家巴尔麦（J. J. Balmer，1825～1898）和里德贝格（J. R. Rydberg，1854～1919）发现氢原子可见光谱的谱线频率 ν 符合下面的经验公式

$$\nu=\frac{c}{\lambda}=3.29\times10^{15}\left(\frac{1}{n_1^2}-\frac{1}{n_2^2}\right) \tag{6.1}$$

式中，ν 为频率；c 为光速；λ 为波长；n_1、n_2 分别为正整数，$n_2>n_1$，氢原子可见光区的五条谱线的 $n_1=2$，n_2 分别为 3,4,5,6,7；3.29×10^{15} 为里德贝格常数。

如何解释氢原子线状光谱的实验事实呢？按照经典的电磁学理论，电子绕核作圆周运动，原子将连续不断地发射电磁波，原子光谱应是连续的。并且电子的能量逐渐降低，最后坠入原子核，使原子不复存在。实际上，原子的光谱既不是连续的，原子也没有湮灭。

1913 年，丹麦的物理学家玻尔（N. Bohr）根据当时普朗克（M. Plank）的量子论（1900 年）和爱因斯坦（A. Einstein）的光子学说（1905 年）大胆提出了氢原子结构的模型，从理论上解释了氢原子光谱的实验结果。

玻尔提出的两个基本假设如下。

(1) 核外电子只能在特定（确定的半径和能量）的轨道（orbit）上运动，电子在这些轨道上运动时，并不辐射能量。

(2) 电子在不同轨道之间跃迁时，原子才会吸收或辐射光子（光能），吸收和辐射光子

能量的大小决定于跃迁前后两个轨道能量之差。其表述公式为

$$\Delta E = E_2 - E_1 = h\nu = h\,\frac{c}{\lambda}$$

式中，E 表示能量；λ 为波长；c 为光速，$c = 3.0\times10^{8}\,\text{m}\cdot\text{s}^{-1}$；$h$ 为 Plank 常数，$h = 6.626\times10^{-34}\,\text{J}\cdot\text{s}$。

Bohr 运用经典力学计算了氢原子的轨道半径 r、能量 E 以及氢光谱谱线的频率 ν：

$$r = a_0 n^2 \tag{6.2}$$

$$E = -\frac{1312}{n^2}\,\text{kJ}\cdot\text{mol}^{-1} \tag{6.3}$$

$$\nu = 3.29\times10^{15}\left(\frac{1}{n_1^2} - \frac{1}{n_2^2}\right) \tag{6.4}$$

式中，$a_0 = 0.053\text{nm}$，通常称为 Bohr 半径；$n = 1,2,3,4,\cdots$称为主量子数，$n_2 > n_1$。

玻尔提出了电子跃迁所处轨道能级的不连续性，从而使每一次跃迁过程产生一条分立的谱线，成功地解释了氢原子光谱的不连续性。玻尔理论突破了经典理论的许多框框，运用量子论计算出谱线频率公式与实验惊人的吻合使玻尔理论成为量子理论发展的一个重要里程碑。由于玻尔突破性地提出了氢原子模型，获得了 1922 年诺贝尔物理学奖。Bohr 理论的历史功绩功不可没，只是它在解释多电子原子的光谱以及光谱的精细结构方面无能为力，更无法解释化学键的本质。故历史上把 Bohr 理论称为旧量子论。

6.1.2　量子力学的诞生与发展

6.1.2.1　微观粒子的波粒二象性

1924 年，法国年青的物理学家德布罗衣（de Broglie）在爱因斯坦波粒二象性的启发下，大胆提出了具有静止质量（粒子性）的微观粒子（如电子）也具有波（物质波）的特征，并预言了物质波的波长 λ 与质量 m、运动速率 v 的关系可通过普朗克常数 h（$6.626\times10^{-34}\,\text{J}\cdot\text{s}$）联系起来

$$\lambda = \frac{h}{mv} \tag{6.5}$$

这就是著名的德布罗衣关系式，这种波称为德布罗衣波，也称物质波。

例如，对于电子，其质量为 $9.1\times10^{-31}\,\text{kg}$，若电子的运动速率为 $1.0\times10^{6}\,\text{m}\cdot\text{s}^{-1}$，则通过式(6.5) 可求得其波长为 0.73nm，这与其直径（约 10^{-6} nm）相比，显示出明显的波动特征。相反的，对于宏观物体，因其质量太大，导致波长太短而无法测量。1927 年，美国科学家戴维逊（C. J. Davisson）和革末（L. H. Germer）通过镍单晶的电子衍射实验，第一次证实了电子运动的波动性。同年，英国物理学家汤姆逊（G. P. Thomson）将一束电子流射向薄晶片，观察到电子的衍射现象，并得到了电子束的衍射图样（见图 6.1）。他们根据衍射环计算了电子波的波长，与德布罗衣公式算得的波长之间的误差不超过 1%。物质波的假设终于得到了实验的证实。1929 年，德布罗衣获得诺贝尔物理学奖，1937 年，戴维逊和 G. P. 汤姆逊（J. J. 汤姆逊之子，J. J. 汤姆逊 1906 年因发现电子获得诺贝尔物理学奖）共同获得诺贝尔物理学奖。电子具有波粒二象性，说明不可能用经典物理的波和粒子的概念来理解它的行为。

6.1.2.2　测不准原理

人们总是根据经典力学用准确的位置和速度来描述一个宏观物体的运动状态，但对于具有波动性的微观粒子，经典力学已经不适用了。量子力学认为，对于原子中电子的运动来

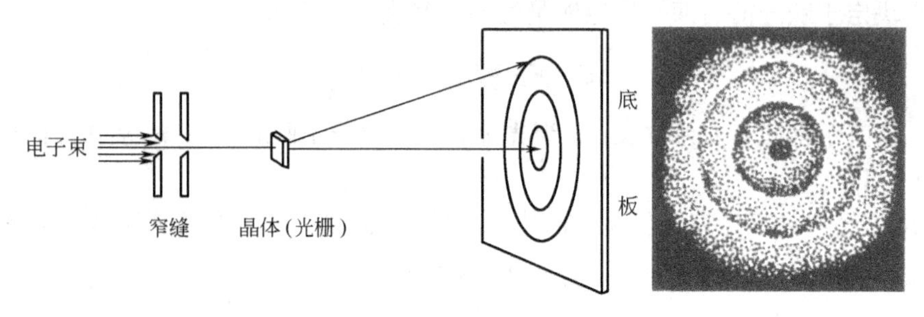

图 6.1　电子衍射实验图

说，由于电子质量非常小，运动速度极快，并具有物质波的特征，人们不可能同时准确地测定电子运动的速度和空间位置。1927 年，德国物理学家海森堡（W. Heisenberg）提出了量子力学中的一个重要关系式——测不准原理："一个粒子的位置和动量不能同时准确地测定"。其数学表达式为

$$\Delta x \cdot \Delta p \geqslant \frac{h}{4\pi} \tag{6.6}$$

式中，h 为普朗克常数；Δx 为粒子位置的测不准量；Δp 为粒子动量的测不准量。海森堡测不准关系式的含义是：如果我们用经典力学中的物理量（位置和动量）来描述微观粒子的运动时，只能达到一定的近似程度。即粒子的某一位置上的不准量和在此方向上动量的不准量的乘积必然大于或等于常数$\frac{h}{4\pi}$。或者说，粒子的位置测定得愈准确（Δx 愈小），则其相应的动量测定值就愈不准确（Δp 就愈大），反之亦然。

微观粒子的波粒二象性和测不准原理，促使原子结构的理论研究进入了一个新的发展阶段。只有从微观粒子运动的特征出发，采用统计的方法，对微观粒子作出概率（所谓概率是运用统计规律表示电子出现机会的多少）的判断，才能推算电子在核外空间的运动规律。

6.1.2.3　薛定锷方程和量子力学

奥地利物理学家薛定锷（E. Schrödinger）在统计物理和分子运动论方面有着杰出的成就，尤其擅长于求解本征值问题。德布罗衣将微观粒子的运动同波联系起来的思想得到了爱因斯坦的高度赞许，引起了薛定锷的注意，但是他并不满足当时对物质波的研究。在一次学术会上，著名荷兰物理学家德拜（P. J. W. Debye）提出了一个自然而又有启示性的问题：电子如果是波，那么，应该有相应的波动方程来描述它的运动。薛定锷为寻找物质波所满足的方程做出了卓有成效的工作，提出了用量子力学基本理论求解原子核外电子运动状态的数理方程，现被称为薛定锷方程（薛定锷因此荣获 1933 年诺贝尔物理学奖）。

薛定锷方程是一个二阶偏微分方程

$$\frac{\partial^2 \psi}{\partial x^2}+\frac{\partial^2 \psi}{\partial y^2}+\frac{\partial^2 \psi}{\partial z^2}+\left(\frac{8\pi^2 m}{h^2}\right)(E-V)\psi=0$$

式中，ψ 为电子的波函数；m 为电子的质量；E 为电子的总能量；V 为电子的势能。对氢原子来说，电子的势能为$-\frac{e^2}{r}$，e 为电子的电荷，r 为电子与核之间的距离。

后经狄拉克等科学家的不懈努力，实现了量子论和相对论的统一，一个崭新的学科——量子力学应运而生。量子力学从全新的角度为人们提供了对微观世界的科学认识和思维方式，量子力学具备严密的数学形式，并获得了充分的实验证实。使之成为 20 世纪举世瞩目

的物理和化学领域中的重要科学理论。

6.1.3　波函数与四个量子数

6.1.3.1　波函数

求解薛定锷方程得到的波函数不是一个具体的数值，而是用空间坐标（如 x，y，z）来描写电子运动状态的数学函数式，记为 $\psi(x, y, z)$，所以习惯上将波函数称为原子轨道(orbital，这里的原子轨道不再是 Bohr 理论中的“原子轨道 orbit”)。若设法将代表电子不同运动状态的各种波函数与空间坐标的关系用图的形式表示出来，还可得到各种电子运动状态的图形。

按实物粒子波的本性和测不准原理的概率概念，波函数是粒子出现的概率，波函数的物理意义不够明确，通过它的平方 $|\psi(x,y,z)|^2$ 的绝对值，代表电子在核外空间某点出现的概率密度。

例如，解薛定锷方程得到的氢原子中基态电子的波函数为

$$\psi(x,y,z)=\sqrt{\frac{1}{\pi a_0^3}}\cdot e^{\frac{-r}{a_0}}$$

其他电子的波函数可参考同类教材，此处从略。

6.1.3.2　四个量子数

按照量子力学理论，求解方程首先必须引入用以描述电子运动量子化特征的三个参数(称为量子数)——n,l,m。当在一组合理的量子数限定下求解薛定锷方程时，才能得到能用以描述电子一种运动特征的波函数。量子化特征是指：如果某一物理量的变化不是连续的，而是以某一最小单位做跳跃式的增减，这一物理量就是量子化的。

一组量子数都有合理和确定值的波函数称为一个原子轨道。必须说明，微观粒子的运动根本不存在具体的轨道，这里仅借用了“轨道”术语，实际含义是把电子在核外出现机会最多的区域（指电子出现的几率达 95%以上的区域）称为轨道，用来描述微观粒子的一种运动状态。

所谓量子数，是指表示微粒运动状态的一些特定的不连续数字。这些数字是用以表示电子能量、位置、原子轨道的形状、电子自旋方向等的正整数。下面介绍这四个量子数。

(1) 主量子数（n）　n 可取的数值为 1、2、3、4、…、∞。它是确定电子离核远近（平均距离）和能级的主要参数，n 值越大，表示电子离核的平均距离越远，所处状态的能级越高。

(2) 角量子数（l）　l 可取的数值为 0、1、2、…、$(n-1)$，共可取 n 个数。l 的数值受 n 的数值限制。例如，当 $n=1$ 时，l 只可取 0 一个数值；当 $n=2$ 时，l 可取 0 和 1 两个数值；当 $n=3$ 和 4 时，l 分别可取 0、1、2 三个数和 0、1、2、3 四个数值。l 值反映波函数，即习惯上称谓的原子轨道形状。$l=0$、1、2、3 的轨道分别称为 s、p、d、f 轨道。

(3) 磁量子数（m）　m 可取的数值为 0、±1、±2、±3、…、$\pm l$，共可取（$2l+1$）个数值。m 的数值受 l 数值的限制，例如，当 $l=0$、1、2、3 时，m 依次可取 1、3、5、7 个数值。m 值反映轨道的空间取向。

当三个量子数的各自数值一定时，波函数的函数式也就随之确定。例如，当$n=1$ 时，l 只可取 0，m 也只可取 0 一个数值。n、l、m 三个量子数组合形式只有一种，即（1,0,0），记作 $\psi(1,0,0)$。此时波函数的函数式也只有一种，即氢原子基态波函数 ψ_{1s}；当 $n=2$、3、4 时，n、l、m 三个量子数组合的形式依次有 4、9、16 种，并可得到相应数目的波函数或原子轨道。

氢原子轨道与 n、l、m 三个量子数的关系列于表 6.1 中。

表 6.1 氢原子轨道与三个量子数

n	l	m	轨道名称	轨道数
1	0	0	1s	1
2	0	0	2s	1 } 4
2	1	0,±1	2p	3 } 4
3	0	0	3s	1 } 9
3	1	0,±1	3p	3 } 9
3	2	0,±1,±2	3d	5 } 9
4	0	0	4s	1 } 16
4	1	0,±1	4p	3 } 16
4	2	0,±1,±2	4d	5 } 16
4	3	0,±1,±2,±3	4f	7 } 16

(4) 自旋量子数 m_s 除上述确定轨道运动状态的三个量子数以外，量子力学中还引入第四个量子数，称为自旋量子数 m_s。虽然从量子力学的观点来看，电子并不存在像地球那样绕自身轴而旋转的经典自旋概念。m_s 有两个取值$\left(+\frac{1}{2}，-\frac{1}{2}\right)$，通常可用向上和向下的箭头（“↑”，“↓”）来表示电子的两种所谓自旋状态。两个电子处于不同的自旋状态叫做自旋反平行，用符号“↑↓”表示；处于相同的自旋平行状态叫做自旋平行，可用符号“↑↑”表示。

综上所述，电子在核外的运动状态可以用四个量子数来确定。

6.1.4 波函数和电子云的图形描述

波函数 $\psi(x,y,z)$ 是通过求解薛定锷方程得来的。由于 ψ 是三个变量 x，y，z 的函数，为了作图的方便，可以采用坐标变换，把 $\psi(x,y,z)$ 变换为 $\psi(r,\theta,\varphi)$ 见图 6.2。再将 $\psi(r,\theta,\varphi)$ 分解为一个变量 r 的函数 $R(r)$（径向部分）和两个变量 θ，φ 的函数 $\psi(\theta,\varphi)$（角度部分），从而使问题得以简化。即

$$\psi_{nlm}(r,\theta,\varphi)=R_{nl}(r)Y_{lm}(\theta,\varphi)$$

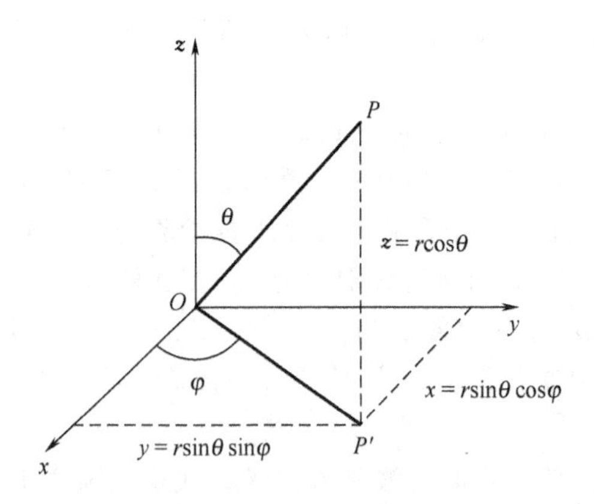

图 6.2 球坐标与直角坐标的关系

这样就可以从角度部分和径向部分两个侧面画出原子轨道和电子云的图形。由于角度部分对化学键的形成和分子模型都很重要，所以下面着重介绍波函数和电子云的角度分布图。

6.1.4.1　波函数的图形

$R_{nl}(r)$ 称为波函数的径向部分或径向波函数。它只包含 n 和 l 两个量子数，而角度部分或角度波函数 $Y_{lm}(\theta,\varphi)$ 只包含 l 和 m 两个量子数。

（1）波函数径向分布图　以氢原子为例，如果取 $R_{n,l}(r)$ 表达式中的 n、l 为（1,0）、（2,0）和（3,0），则可绘得 1s 轨道、2s 轨道及 3s 轨道的径向分布图，见图 6.3。图中曲线表明，离核越近，这些 s 轨道的 R 值越大。从 1s、2s 到 3s 轨道，电子离核的距离越来越远。

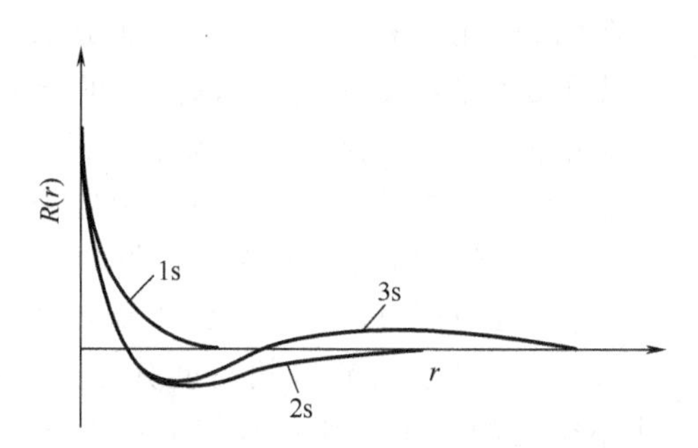

图 6.3　1s，2s，3s 氢原子轨道径向分布示意图

（2）波函数角度分布图　与径向分布图不同，波函数的角度分布图在三维空间伸展。从三维坐标的原点出发引出若干条射线（可为无限条），每条均与一组 θ，φ 值相对应。将不同的 θ，φ 值代入 $Y_{lm}(\theta,\varphi)$ 的函数式求得 Y，并将 Y 值标在各自的射线上，这些 Y 值连成的曲面即波函数的角度分布图，如图 6.4。

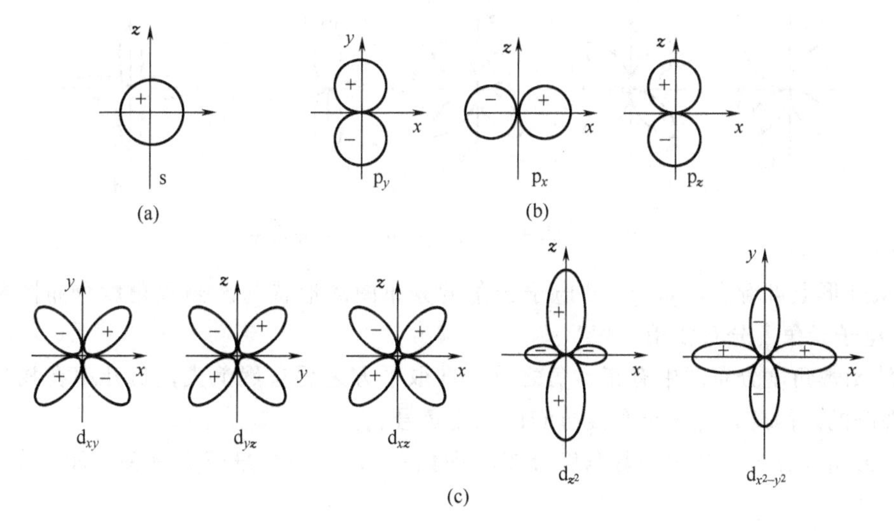

图 6.4　s，p，d 原子轨道角度分布示意图

$Y_{lm}(\theta,\varphi)$ 中 l、m 的取值为（0,0）时得图 6.4(a)，表示 s 轨道的角度分布；l、m 取值为（1,0）、（1,＋1）和（1,－1）时得图 6.4(b)，表示 p 轨道的角度分布；l、m 取值为（2,＋2）、（2,＋1）、（2,0）、（2,－1）、（2,－2）时得图 6.4(c)，表示 5 条 d 轨道的角度分布。由于角度波函数与量子数 n 无关，所以这些图形不随 n 取值的不同而变化。除 s 轨道外，其他轨道的角度分布图的波瓣都有“＋”、“－”之分，分别表示名称区域内 Y 值的正和负。

6.1.4.2 电子云的图形

与波函数的径向分布图和角度分布图比较，电子云径向分布图和角度分布图的物理意义更加明确。

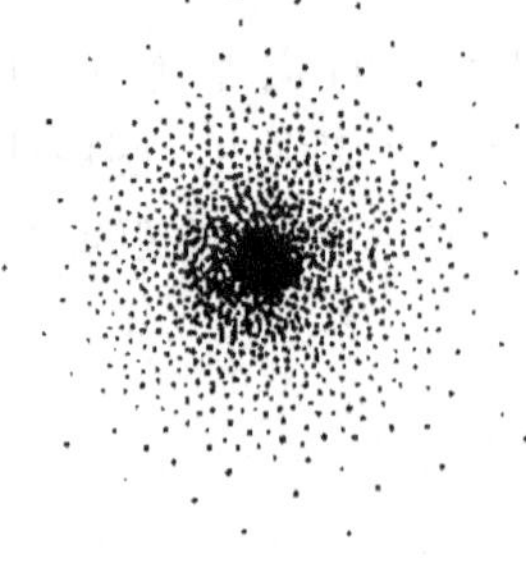
图 6.5 氢原子 1s 电子云

波函数（ψ）本身虽不能与任何可以观察的物理量相联系，但波函数平方（ψ^2）可以反映电子在空间某位置上单位体积内出现的几率大小，即几率密度。若以黑点的疏密程度来表示空间各点的几率密度的大小，则 ψ^2 大的地方，黑点较密，表示电子出现的几率密度较大；ψ^2 小的地方，黑点较疏，表示电子出现的几率密度较小。这种以黑点的疏密表示几率密度分布的图形叫做电子云。氢原子基态电子云呈球形，见图 6.5。应当注意，对于氢原子来说，只有 1 个电子，图中黑点的数目并不代表电子的数目，而只代表 1 个电子在瞬间出现的那些可能的位置。

（1）电子云角度分布图　电子云的角度分布图是波函数角度部分平方（Y^2）随 θ，φ 角变化关系的图形，见图 6.6。其画法与波函数角度分布图相似。这种图形反映了电子出现在核外各个方向上几率密度的分布规律；其特征如下。

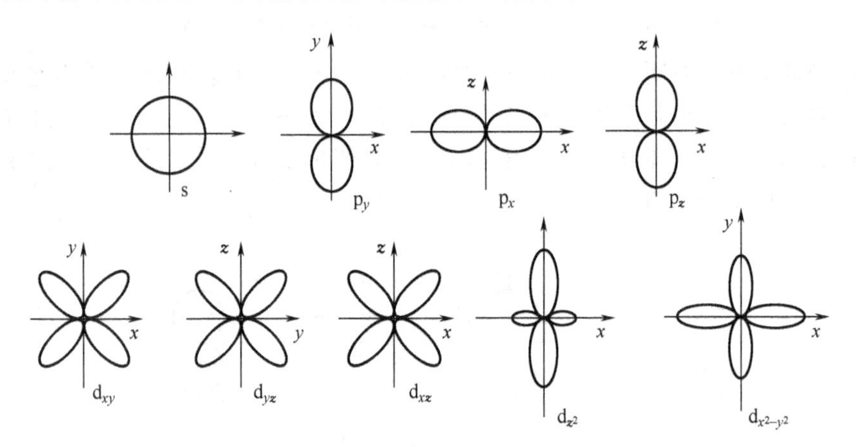

图 6.6 电子云（s，p，d）角度分布图

① 从外形上可看出，s，p，d 电子云角度分布图的形状与波函数角度分布图相似，但 s，p，d 电子云角度分布图稍“瘦”些。

② 波函数角度分布图中有正、负之分，在取平方之后自然消失，负几率在物理意义上是不可理解的。因此，电子云角度分布图无正负号。

电子云角度分布图和波函数角度分布图都只与 l、m 两个量子数有关，而与主量子数 n 无关。

电子云角度分布图只能反映出电子在空间不同角度所出现的几率密度，并不反映电子出现几率离核远近的关系，反映后一关系的图形是电子云的径向分布图。

（2）电子云径向分布图　学习电子云径向分布图有助于建立电子分层排布的概念。从图 6.7 径向分布图可以看出。

① 对 s 态电子而言，曲线上极大值的个数与各自的主量子数 n 相等，但主峰位置随 n 值增大依次远离原子核。当主量子数相同而角量子数增大时，例如 3s、3p、3d 这三个轨道电子离核的平均距离则较为接近。所以，习惯上将 n 相同的轨道合并称为同一电子层，

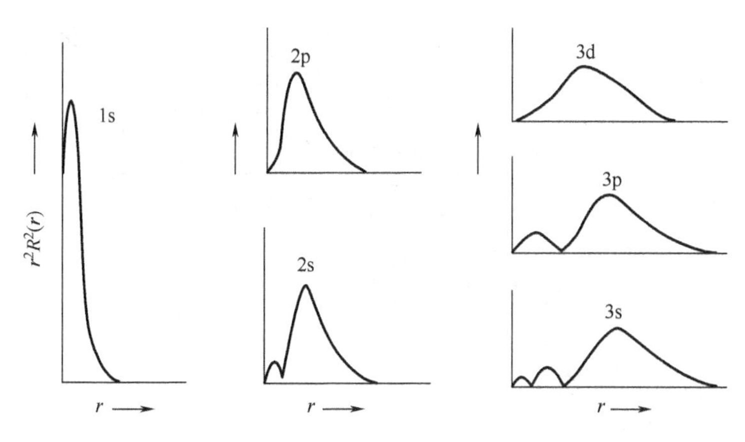

图 6.7　氢原子电子云径向分布示意图

在同一电子层中将 l 相同的轨道合并称为同一电子亚层。

② 主量子数相同的情况下，l 越大则峰的数目越少，3s、3p、3d 态的电子峰值分别是 3、2 和 1。

③ 电子云径向分布图的共同特点是 r^2R^2 值在原子核附近接近零。

6.2　多电子原子轨道能级和周期系

在目前已发现的 117 种元素中，除氢以外的原子都属于多电子原子。在多电子原子中，电子不仅受原子核的吸引，而且还存在着电子之间的相互排斥，作用于电子上的核电荷数以及原子轨道的能级也远比氢原子中的要复杂。以至无法简单地用薛定锷方程式精确求得，但它们一定是按一定规律分布的。所谓原子结构，就是讨论原子中所有电子如何分布在这些原子轨道上。因此，描述多电子原子的运动状态关键是解决原子中各个电子所处轨道的能级。

6.2.1　多电子原子轨道能级

1939 年，美国著名化学家鲍林（L. C. Pauling）根据大量光谱实验数据以及理论计算的结果指出，在氢原子中原子轨道能量只与 n 有关，与 l 无关；而在多电子原子中，轨道能量与 n 和 l 都有关。鲍林用一个小圆圈代表一条原子轨道（同一水平线上的圆圈为等价轨道），箭头所指则表示轨道能量升高的方向。按它们能量的高低顺序排列绘成近似能级图，见图 6.8。图中，每一个方框中的几个轨道能量相近，称为一个能级组；如果按鲍林给出的能级顺序填充电子，所得结果与光谱实验所得到的各元素原子中电子排布情况大体符合，故一般把鲍林能级图叫做电子填充顺序图。

根据鲍林能级图及光谱实验的结果，可以总结出以下三条规律。

（1）当角量子数 l 相同时，随着主量子数 n 值的增大，轨道能量升高。例如 $E_{1s}<E_{2s}<E_{3s}$ 等。

（2）当主量子数 n 相同时，随着角量子数 l 的增大，轨道能量升高。例如 $E_{ns}<E_{np}<E_{nd}<E_{nf}$。

（3）当主量子数和角量子数都不同时，有时出现能级交错现象。例如在某些元素中，$E_{4s}<E_{3d}$，$E_{5s}<E_{4d}$ 等。科顿（F. A. Cotton）的原子轨道能级与原子序数的关系图清楚地

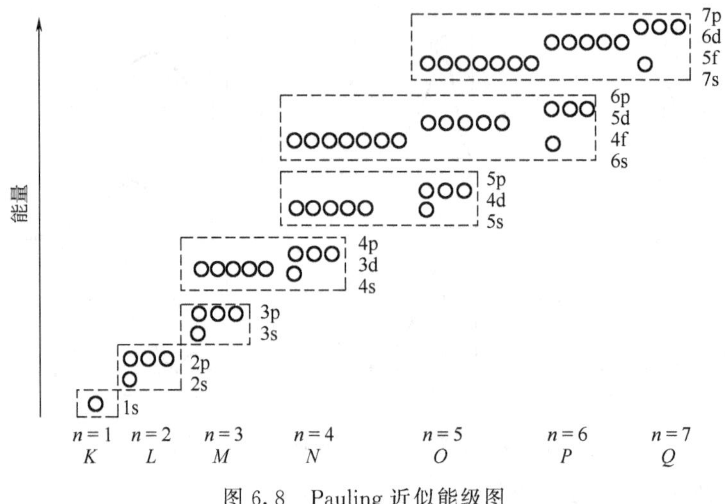

图 6.8　Pauling 近似能级图

反映了这些规律，见图 6.9。

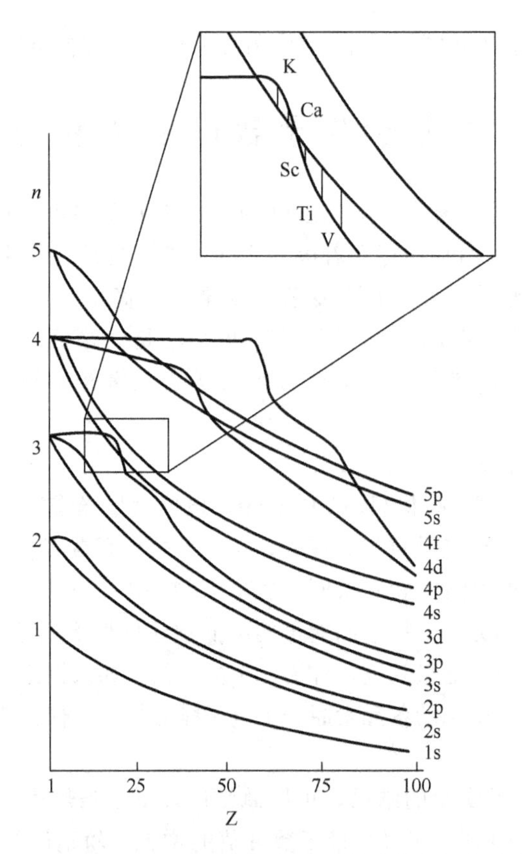

图 6.9　Cotton 的原子轨道能量与原子序数的关系图

北京大学徐光宪教授归纳出关于轨道能量的（$n+0.7l$）近似规律。即电子填入轨道的能级高低（电子填充顺序）可由（$n+0.7l$）值来判断，数值大小顺序对应于轨道能量的高低顺序。而（$n+0.7l$）值首位数相同的轨道能级归为同一能级组。这一近似规律得到了与鲍林相同的分组结果。

6.2.2 核外电子分布和周期系

6.2.2.1 核外电子分布的三个原理

原子中电子的分布可以根据光谱数据来确定，如表 6.2 所列（表中 [　] 符号代表原子实（core），即代表括号内稀有气体的电子构型）。各元素原子中电子的分布规律基本上遵循三个原理，即泡利（Pauli）不相容原理，最低能量原理以及洪特（Hund）规则（简称构造原理）。

表 6.2　元素基态电子构型

原子序数	元素	电子构型	原子序数	元素	电子构型	原子序数	元素	电子构型
1	H	$1s^{1}$	40	Zr	[Kr]$4d^{2}5s^{2}$	79	Au	[Xe]$4f^{14}5d^{10}6s^{1}$
2	He	$1s^{2}$	41	Nb	[Kr]$4d^{4}5s^{1}$	80	Hg	[Xe]$4f^{14}5d^{10}6s^{2}$
3	Li	[He]$2s^{1}$	42	Mo	[Kr]$4d^{5}5s^{1}$	81	Tl	[Xe]$4f^{14}5d^{10}6s^{2}6p^{1}$
4	Be	[He]$2s^{2}$	43	Tc	[Kr]$4d^{5}5s^{2}$	82	Pb	[Xe]$4f^{14}5d^{10}6s^{2}6p^{2}$
5	B	[He]$2s^{2}2p^{1}$	44	Ru	[Kr]$4d^{7}5s^{1}$	83	Bi	[Xe]$4f^{14}5d^{10}6s^{2}6p^{3}$
6	C	[He]$2s^{2}2p^{2}$	45	Rh	[Kr]$4d^{8}5s^{1}$	84	Po	[Xe]$4f^{14}5d^{10}6s^{2}6p^{4}$
7	N	[He]$2s^{2}2p^{3}$	46	Pd	[Kr]$4d^{10}$	85	At	[Xe]$4f^{14}5d^{10}6s^{2}6p^{5}$
8	O	[He]$2s^{2}2p^{4}$	47	Ag	[Kr]$4d^{10}5s^{1}$	86	Rn	[Xe]$4f^{14}5d^{10}6s^{2}6p^{6}$
9	F	[He]$2s^{2}2p^{5}$	48	Cd	[Kr]$4d^{10}5s^{2}$	87	Fr	[Rn]$7s^{1}$
10	Ne	[He]$2s^{2}2p^{6}$	49	In	[Kr]$4d^{10}5s^{2}5p^{1}$	88	Ra	[Rn]$7s^{2}$
11	Na	[Ne]$3s^{1}$	50	Sn	[Kr]$4d^{10}5s^{2}5p^{2}$	89	Ac	[Rn]$6d^{1}7s^{2}$
12	Mg	[Ne]$3s^{2}$	51	Sb	[Kr]$4d^{10}5s^{2}5p^{3}$	90	Th	[Rn]$6d^{2}7s^{2}$
13	Al	[Ne]$3s^{2}3p^{1}$	52	Te	[Kr]$4d^{10}5s^{2}5p^{4}$	91	Pa	[Rn]$5f^{2}6d^{1}7s^{2}$
14	Si	[Ne]$3s^{2}3p^{2}$	53	I	[Kr]$4d^{10}5s^{2}5p^{5}$	92	U	[Rn]$5f^{3}6d^{1}7s^{2}$
15	P	[Ne]$3s^{2}3p^{3}$	54	Xe	[Kr]$4d^{10}5s^{2}5p^{6}$	93	Np	[Rn]$5f^{4}6d^{1}7s^{2}$
16	S	[Ne]$3s^{2}3p^{4}$	55	Cs	[Xe]$6s^{1}$	94	Pu	[Rn]$5f^{6}7s^{2}$
17	Cl	[Ne]$3s^{2}3p^{5}$	56	Ba	[Xe]$6s^{2}$	95	Am	[Rn]$5f^{7}7s^{2}$
18	Ar	[Ne]$3s^{2}3p^{6}$	57	La	[Xe]$5d^{1}6s^{2}$	96	Cm	[Rn]$5f^{7}6d^{1}7s^{2}$
19	K	[Ar]$4s^{1}$	58	Ce	[Xe]$4f^{1}5d^{1}6s^{2}$	97	Bk	[Rn]$5f^{9}7s^{2}$
20	Ca	[Ar]$4s^{2}$	59	Pr	[Xe]$4f^{3}6s^{2}$	98	Cf	[Rn]$5f^{10}7s^{2}$
21	Sc	[Ar]$3d^{1}4s^{2}$	60	Nd	[Xe]$4f^{4}6s^{2}$	99	Es	[Rn]$5f^{11}7s^{2}$
22	Ti	[Ar]$3d^{2}4s^{2}$	61	Pm	[Xe]$4f^{5}6s^{2}$	100	Fm	[Rn]$5f^{12}7s^{2}$
23	V	[Ar]$3d^{3}4s^{2}$	62	Sm	[Xe]$4f^{6}6s^{2}$	101	Md	[Rn]$5f^{13}7s^{2}$
24	Cr	[Ar]$3d^{5}4s^{1}$	63	Eu	[Xe]$4f^{7}6s^{2}$	102	No	[Rn]$5f^{14}7s^{2}$
25	Mn	[Ar]$3d^{5}4s^{2}$	64	Gd	[Xe]$4f^{7}5d^{1}6s^{2}$	103	Lr	[Rn]$5f^{14}6d^{1}7s^{2}$
26	Fe	[Ar]$3d^{6}4s^{2}$	65	Tb	[Xe]$4f^{9}6s^{2}$	104	Rf	[Rn]$5f^{14}6d^{2}7s^{2}$
27	Co	[Ar]$3d^{7}4s^{2}$	66	Dy	[Xe]$4f^{10}6s^{2}$	105	Db	[Rn]$5f^{14}6d^{3}7s^{2}$
28	Ni	[Ar]$3d^{8}4s^{2}$	67	Ho	[Xe]$4f^{11}6s^{2}$	106	Sg	[Rn]$5f^{14}6d^{4}7s^{2}$
29	Cu	[Ar]$3d^{10}4s^{1}$	68	Er	[Xe]$4f^{12}6s^{2}$	107	Bh	[Rn]$5f^{14}6d^{5}7s^{2}$
30	Zn	[Ar]$3d^{10}4s^{2}$	69	Tm	[Xe]$4f^{13}6s^{2}$	108	Hs	[Rn]$5f^{14}6d^{6}7s^{2}$
31	Ga	[Ar]$3d^{10}4s^{2}4p^{1}$	70	Yb	[Xe]$4f^{14}6s^{2}$	109	Mt	[Rn]$5f^{14}6d^{7}7s^{2}$
32	Ge	[Ar]$3d^{10}4s^{2}4p^{2}$	71	Lu	[Xe]$4f^{14}5d^{1}6s^{2}$	110	Uun	[Rn]$5f^{14}6d^{8}7s^{2}$
33	As	[Ar]$3d^{10}4s^{2}4p^{3}$	72	Hf	[Xe]$4f^{14}5d^{2}6s^{2}$	111	Uun	[Rn]$5f^{14}6d^{9}7s^{2}$
34	Se	[Ar]$3d^{10}4s^{2}4p^{4}$	73	Ta	[Xe]$4f^{14}5d^{3}6s^{2}$	112	Uub	
35	Br	[Ar]$3d^{10}4s^{2}4p^{5}$	74	W	[Xe]$4f^{14}5d^{3}6s^{2}$	113	Uut	
36	Kr	[Ar]$3d^{10}4s^{2}4p^{6}$	75	Re	[Xe]$4f^{14}5d^{5}6s^{2}$	114	Fl	
37	Rb	[Kr]$5s^{1}$	76	Os	[Xe]$4f^{14}5d^{6}6s^{2}$	115	Uup	
38	Sr	[Kr]$5s^{2}$	77	Ir	[Xe]$4f^{14}5d^{7}6s^{2}$	116	Lv	
39	Y	[Kr]$4d^{1}5s^{2}$	78	Pt	[Xe]$4f^{14}5d^{9}6s^{1}$	118	Uuo	

（1）泡利不相容原理　在一个原子中不可能有四个量子数完全相同的两个电子。它解决了每一个原子轨道或电子层中可容纳的电子数。

（2）最低能量原理　核外电子分布将尽可能优先占据能级较低的轨道，以使系统能量处于最低。它解决了 n 或 l 值不同的轨道中电子的分布规律。为了表达或书写周期系中元素原子的电子分布形式，鲍林提出了多电子原子的近似能级高低顺序：1s；2s，2p；3s，3p；4s，3d，4p；5s，4d，5p；6s，4f，5d，6p；7s，5f，…。结合图 6.8 并且提出了能级组的组态，每个能级组所容纳的电子总数恰好等于对应周期中所容纳的元素的总数。

（3）洪特规则　处于主量子数和角量子数都相同的轨道中的电子，总是尽先占据磁量子数不同的轨道，而且自旋量子数相同，即电子自旋平行。它解决了 n，l 值相同的轨道中，电子的分布规律。

按上述电子分布的三个基本原理和近似能级顺序可以写出大多数元素原子的电子分布式。

6.2.2.2　核外电子分布式和外层电子分布式

（1）核外电子分布式　多电子原子核外电子分布的表达式叫做电子分布式，例如，钛（Ti）原子有 22 个电子，按构造原理和近似能级顺序，电子的分布式应为

$$1s^2\ 2s^2\ 2p^6\ 3s^2\ 3p^6\ 4s^2\ 3d^2$$

但在书写电子分布式时，要将 3d 轨道放在 4s 前面，与同层的 3s、3p 轨道写在一起，即按主量子数由小到大的顺序书写，钛原子的电子分布式应为

$$1s^2\ 2s^2\ 2p^6\ 3s^2\ 3p^6\ 3d^2\ 4s^2$$

又如，锰原子中有 25 个电子，其电子分布式应为

$$1s^2\ 2s^2\ 2p^6\ 3s^2\ 3p^6\ 3d^5\ 4s^2$$

按照洪特规则，其 3d 轨道上的 5 个电子应当分别分布在 5 个 3d 轨道上，并且自旋平行。即锰原子有 5 个未成对电子，未成对电子又称做单电子，所以锰原子中有 5 个单电子。

这里必须指出，核外电子的排布总是有例外和不规则的情况，特别是过渡元素。如铬元素（Cr）的电子构型不是 $[Ar]3d^4 4s^2$，而是 $[Ar]\ 3d^5 4s^1$；钯元素（Pd）的电子构型不是 $[Kr]4d^8 5s^2$，而是 $[Kr]4d^{10}$；铜（Cu）元素的电子构型不是 $[Ar]3d^9 4s^2$，而是 $[Ar]3d^{10} 4s^1$ 等，这些构型是由光谱实验确定的。为了解释这些实验事实，构造原理认为，当轨道上的电子处于半充满状态或全充满状态时，这种电子构型是比较稳定的。周期系中钼（Mo）、银（Ag）、金（Au）等原子的不规则电子构型也属于这种情况。

（2）外层电子分布式　由于化学反应中通常只涉及外层电子数的改变，所以一般不必写出完整的电子分布式，只需写出元素原子的外层电子分布式。外层电子分布式又称为外层电子构型。对于主族元素而言即为最外层电子分布的形式。例如，氯原子的外层分布式为 $3s^2 3p^5$。对于副族元素则是指最外层 s 电子和次外层 d 电子的分布形式。例如，钛原子的外层电子分布式为 $3d^2\ 4s^2$，锰原子为 $3d^5\ 4s^2$。对于镧系和锕系元素一般除指最外层电子以外还需考虑倒数（自最外向内数）第三层的 4f 电子，即 $(n-2)$f、$(n-1)$d、ns 上的电子分布。

对于离子而言，当原子失去电子成为正离子时，自然是处于能量较高的最外层电子先失去，而且往往引起电子层数的减少。在书写其外层电子分布式时要注意电子失去的顺序一般是：np 先于 ns，ns 先于 $(n-1)$d，$(n-1)$d 先于 $(n-2)$f。例如 Mn^{2+} 的外层电子分布式是 $3s^2 3p^6 3d^5$，而不是 $3s^2 3p^6 3d^3 4s^2$，也不是 $3d^3 4s^2$，更不能写成 $3d^5$。再如 Ti^{4+} 的外层电子分布式应是 $3s^2 3p^6$。当原子获得电子而成为负离子时，原子所得的电子总是分布在它的最外电子层上。例如，Cl^- 的外层电子分布式是 $3s^2 3p^6$，与 Ti^{4+}、Ar 的电子分布式完全相

同。因此，Cl^-、Ti^{4+}和 Ar 又称为等电子体。有关离子的外层电子构型将在下章中作进一步介绍。

北京大学徐光宪教授同样对原子失电子的能级顺序提出了近似的判断方法：$(n+0.4l)$ 规律。即求得轨道的 $(n+0.4l)$ 值越大的轨道首先失去电子。例如 4s 轨道与 3d 轨道相比，$(n+0.4l)$ 值分别是 4.0 和 3.8，因此失电子的顺序应是 4s 先于 3d。

6.2.2.3　核外电子分布和周期系

原子核外电子分布的周期性是元素周期律的基础。而元素周期表是周期律的表现形式，是指导化学学习和研究工作的重要工具，下面按周期、族和分区的情况作一简介。

(1) 周期和能级组　表的横行叫周期 (periods)，7 个周期分别对应于 7 个能级组。每周期起始于 s 区元素，并终止于 p 区元素对应于每能级组电子填入的起始轨道 (s 轨道) 和终止轨道 (p 轨道)；每周期中化学元素的个数对应于各能级组中电子的最大容量 (即 2,8,8,18,18,32)。

(2) 族的划分　表的直列叫族 (group)，一般把周期表划分为 7 个主族，7 个副族，1 个零族，1 个Ⅷ族。主族族号用罗马数字与英文字母 A 组合而成，如ⅠA，ⅡA。副族族号用罗马数字与英文字母 B 组合而成，如ⅠB，ⅡB。

1993 年，IUPAC 建议把周期表的直列定为族，用阿拉伯数字依次排成 1,2,…,17,18，共 18 个族。图 6.10 现代周期表表达了这种划分。

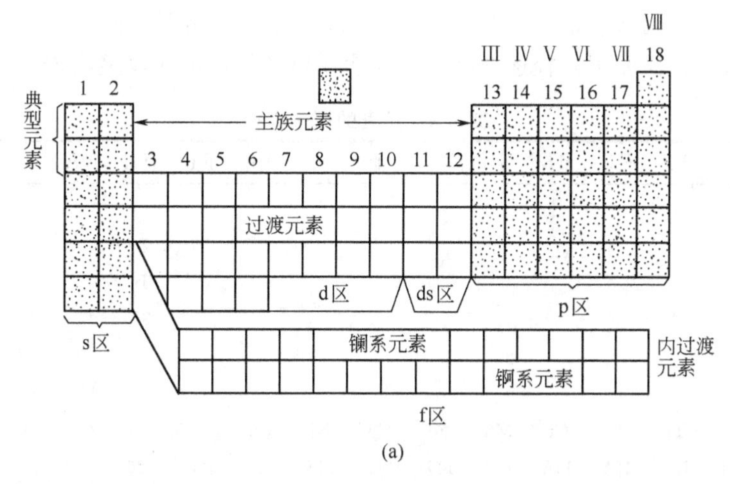

(a)

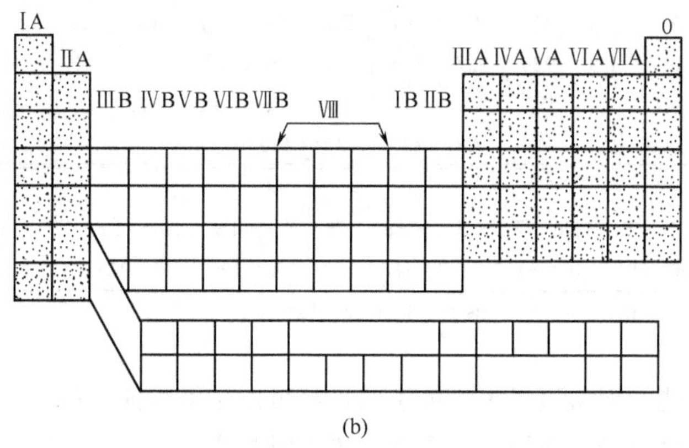

(b)

图 6.10　现代周期表的形式

（3）区的划分　按价电子构型相似的元素归为一个区的原则可把周期表划分为 5 个区（或 4 个区），即 s 区、p 区、d 区、ds 区（或并入 d 区）和 f 区。元素划分为何区的方法可以依其最后一个电子填入的轨道来划分。如 Ni 的最后一个电子填入 $3d^8$，故划分为 d 区元素。Cl 的最后一个电子填入 $3p^5$，故划为 p 区元素。各区的价电子构型分别为

s 区	ns^{1-2}
p 区	ns^2np^{1-6}
d 区	$(n-1)d^{1-8}ns^2$
ds 区	$(n-1)d^{10}ns^{1-2}$
f 区	$(n-2)f^{1-14}(n-1)d^{0-1}ns^2$

6.2.2.4　原子参数

原子参数是用以表达原子特征的参数。主要的原子参数如原子半径、相对原子质量、电离能、电负性等。原子参数影响甚至决定元素的性质，还能解释和预言单质及化合物的性质。

（1）原子半径　元素最有用的原子性质之一是其原子的大小。由于量子力学理论无法导出原子的半径，因此原子半径一般是由经验与实验来确定的。金属元素的半径定义为固态金属中两个最邻近金属原子中心距离的一半，而非金属元素的原子半径（又叫共价半径）定义为分子中相互邻接的相同元素原子核间距的一半。元素的原子半径呈现出周期性的变化，并且主族元素的变化比副族元素更为明显，见表 6.3。以第 2 周期为例，从左到右可以看出电负性数值逐渐增大，而原子半径逐渐减小。这表明电负性与原子半径有着内在的联系。

表 6.3　元素的原子半径　　单位：pm

ⅠA	ⅡA	ⅢB	ⅣB	ⅤB	ⅥB	ⅦB	Ⅷ			ⅠB	ⅡB	ⅢA	ⅣA	ⅤA	ⅥA	ⅦA	0
H																	He
32																	93
Li	Be											B	C	N	O	F	Ne
123	89											82	77	70	66	64	112
Na	Mg											Al	Si	P	S	Cl	Ar
154	136											118	117	110	104	99	154
K	Ca	Sc	Ti	V	Cr	Mn	Fe	Co	Ni	Cu	Zn	Ga	Ge	As	Se	Br	Kr
203	174	144	132	122	118	117	117	116	115	117	125	126	122	121	117	114	169
Rb	Sr	Y	Zr	Nb	Mo	Tc	Ru	Rb	Pd	Ag	Cd	In	Sn	Sb	Te	I	Xe
216	191	162	145	134	130	127	125	125	128	134	148	144	140	141	137	133	190
Cs	Ba		Hf	Ta	W	Re	Os	Ir	Pt	Au	Hg	Tl	Pb	Bi	Po	At	Rn
235	198		144	134	130	128	126	127	130	134	144	148	147	146	146	145	222
镧系元素																	
		La	Ce	Pr	Nd	Pm	Sm	Eu	Gd	Tb	Dy	Ho	Er	Tm	Yb	Lu	
		169	165	164	164	163	162	185	162	161	160	158	158	158	170	158	

（数据摘自：Lange's Handbook of Chemistry，13th ed，1985）。

（2）元素电离能　元素原子失去电子的难易可以用电离能来衡量。使某个元素一个基态的气态原子失去一个电子成为正一价气态正离子时写作

$$M(g) \longrightarrow M^+(g) + e^- \qquad (\text{M 代表任一元素})$$

其所需吸收的最低能量叫做该元素的第一电离能，常用符号 I_1 表示。从正一价离子再失去一个电子形成正二价离子所需吸收的最低能量叫第二电离能 I_2；Li 的第二电离能 I_2 为 7294.6kJ.mol^{-1}，要比其第一电离能 I_1 高出 10 多倍。如此，还有第三、第四电离能 I_3，I_4 等。元素的电离能的大小顺序是：$I_1 < I_2 < I_3 < I_4 < \cdots$。表 6.4 列出了元素的第一电离能。

表 6.4　元素的第一电离能　　单位：kJ·mol^{-1}

ⅠA	ⅡA	ⅢB	ⅣB	ⅤB	ⅥB	ⅦB	Ⅷ			ⅠB	ⅡB	ⅢA	ⅣA	ⅤA	ⅥA	ⅦA	0
H																	He
1312																	2372
Li	Be											B	C	N	O	F	Ne
520	900											801	1086	1402	1314	1681	2081
Na	Mg											Al	Si	P	S	Cl	Ar
496	738											578	787	1012	1000	1251	1521
K	Ca	Sc	Ti	V	Cr	Mn	Fe	Co	Ni	Cu	Zn	Ga	Ge	As	Se	Br	Kr
419	590	631	658	653	650	717	759	758	737	746	906	579	762	944	941	1140	1351
Rb	Sr	Y	Zr	Nb	Mo	Tc	Ru	Rh	Pd	Ag	Cd	In	Sn	Sb	Te	I	Xe
403	550	616	660	664	685	702	711	720	805	731	868	558	709	832	869	1008	1170
Cs	Ba	La	Hf	Ta	W	Re	Os	Ir	Pt	Au	Hg	Tl	Pb	Bi	Po	At	Rn
376	503	538	654	761	770	760	840	880	870	890	1007	589	716	703	812	912	1037

La	Ce	Pr	Nd	Pm	Sm	Eu	Gd	Tb	Dy	Ho	Er	Tm	Yb	Lu
538	528	523	530	536	543	547	592	564	572	581	589	597	603	524

元素的第一电离能大，表示元素的原子不易失去电子；元素的第一电离能小，表示元素的原子易失去电子，即金属性强。凡是电离能相近的元素，化学性质相似，在地球化学作用过程中易共同迁移富集。周期表中第一电离能的变化见图 6.11。

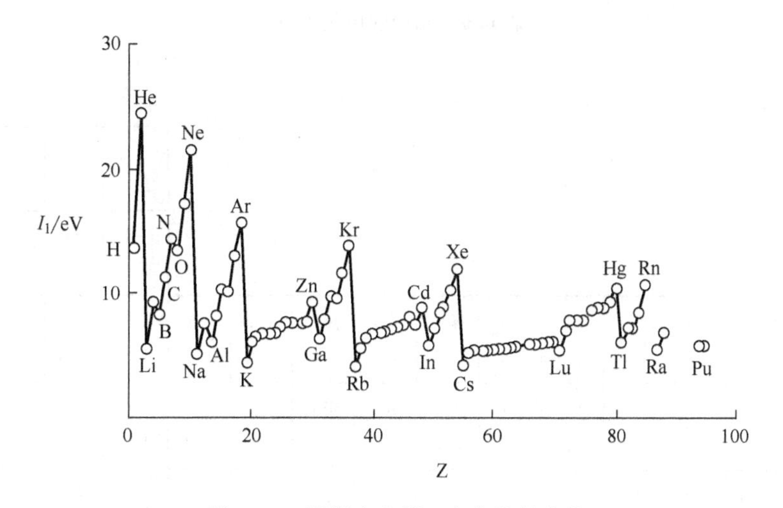

图 6.11　周期表中第一电离能的变化

（3）元素的氧化值　同周期主族元素从左至右最高氧化值逐渐升高，并等于所属族的外层电子数或族数。副族元素的原子中，除最外层 s 电子外，次外层的 d 电子也可能参加反应。因此，d 区副族元素的最高氧化值一般等于最外层的 s 电子和次外层 d 电子之和（但不大于 8）。第 3 至第 7 副族元素与主族相似，同周期从左至右最高氧化值也逐渐升高，并等于所属族的族数。ds 区的第 12 族元素的最高氧化值为＋2，即等于最外层的 s 电子数。而第 11 族中，Cu、Ag、Au 的最高氧化值分别为＋2、＋1、＋3。除钌（Ru）和锇（Os）外，第 8、9、10 族中其他元素未发现有氧化值为＋8 的化合物。此外，副族元素大都有可变氧化值。表 6.5 中列出了第 4 周期副族元素的主要氧化值。

表 6.5　第 4 周期副族元素的主要氧化值

族	3	4	5	6	7	8	9	10	11	12
元素	Sc	Ti	V	Cr	Mn	Fe	Co	Ni	Cu	Zn
氧化值	+3	+3 +4	+3 +4 +5	+2 +3 +6	+2 +4 +6 +7	+2 +3	+2 +3	+2 +3	+1 +2	+2

（4）元素的金属性和非金属性与元素的电负性　金属元素易失去电子变成正离子，非金属元素易得到电子变成负离子。因此，常用金属性表示在化学反应中原子失去电子的能力，用非金属性表示在化学反应中原子获得电子的能力。元素的金属性和非金属性往往与元素的电负性数值相关。为了衡量分子中各原子吸引电子的能力，1932 年鲍林在化学中引入了电负性的概念，电负性表示化合物中原子吸引电子的能力。电负性数值越大，表明原子在分子中吸引电子的能力越强，他指定氟的电负性为 4.0；电负性值越小，表明原子在分子中吸引电子的能力越弱。一般金属元素（除铂系，即钌、铑、钯、锇、铱、铂以及金外）的电负性数值小于 2.0，而非金属元素（除 Si 外）则大于 2.0。鲍林从热化学数据得到的电负性数值列于表 6.6 中。

表 6.6　元素的电负性 *X*

H 2.1																	
Li 1.0	Be 1.5											B 2.0	C 2.5	N 3.0	O 3.5	F 4.0
Na 0.9	Mg 1.2											Al 1.5	Si 1.8	P 2.1	S 2.5	Cl 3.0
K 0.8	Ca 1.0	Sc 1.3	Ti 1.5	V 1.6	Cr 1.6	Mn 1.5	Fe 1.8	Co 1.9	Ni 1.9	Cu 1.9	Zn 1.6	Ga 1.6	Ge 1.8	As 2.0	Se 2.4	Br 2.8
Rb 0.8	Sr 1.0	Y 1.2	Zr 1.4	Nb 1.6	Mo 1.8	Tc 1.9	Ru 2.2	Rh 2.2	Pd 2.2	Ag 1.9	Cd 1.7	In 1.7	Sn 1.8	Sb 1.9	Te 2.1	I 2.5
Cs 0.7	Ba 0.9	La－Lu 1.0－1.2	Hf 1.3	Ta 1.5	W 1.7	Re 1.9	Os 2.2	Ir 2.2	Pt 2.2	Au 2.4	Hg 1.9	Tl 1.8	Pb 1.9	Bi 1.9	Po 2.0	At 2.2
Fr 0.7	Ra 0.9	Ac－No 1.1－1.3														

从表 6.6 可以看出，主族元素的电负性具有较明显的周期性变化，而副族的电负性值则较接近，变化规律不明显。f 区镧系元素的电负性值更为接近。反映在金属性和非金属性上，主族元素也显示出较明显的周期性变化规律，而副族元素的变化规律则不明显。周期表中元素电负性的变化如图 6.12 所示。第二和第三周期元素的电负性从左到右呈现递增趋势。在元素周期表中，F 元素具有最大的电负性（4.0），是最强的非金属元素；Fr 元素具有最小的电负性（0.7），是最强的金属元素。

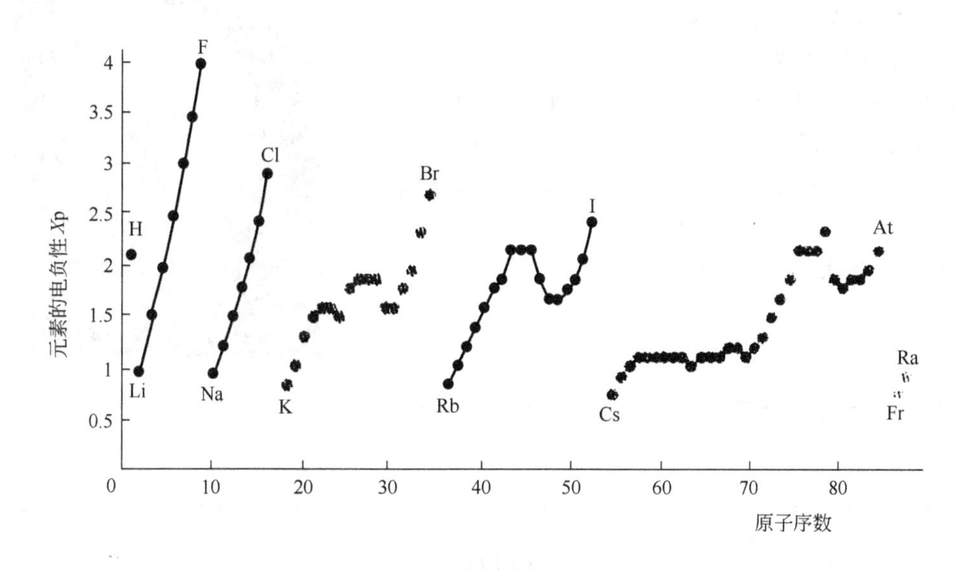

图 6.12　周期表中元素电负性的变化

应当指出，元素的金属性和非金属性一般体现为单质的还原性和氧化性，但并不完全一致，这将在第 7 章中进一步介绍。

玻尔

(N. Bohr，1885～1962)

丹麦原子物理学家。1885 年 10 月出生于哥本哈根，1911 年获物理学博士学位。1916 年任哥本哈根大学物理学教授，1939～1962 年任丹麦皇家科学院院长。

他的卓越贡献是 1913 年提出玻尔原子模型，成功解释了氢原子光谱，圆满地解释了元素的周期性，把化学推进更深层次，使物理和化学统一到量子理论的基础上，是原子结构理论发展史的一个里程碑。第二次世界大战期间到美国参加原子弹研制工作，战后，致力于原子能的和平利用。于 1922 年获诺贝尔物理学奖。

德布罗衣
(L. de Broglie，1892～1987)

法国理论物理学家。在巴黎大学获理学博士学位。曾任巴黎大学教授，法兰西科学院院士，英国皇家学会会员，美国科学院院士。

1924 年首先把光具有“波粒二象性”的概念推广，提出微观粒子同时具有波动性，称这种波为“物质波”。他的成就被爱因斯坦赞赏，称其研究“揭开了巨大帷幕的一角”。

1929 年荣获诺贝尔物理学奖。

门捷列夫
(Д. И. Менделеев，1834～1907)

俄国化学家。1852 年进入彼德堡师范学院学习化学，1865 年获化学博士学位。1866 年任彼德堡大学教授。1883 年任俄国度量衡局局长，1890 年当选为英国皇家学会外国会员。

门捷列夫的最大贡献是发现了化学元素周期律。1869 年他编制了一张包括当时已知的全部 63 种元素的周期表。并指出：

① 元素按原子量大小排列，呈现明显的周期性；

② 原子量的大小决定元素的特征；

③ 预见应有新元素的发现（后均得到证实）；

④ 修正了一些元素的原子量。

1871 年他把竖排表改为横排表，划分了主族和副

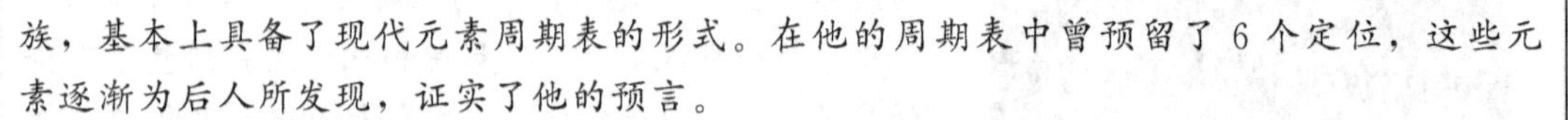

族，基本上具备了现代元素周期表的形式。在他的周期表中曾预留了 6 个定位，这些元素逐渐为后人所发现，证实了他的预言。

元素周期律的发现在化学发展史上是一个重要的里程碑。因此，门捷列夫获英国戴维奖章。1955 年，科学家们为纪念元素周期律的发现者门捷列夫，将 101 号元素命名为(Mendelevium)。

薛定锷

(E. Schrödinger，1887～1961)

奥地利物理学家，量子力学奠基人之一。出生于维也纳，受教于维也纳大学。历任德国、波兰和瑞士几所大学的教授。其主要工作在数学物理学，特别在原子物理学方面。在德布罗衣的物质波的基础上，建立了波动方程。由他建立的薛定锷方程是量子力学中描述微观粒子运动状态的基本定律。其地位相当于牛顿运动定律在经典力学中的地位。1933 年与狄拉克共同获诺贝尔物理学奖。

复习题与习题

1. 若电子的运动速率为 1.0×10^6 m·s^{-1}，求其物质波的波长为多少皮米（pm）？
2. 计算电子的速度为光速的一半时的物质波波长。
3. 计算（1）氢原子中电子由能级 $n=4$ 跃迁到能级 $n=3$ 时发射光的频率和波长；
   （2）该辐射的波长属于电磁波的哪一光谱区？
4. 为什么锰和氯都属于第Ⅶ族元素，但它们的金属性与非金属性不相似？而最高氧化数却相同？试从原子结构上予以解释。
5. 指出符号为 $4p_x$、3d 所代表的意义及电子的最大容量。
6. 写出下列元素原子的核外电子分布式，并指出它们各有多少个未成对电子。
   K，Be，Sc，Cr，Mn，Fe，Ni，Zn，As，Br
   K　$1s^2 2s^2 2p^6 3s^2 3p^6 4s^1$　含 1 个未成对电子
   Be　$1s^2 2s^2$　不含未成对电子
   Sc　$1s^2 2s^2 2p^6 3s^2 3p^6 3d^1 4s^2$　含 1 个未成对电子
7. 在下列电子构型中哪种属于原子的基态？哪种属于原子的激发态？哪种纯属错误写法？
   （1）$1s^2 2s^3 2p^1$　（2）$1s^2 2p^2$
   （3）$1s^2 2s^2 2p^4$　（4）$1s^2 2s^2 2p^6 3s^1 3d^1$
   （5）$1s^2 2s^2 3p^6 3s^1 3p^3$　（6）$1s^2 2s^1 2p^1$
8. 从下列原子的价电子层结构推断该元素的原子序数，它们在元素周期表中是哪一区？哪一族？哪一周期？最高氧化数为多少？它们各是什么元素？
   （1）$4s^2$　（2）$3d^5 4s^1$　（3）$4s^2 4p^3$
9. 推断下列元素的原子序数
   （1）外层电子分布式为 $3s^2\ 3p^6$。

（2）最外层 4s 亚层有一个电子，次外层 3d 亚层有 5 个电子。

（3）最外电子层电子分布式为 $4s^2 4p^5$。

10. 填表

原子序数	外层电子构型	未成对电子数	周期	族	分区
16					
19					
27					
43					

11. 列表写出外层电子构型分别为 $3s^2$；$2s^2$，$2p^3$；$3d^{10}$，$4s^2$；$3d^5$，$4s^1$；$4d^1$，$5s^2$ 之各元素的最高氧化值以及元素的名称。

12. 研究下列给出的离子：Ag^+、Br^-、Ca^{2+}、Fe^{3+}、I^-、Rb^+、S^{2-}、Sc^{3+}、Se^{2-}、Ti^{2+}、Zn^{2+}。

（1）写出其中 Ar 的等电子体　　（2）找出不具有惰性气体电子构型的离子。

第7章 化学键与分子结构

【本章基本要求】

(1) 了解离子化合物的结构与特性。

(2) 了解共价键价键理论的基本要点；了解共价键的类型及键参数。联系杂化轨道理论说明一些典型分子的空间构型。

(3) 了解分子间力、氢键及其对物质性质的影响。

化学键理论是当代化学的一个中心问题，因为参与化学反应的基本单元是分子，而分子的性质是由其内部结构决定的。因此，探索分子的内部结构就成为化学学科研究的中心课题之一。

化学上把分子或晶体中原子（或离子）之间的强烈作用力叫做化学键。化学键一般可分为离子键、共价键和金属键等。而存在于分子与分子之间的一种较弱的吸引力称为分子间力（又叫范德华力）。从键能的角度看，化学键的能量一般在几十到几百千焦每摩尔；而分子间力的能量约在几百焦每摩尔。氢键是一种特殊的分子间相互作用力，其键能一般不超过几千焦每摩尔。而金属键则是指金属晶体中粒子的结合力。

7.1 化学键

7.1.1 离子键

7.1.1.1 离子键理论的要点和离子键的基本特征

1916年，德国化学家柯塞尔（W. Kossel）根据稀有气体具有稳定结构的事实提出了离子键理论，他认为离子键的本质是正、负离子之间的引力。该理论的要点如下。

(1) 当活泼金属（如第Ⅰ主族的K、Na等）和活泼非金属（如第Ⅶ主族的F、Cl等）元素的原子相互靠近时，因原子间电负性相差较大，前者易失去电子形成正离子，后者易获得电子而形成负离子

$$Na\cdot + \cdot\ddot{\underset{..}{Cl}}: \longrightarrow Na^{+} + :\ddot{\underset{..}{Cl}}:^{-}$$

(2) 正离子和负离子由于静电引力相互吸引而形成离子晶体。在离子晶体中，Na^+和Cl^-形成离子键

$$Na^{+} + Cl^{-} \longrightarrow NaCl\ （离子晶体）$$

由于离子键是由正离子和负离子通过静电引力相结合的，因而决定了离子键的特点是没有方向性和饱和性。所谓没有方向性是指由于离子的电荷分布是球形对称的，它可以在各个方向上吸引带有相反电荷的离子，并不存在在某一方向上更有利的问题。没有饱和性是指只要空间条件许可，每一个离子可吸引尽可能多的带相反电荷的离子。当然，离子键没有饱和性并不是说每一种离子的周围所排列的相反电荷离子的数目可以是任意多的。例如氯化钠晶体中，一个Na^+周围在距离r_0处排列有6个Cl^-，这是由于正负离

子的半径相对大小等因素所决定的。事实上，除了 r_0 处有 6 个 Cl^- 外，在稍远的距离（约$\sqrt{2}r_0$）处，又有 12 个 Cl^-，等等。只不过静电引力随距离的增大而减弱，这就是离子键没有饱和性的含意。

7.1.1.2 晶格能

通常将在 101.325kPa 和 298.15K 条件下，由气态正、负离子形成单位物质的量的离子晶体时所释放的能量定义为晶格能。近似可认为晶格能 E_L 与正、负离子的电荷（Z_+，Z_-）的乘积和正、负离子的半径（r_+，r_-）有关

$$E_L \propto \frac{|Z_+ \cdot Z_-|}{r_+ + r_-}$$

显然，晶格能是衡量离子键强度的一种标志。晶格能愈大，则晶格越稳定。相对来说，其熔点愈高，硬度也愈大。如表 7.1 和表 7.2 所示。

表 7.1 晶格能和离子晶体的熔点

晶　体	NaI	NaBr	NaCl	NaF	CaO	MgO
晶格能/($kJ \cdot mol^{-1}$)	692	740	780	920	3513	3889
熔点/℃	660	747	801	996	2570	2852

表 7.2 晶格能与离子晶体的硬度

晶　体	BeO	MgO	CaO	SrO	BaO
晶格能/($kJ \cdot mol^{-1}$)	4521	3889	3513	3310	3152
莫氏硬度	9.0	6.5	4.5	3.5	3.3

表 7.2 中的莫氏硬度是德国矿物学家莫斯（F. Mohs）提出的，他把常见的 10 种矿物按其硬度依次排列，将最软的滑石的硬度定为 1，最硬的金刚石的硬度定为 10。十种矿物的硬度按由小到大的排列次序为：①滑石，②石膏，③方解石，④萤石，⑤磷灰石，⑥正长石，⑦石英，⑧黄玉，⑨刚玉，⑩金刚石。测定莫氏硬度用刻划法，例如能被石英刻出划痕而不能被正长石刻出划痕的矿物，其硬度在 6～7 之间。

7.1.1.3 决定离子化合物性质的主要因素

影响离子化合物性质的因素主要有离子的电荷、离子的半径和离子的电子构型。

（1）离子的电荷　通常，离子的电荷对离子间相互作用力的影响很大。离子的电荷高，与相反电荷离子间的吸引力大，因而熔点、沸点也愈高。如 CaO 的熔点（2590℃）比 KF 的熔点（857℃）高。

离子的电荷不仅影响离子化合物的物理性质，如熔点、沸点、硬度和颜色等，也影响离子化合物的化学性质。例如 Fe^{3+} 主要表现为氧化性，而 Fe^{2+} 主要表现为还原性。

（2）离子半径　离子间的距离是用相邻两个离子的核间距来衡量的。所谓核间距是指正、负离子的静电引力与电子、原子核之间的排斥力达到平衡时正、负离子间的平衡距离。可以看作相邻两个离子半径之和（$r_+ + r_-$）。

离子半径的大小是决定离子化合物中正、负离子引力的因素之一，也即是决定离子键强弱的因素之一。离子半径愈小，离子间的引力愈大，离子化合物的熔点、沸点也愈高。例如 NaF 和 LiF 中，钠和锂都是+1 价离子，但 Na^+(97pm) 的离子半径比 Li^+(68pm) 大。因此，NaF 的熔点（870℃）比 LiF 的熔点（1040℃）要低。

（3）离子的电子构型　离子的电子构型对离子化合物的性质也有影响。例如，碱金属

Na^+ 和过渡金属 Cu^+ 的半径大小分别是 97pm 和 96pm，但 NaCl 易溶于水，而 CuCl 不溶于水。显然，造成这种性质差异的原因是它们离子的电子构型不同所致。

离子的电子构型是按照离子的最外层电子数来分类的。一般情况，负离子均形成 8 电子构型，如 Cl^-，O^{2-} 等。而正离子的电子构型可以分为如下几种。

① 8 电子构型：最外层为 8 个电子的离子，如 Na^+、K^+、Ca^{2+} 等。

② 9～17 电子构型：如 $Fe^{3+}(3s^2 3p^6 3d^5)$，$Cu^{2+}(3s^2 3p^6 3d^9)$。

③ 18 电子构型：如 $Cu^+(3s^2 3p^6 3d^{10})$，$Zn^{2+}(3s^2 3p^6 3d^{10})$。

④ 18＋2 电子构型：如 $Pb^{2+}(5s^2 5p^6 5d^{10} 6s^2)$。

Na^+ 属于 8 电子构型，Cu^+ 属于 18 电子构型，因而 NaCl 与 CuCl 表现出不同的物理性质和化学性质。

7.1.2 共价键

同种非金属元素或电负性数值相差不很大的不同种元素（一般均为非金属，有时也有金属与非金属），一般以共价键结合形成共价型单质或共价型化合物。

运用量子力学近似处理可说明共价型分子中化学键的形成，常用的有价键理论和分子轨道理论两种。

7.1.2.1 价键理论

价键理论以相邻原子之间电子相互配对为基础来说明共价键的形成。1927 年海特勒（W. Heitler）和伦敦（F. London）运用量子力学原理处理氢分子的结果认为，当两个氢原子相互靠近，且它们的 1s 电子处于自旋状态反平行时，两个 1s 电子才能配对成键；当两个氢原子的 1s 电子处于自旋状态平行时，两个 1s 电子则不能配对成键。

（1）价键理论的主要论点　将海特勒-伦敦对氢分子研究的结果定性地推广到其他分子，从而发展成为价键理论，主要有下列两个论点。

① 原子所能形成的共价键数目受到未成对电子数的限制，即原子中的 1 个未成对电子只能以自旋状态反平行形式与另一原子中的 1 个未成对电子配对成键，所以共价键具有饱和性。例如，H—H，Cl—Cl，H—Cl 等分子中 2 个原子各有 1 个未成对电子，可以相互配对，形成 1 个共价（单）键。又如，NH_3 分子中的 1 个氮原子有 3 个未成对电子，可以分别与 3 个氢原子的未成对电子相互配对，形成 3 个共价（单）键。电子已完全配对的原子不能再继续成键，稀有气体如 He 以单原子分子存在，其原因就在于此。因此在分子中，某原子所能提供的未成对电子数一般就是该原子所能形成的共价（单）键的数目，称为共价数。

② 原子轨道相互重叠时，必须考虑原子轨道波函数的正、负号，只有同号轨道才能实行有效的重叠。

原子轨道重叠时，总是沿着重叠最多的方向进行，重叠部分越多，共价键越牢固，这就是原子轨道的最大重叠条件。除 s 轨道外，p，d 等轨道的最大值都有一定的空间取向，所以共价键具有方向性。例如，HCl 分子中氢原子的 1s 轨道与氯原子的 $3p_x$ 轨道有四种可能的重叠方式，见图 7.1。其中，（c）为异号重叠，（d）由于同号和异号两部分相互抵消而为零的重叠，所以（c）、（d）都不能有效重叠而成键。只有（a），（b）为同号重叠，但当两核距离为一定时，（a）的重叠比（b）的要多。可以看出，氯化氢分子采用（a）的重叠方式成键可使 s 和 p_x 轨道的有效重叠最大。

（2）σ 键和 π 键　根据上述原子轨道重叠的原则，s 轨道和 p 轨道有两类不同的重叠方

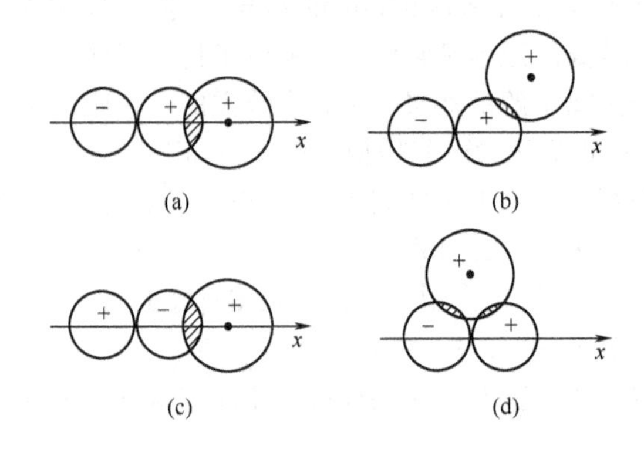

图 7.1　s 和 p_x 轨道（角度分布）的重叠方式示意图

式，即可形成两类重叠方式不同的共价键。一类叫做 σ 键，另一类叫做 π 键，如图 7.2 所示。

σ 键的特点是原子轨道沿两核联线方向以“头碰头”的方式进行重叠，重叠部分发生在两核的联线上。π 键的特点是原子轨道沿两核联线方向以“肩并肩”的方式进行重叠，重叠部分不发生在两核的联线上。共价单键一般是 σ 键，在共价双键和叁键中，除 σ 键外，还有 π 键。例如，N_2 分子中的 N 原子有 3 个未成对的 p 电子（p_x，p_y，p_z），两个 N 原子间除形成 p_x—p_x 的 σ 键以外，还能形成 p_y—p_y 和 p_z—p_z 两个相互垂直的 π 键，如图 7.3 所示。

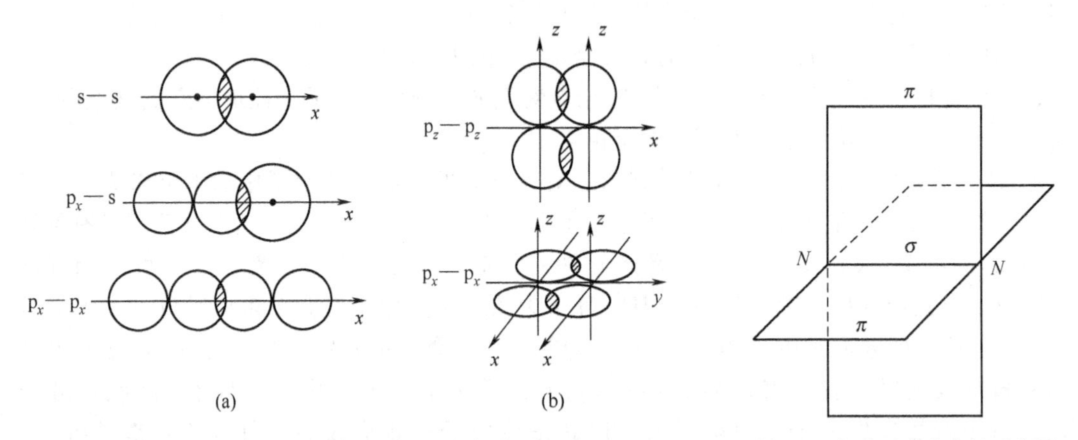

图 7.2　σ 键（a）和 π 键（b）重叠方式示意图　　图 7.3　氮分子中的叁键示意图

一般说来，π 键没有 σ 键牢固，比较容易断裂。因为 π 键不像 σ 键那样集中在两核的联线上，原子核对 π 电子的束缚力较小，电子运动的自由性较大。因此，含双键或叁键的化合物（例如不饱和烃）一般容易参加反应。但在某些分子，如 N_2 中也有可能出现强度很大的 π 键，使 N_2 分子的性质不活泼。

7.1.2.2　分子轨道理论

分子轨道理论是目前发展较快的一种共价键理论。它强调分子的整体性，提出当原子形成分子后，电子不再局限于个别原子的原子轨道，而是从属于整个分子的分子轨道。

（1）分子轨道理论的基本要点

① 原子形成分子后电子不再在原子轨道上运动，而是在一定的分子轨道上运动。例如 H_2 分子由两个氢原子结合而成，它们各自的 1s 原子轨道在结合时重新组合成 1s 分子轨道，

原来原子轨道上的电子就在新组成的分子轨道上运动，把两个原子核紧紧联系在一起。

② 由原子轨道经过线性组合形成分子轨道，组成的分子轨道数等于参加组合的原子轨道数。例如，H_2 分子两个氢原子的 1s 原子轨道可线性组合成两个分子轨道。其中一个分子轨道是波函数 $\bar{\psi}=\psi_{1s}+\psi_{1s}$，称作 1s 成键分子轨道，能量较低用 σ_{1s} 表示；另一个分子轨道的波函数 $\bar{\psi}^*=\psi_{1s}-\psi_{1s}$，称作反键分子轨道，能量较高用 σ_{1s}^* 表示。

③ 组成分子轨道的原子轨道必须符合能量相近条件、轨道最大重叠条件和对称性条件。例如，由同核双原子的原子轨道组成分子轨道时，主量子数必须相同，即 1s 对 1s 组合，2p 对 2p 组合。对异核双原子，则要看各原子的轨道能级。例如 HF 分子中 H 的 1s 轨道能级约为 -13.6eV，F 的 2s，2p 轨道能量分别为 -40.12eV 和 -18.6eV。可以想象，F 的 1s 能级更负。因此，H 与 F 组成分子时，只能是 H 的 1s 轨道和 F 的 2p 轨道组合成两个分子轨道。所谓对称性，是指 np_x 只能与 np_x 组成分子轨道，而 np_x 和 np_y 则不能，因为它们的对称性不同。

④ 由原子轨道端向重叠组成的分子轨道称为 σ 分子轨道；侧向重叠组成的分子轨道称为 π 分子轨道。

⑤ 分子轨道有能级高低顺序，电子进入分子轨道时必须遵守能量最低原理、泡利不相容原理和洪特规则。

⑥ 分子的键级表示键的强度

$$\text{键级}=\frac{\text{成键分子轨道上的电子总数}-\text{反键分子轨道上的电子总数}}{2}$$

⑦ 同核双原子分子的分子轨道能级图如图 7.4 所示。

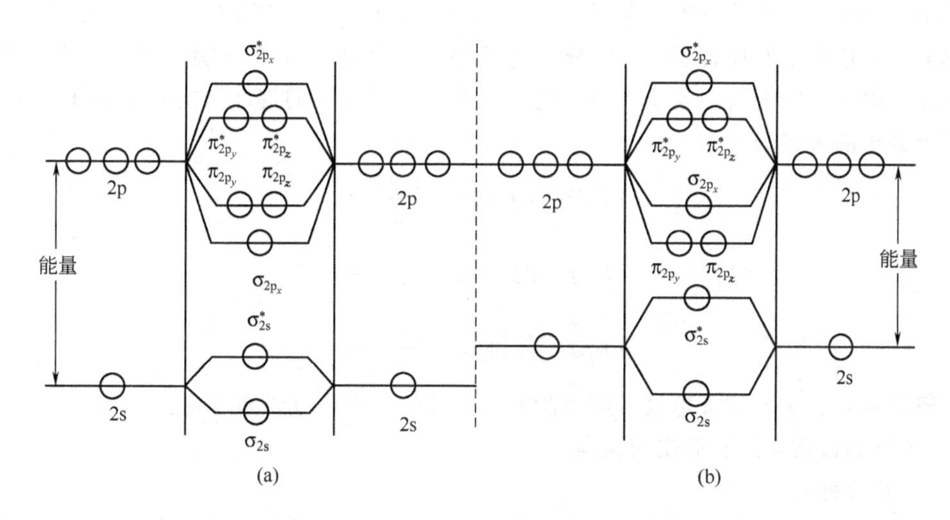

图 7.4　同核双原子分子的分子轨道能级图

(a) 2s，2p 能级相差较大，如 O，F 等原子轨道与分子轨道能级图；

(b) 2s，2p 能级相差较小，如 B，C，N 等原子轨道与分子轨道能级图

(2) 分子轨道中电子排布的几个实例　下面根据图 7.4 讨论部分第二周期元素同核双原子分子的分子轨道电子分布式。

① Li_2 分子中共有 6 个电子，根据分子轨道能量关系可以写出 Li_2 分子的分子轨道分布式为

$$Li_2[(\sigma_{1s})^2(\sigma_{1s}^*)^2(\sigma_{2s})^2]$$

由于内层 σ_{1s} 与 σ_{1s}^* 的轨道上各填满 2 个电子，能量降低升高相互抵消，可以认为对成键没有贡献，最后的 2 个价电子进入 σ_{2s} 成键轨道，使体系能量降低，所以 Li_2 分子可以稳定存在。为了简洁，上式亦可写成 $Li_2[KK(\sigma_{2s})^2]$，式中 KK 代表两个原子中的 K 层电子，它们实际上未参与成键，对 Li_2 分子成键贡献的仅为 $(\sigma_{2s})^2$ 的两个电子。

② N_2 分子的分子轨道电子分布式为

$$N_2\left[KK(\sigma_{2s})^2(\sigma_{2s}^*)^2 \begin{matrix}(\pi_{2p_y})^2\\(\pi_{2p_z})^2\end{matrix} (\sigma_{2p_x})^2\right]$$

σ_{2s} 与 σ_{2s}^* 轨道在能量上互相抵消，因此对成键有贡献的是 $(\pi_{2p_y})^2$、$(\pi_{2p_z})^2$ 和 $(\sigma_{2p_x})^2$ 这三对电子，它们与价键理论中所讨论的两个 π 键和一个 σ 键的三键结构相对应。由于氮气分子的 σ 键在最外层，键能较大，加之两个 π 键在内层，能级较低，打开它们很困难。因此，氮气分子异常稳定，一般（与稀有气体）可作为保护性气体。地球空气中氮气占 78%，氧气占 21%，这种天衣无缝的比例才造就了迄今惟一有生命的星球——地球。

③ O_2 分子中共有 16 个电子，根据分子轨道关系图可以写出其分子轨道电子分布式为

$$O_2\left[KK(\sigma_{2s})^2(\sigma_{2s}^*)^2(\sigma_{2p_x})^2 \begin{matrix}(\pi_{2p_y})^2(\pi_{2p_y}^*)^1\\(\pi_{2p_z})^2(\pi_{2p_z}^*)^1\end{matrix}\right]$$

显然，其中 $(\sigma_{2p_x})^2$ 成键轨道构成一个 σ 键，而 $(\pi_{2p_y})^2$ 和 $(\pi_{2p_y}^*)^1$ 及 $(\pi_{2p_z})^2$ 和 $(\pi_{2p_z}^*)^1$ 构成两个三电子 π 键，可用下式表示

$$:\mathrm{O}\overset{\cdots}{\underset{\cdots}{—}}\mathrm{O}:$$

式中，…表示三电子 π 键，分子中的 $(\pi_{2p_y}^*)^1$ 和 $(\pi_{2p_z}^*)^1$ 说明 O_2 分子中有两个自旋平行的单电子，这就很好地解释了 O_2 分子的顺磁性。但是三电子 π 键中有一个电子是反键的，所以三电子键键能仅相当于半个 π 键，两个三电子 π 键的键能大约只相当于一个 π 键。上述三个分子的键级为

$$Li_2\text{分子的键级}=\frac{4-2}{2}=1$$

$$N_2\text{分子的键级}=\frac{8-2}{2}=3$$

$$O_2\text{分子的键级}=\frac{8-4}{2}=2$$

一般来说，分子的键级愈高，则键能愈大，键长愈短，分子愈稳定。

7.1.3 分子的极性与分子的空间构型

7.1.3.1 共价键参数

表征共价键特性的物理量称为共价键参数。例如键长、键角和键能等。目前实验上可以获得有关它们的数据，从而可用于预测共价型分子的空间构型、分子的极性以及稳定性等性质。

（1）键长 分子中成键原子两核间的距离叫做键长。键的强度（或键能）与键长有关。一般说来，单键的键长愈小，则单键乃至所形成的分子愈稳定。

（2）键角 分子中相邻两键间的夹角叫做键角。分子的空间构型与键长和键角有关。

（3）键能 共价键的强弱可以用键能数值的大小来衡量。一般规定，在 298.15K 和 101.325kPa下，断开气态物质（如分子）中单位物质的量的化学键而生成气态原子时所吸

收的能量叫做键解离能，以符号 D 表示。例如

$$\text{H—Cl(g)} \longrightarrow \text{H(g)} + \text{Cl(g)};\ D(\text{H—Cl}) = 432\text{kJ·mol}^{-1}$$

对双原子分子来说，键解离能可以认为就是该气态分子中共价键的键能 E，例如

$$E(\text{H—Cl}) = D(\text{H—Cl}) = 432\text{kJ·mol}^{-1}$$

对于两种元素组成的多原子分子来说，可取键解离能的平均值作为键能。

多原子分子如水分子中，含有两个 O—H 键，实验数据证明，由于两个键的解离先后不同，两个键的解离能也不相同。

$$\text{H}_2\text{O(g)} \longrightarrow \text{H(g)} + \text{OH(g)};\ D_1 = 498\text{kJ·mol}^{-1}$$

$$\text{OH(g)} \longrightarrow \text{H(g)} + \text{O(g)};\ D_2 = 428\text{kJ·mol}^{-1}$$

则 O—H 键的键能 $E(\text{O—H}) = \dfrac{498+428}{2} = 463\text{kJ·mol}^{-1}$

表 7.3 中列出了一些共价键的键能数值。一般说来，键能数值越大表示共价键强度越大。

表 7.3　298K 时一些共价键的键能　　单位：kJ·mol⁻¹

单		键						双	键	叁	键
H—F	567	C—H	413	N—N	159	F—F	158	C=C	598	N≡N	946
H—Cl	431	C—C	347	N—O	222	F—Cl	253	C=O	803	C≡C	820
H—Br	366	C—N	293	N—F	283	F—Br	238	O=O	498	C≡O	1 076
H—I	298	C—O	351	N—Cl	200	Cl—Cl	242	C=S	477	C≡N	887
H—N	391	C—S	255	O—O	143	Cl—Br	218	N=N	418		
H—P	322	C—Cl	351	O—F	212	Br—Br	193				
H—As	247	C—Br	293	O—Cl	218	I—Cl	208				
H—O	463	C—I	234	S—H	339	I—Br	175				
H—S	364	Si—Si	226	S—S	268	I—I	151				
H—Se	276	Si—O	368	S—Cl	255	H—H	436				

化学反应的过程实质上是反应物化学键的破坏和生成物化学键的形成过程。因此，气态物质化学反应的热效应就是化学键改组前后键解离能或键能总和的变化，利用键能数据可以估算一些反应热效应或反应的标准焓变。

7.1.3.2　分子的极性和电偶极矩

在分子中，由于原子核所带正电荷的电量和电子所带负电荷的电量是相等的，所以就分子的总体来说，是电中性的。但从分子内部这两种电荷的分布情况来看，可把分子分成极性分子和非极性分子两类。

设想在分子中正、负电荷都有一个“电荷中心”。正、负电荷中心重合的分子叫做非极性分子，正、负电荷中心不重合的分子叫做极性分子。分子的极性可以用电偶极矩来衡量（见图 7.5）。若分子中正、负电荷中心所带的电量为 q，距离为 l，两者的乘积叫做电偶极矩，以符号 μ 表示，单位为 C·m（库·米）。

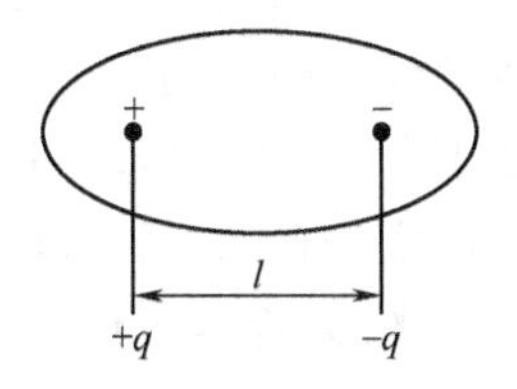

图 7.5　电偶极示意图

$$\mu=q\cdot l$$

虽然对极性分子中的 q 和 l 的数值无法测得，但可通过实验方法测出 μ 的数据。表 7.4 中列出了一些物质分子的电偶极矩（μ）和分子的空间构型。

表 7.4　一些物质分子的电偶极矩（μ）和分子的空间构型

分子		电偶极矩 $\mu/(10^{-30}\cdot C\cdot m)$	空间构型
双原子分子	HF	6.07	直线形
	HCl	3.60	直线形
	HBr	2.74	直线形
	HI	1.47	直线形
	CO	0.37	直线形
	N_2	0	直线形
	H_2	0	直线形
三原子分子	HCN	9.94	直线形
	H_2O	6.17	V 字形
	SO_2	5.44	V 字形
	H_2S	3.24	V 字形
	CS_2	0	直线形
	CO_2	0	直线形
四原子分子	NH_3	4.90	三角锥形
	BF_3	0	平面三角形
五原子分子	$CHCl_3$	3.37	四面体形
	CH_4	0	正四面体形
	CCl_4	0	正四面体形

分子电偶极矩的数值可用于判断分子极性的大小，电偶极矩数值越大表示分子的极性也越大，μ 值为零的分子即为非极性分子。对双原子分子来说，分子的极性和键的极性是一致的。例如，H_2，N_2 等分子由非极性共价键组成，整个分子的正、负电荷中心是重合的，μ 值为零，所以是非极性分子。又如，卤化氢分子由极性共价键组成，整个分子的正、负电荷中心是不重合的，μ 值不为零，所以是极性分子。卤化氢分子从 HF 到 HI，由于氢与卤素之间的电负性相差值依次减小，共价键的极性也逐渐减弱，而从表 7.4 中 μ 的数值来看，分子的极性也是逐渐减弱的。在多原子分子中，分子的极性和键的极性往往不一致。例如，H_2O 分子和 CH_4 分子中的键（O—H 和 C—H 键）都为极性键，但从 μ 的数值来看，H_2O 分子是极性分子，CH_4 是非极性分子。这与下面要介绍的分子的空间构型有关。

7.1.3.3　分子的空间构型和杂化轨道理论

共价型分子中各原子在空间排列构成的几何形状称作分子的空间构型。例如，甲烷分子为正四面体形，水分子为“V”字形，氨分子为三角锥形等（见表 7.4）。为了从理论上予以说明，美国化学家 L. 鲍林等人以价键理论为基础，提出杂化轨道理论，成功地解释了多原子分子的空间构型和价键理论所不能说明的一些共价分子的形成（如 CH_4 等）。现按周期系族数递增的次序，举例说明一些典型分子的空间构型与杂化轨道的关系。

（1）$HgCl_2$ 分子　它的中心原子是第 12 族的汞，其最外层电子分布式为 $6s^2$，并不包含未成对电子。但实验事实表明，1 个汞原子与 2 个氯原子以 2 个完全相同的共价键结合成的直线形 $HgCl_2$ 分子在水中很难解离。根据价键理论，不具有未成对电子的汞原子不可能与 2 个氯原子形成共价键，因此对于上述 $HgCl_2$ 分子的结构用价键理论是难以说明的。

杂化轨道理论认为，在 $HgCl_2$ 分子中，汞原子参与成键的轨道已不是原来的 6s 轨道和 6p 轨道，在成键过程中，要“混合”起来，重新组成两个成一直线的新的轨道［见图 7.6(a)］。这种在成键时，中心原子中能级相近的轨道打乱“混合”、重新组成新轨道的过程叫做轨道杂化，所形成的新轨道叫做杂化轨道。由 1 个 s 轨道与 1 个 p 轨道“混合”组成的杂化轨道称为 sp 杂化轨道［见图 7.6(b)］。每 1 个 sp 杂化轨道含有$\frac{1}{2}$s 成分和$\frac{1}{2}$p 成分，性质完全相同。在整个杂化和成键过程中，汞原子的 6s 孤对电子（又称为独对电子）中的 1 个被激发至 6p 轨道，产生两个未成对电子。电子的激发、轨道的杂化和成键事实上是同时进行的。

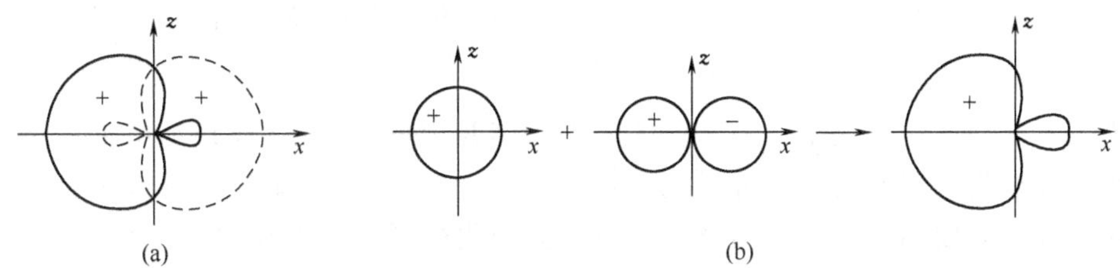

图 7.6　sp 杂化轨道角度分布和 sp 杂化过程的示意图

汞原子以两个 sp 杂化轨道分别和两个氯原子的 3p 轨道重叠，形成直线形 $HgCl_2$ 分子。汞原子和氯原子成键时，会放出能量，此能量可以补偿汞原子的 6s 轨道上的电子激发到 6p 轨道所需要的能量；故能形成稳定的 $HgCl_2$ 分子。

(2) BF_3 分子　它是平面三角形结构的分子［见图 7.7(a)］。中心原子是第Ⅲ主族的硼（B)，其外层电子分布式为 $2s^2 2p^1$。在成键过程中，有 1 个 2s 电子首先激发至 2p 轨道，形成了 3 个未成对电子。同时，硼原子的 1 个 s 轨道与 2 个 p 轨道进行杂化，形成 3 个 sp^2 杂化轨道，对称地分布在硼原子周围，互成 120°角［见图 7.7(b)］。每 1 个 sp^2 杂化轨道含有$\frac{1}{3}$s 成分和$\frac{2}{3}$p 成分。硼原子以 3 个 sp^2 杂化轨道各与 1 个 F 原子的 2p 轨道重叠形成平面三角形的 BF_3 分子。

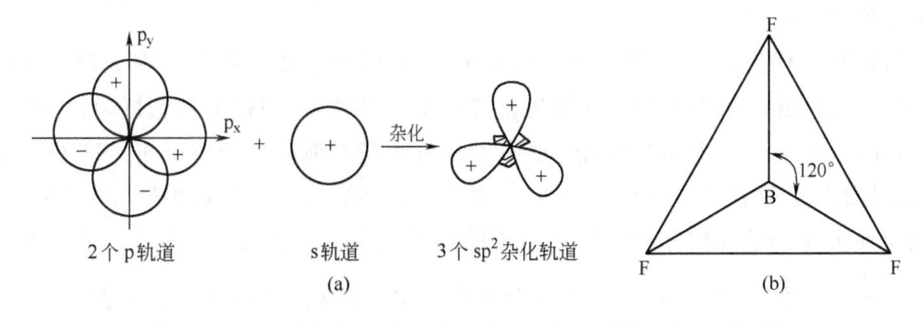

图 7.7　BF_3 分子的空间构型和 sp^2 杂化轨道角度分布示意图

(3) CH_4 分子　它是正四面体形结构的分子［见图 7.8(a)］。中心原子是第Ⅳ主族的碳(C)，其外层电子分布式为 $2s^2 2p^2$。在成键过程中，有 1 个 2s 电子被激发至 2p 轨道，产生 4 个未成对电子，同时碳原子的 1 个 2s 轨道与 3 个 p 轨道杂化，形成 4 个 sp^3 杂化轨道，对称地分布在碳原子周围，互成 109°28′夹角［见图 7.8(b)］。每 1 个 sp^3 杂化轨道含有$\frac{1}{4}$s 成分和$\frac{3}{4}$p 成分。碳原子以 4 个 sp^3 杂化轨道各与 1 个氢原子的 1s 轨道重叠，形成正四面体形

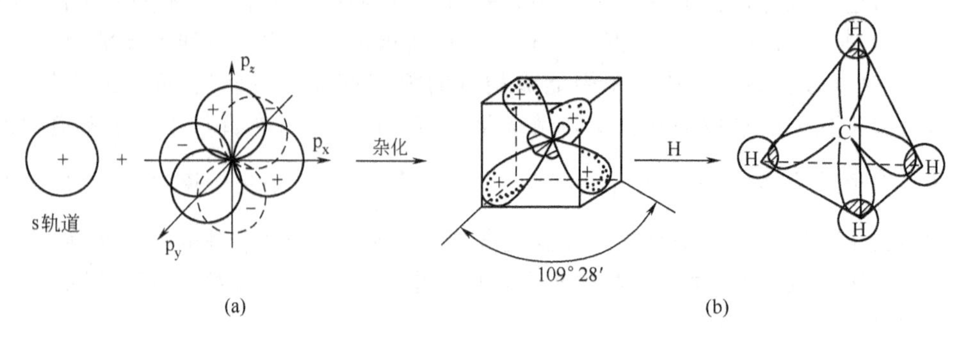

图 7.8　CH_4 分子的空间构型和 sp^3 杂化轨道角度分布示意图

的 CH_4 分子。

上述 sp、sp^2、sp^3 杂化中，中心原子分别为第Ⅱ副族（即 12 族）和第Ⅲ、第Ⅳ主族元素，所形成杂化轨道的夹角（分别为 180°、120°、109°28′）随杂化轨道包含的 s 成分的减少和 p 成分的增加而减小。同时，在同一类杂化中形成的杂化轨道的性质完全相同，所以这类杂化叫做等性杂化。第Ⅴ主族和第Ⅵ主族元素在与其他原子成键时又是如何构成分子的呢？现以 NH_3 和 H_2O 分子为例进一步说明。

(4) NH_3 分子与 H_2O 分子　前者为三角锥形结构的分子，后者为 V 字形结构分子（见图 7.9）。中心原子分别为第 V 主族的氮（N）和第Ⅵ主族的氧（O）。氮原子的外层电子分布式为 $2s^22p^3$，有 3 个未成对的 p 电子。若 3 个相互垂直的 p 轨道各与 1 个 H 原子的 1s 轨道重叠，则 NH_3 分子中的键角∠HNH 应为 90°，但根据实验测定键角为 107°。O 原子外层电子分布式为 $2s^22p^4$，有 2 个未成对的 p 电子。若 2 个相互垂直的 p 轨道各与 1 个 H 原子的 1s 轨道重叠，则 H_2O 分子中的键角∠HOH 也应为 90°，但根据实验测定键角为 104°40′。

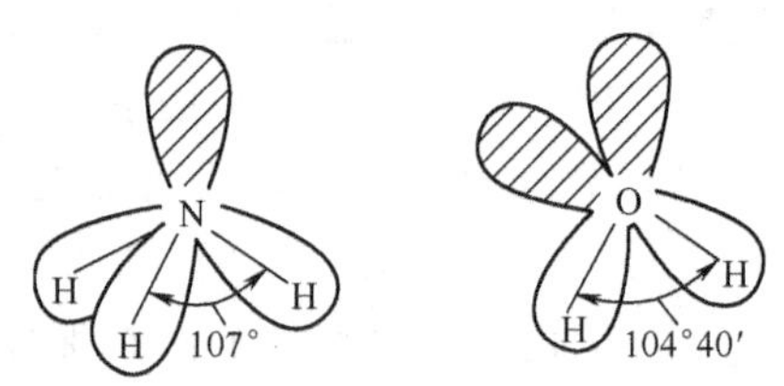

图 7.9　NH_3 分子和 H_2O 分子的空间构型示意图
（阴影处表示孤对电子所占据的杂化轨道）

杂化轨道理论认为，NH_3 分子中的氮原子和 H_2O 分子中的氧原子在成键过程中都形成 4 个 sp^3 杂化轨道，如果 4 个杂化轨道是等性的，则键角∠HNH、∠HOH 也应为 109°28′。但 NH_3 分子中有 1 个 sp^3 杂化轨道由未参与成键的孤对电子所分布，H_2O 分子中有 2 个 sp^3 杂化轨道分别由孤对电子所分布。这样，4 个杂化轨道所含的成分就不完全一样。在孤对电子所分布的杂化轨道中，杂化轨道的形状更接近于 s 轨道，所以 s 成分相对地要多一些（$>\frac{1}{4}$），而成键电子对所分布的杂化轨道中，s 成分相对地要少一些（$<\frac{1}{4}$），即相应的 p 成分要多一些（$>\frac{3}{4}$）。随着 p 成分的增多，杂化轨道间的夹角应减小。若为纯 p 轨道，则成键轨道间的夹角应为 90°。NH_3 分子和 H_2O 分子中成键电子对所分布的杂化轨道由于 p 成分较多，使其夹角小于 109°28′，向 90°方向有所偏近，分别为 107°和 104°40′，而 H_2O 分子中的 p 成分更多，所以其成键轨道的夹角比 NH_3 分子中的更小。这种由于孤对电子的存在，使各个杂化轨道中所含的成分不同的杂化叫做不等性杂化。NH_3 和 H_2O 分子中的轨道杂化属于 sp^3 不等性杂化，CH_4 分子中的轨道杂化属于 sp^3 等性杂化。因此，甲烷分子的空间构型完全对称，而氨和水分子的空间构型为不完全对称，从而反映在分子的极性上有着显著的差异，前者为非极性分子，而后两者则为极性分子。

上述由 s 轨道和 p 轨道所形成的杂化轨道和分子的空间构型可归纳于表 7.5 中。

表 7.5　一些杂化轨道的类型与分子的空间构型

杂化轨道类型	sp	sp^2	sp^3	sp^3(不等性)	
参加杂化的轨道	1 个 s,1 个 p	1 个 s,2 个 p	1 个 s,3 个 p	1 个 s,3 个 p	
杂化轨道所含的 s 和 p 成分	$\frac{1}{2}s,\frac{1}{2}p$	$\frac{1}{3}s,\frac{2}{3}p$	$\frac{1}{4}s,\frac{3}{4}p$	$\frac{1}{4}s,\frac{3}{4}p$	
成键轨道夹角 θ	180°	120°	109°28′	$90°<\theta<109°28'$	
空间构型	直线形	平面三角形	正四面体	三角锥	“V”字形
实　例	BeX_2, $HgCl_2$	BX_3,SO_3 $AlCl_3$	CH_4,$SiCl_4$ CCl_4,SiH_4	NH_3,PH_3 AsH_3	H_2O,H_2S H_2Se
中心原子	Be(ⅡA) Hg(ⅡB)	B,Al(ⅢA)	C,Si (ⅣA)	N,P,As (ⅤA)	O,S,Se (ⅥA)

对杂化轨道理论的讨论，应注意以下几点。

（1）形成杂化轨道的数目等于参加杂化的原子轨道数。

（2）杂化轨道角度分布的图形［见图 7.6(b)］与原来 s 轨道和 p 轨道的不同，一头大一头小。这样在成键时，要比未经杂化的原子轨道重叠得更多，所形成的共价键也更加牢固。成键放出的能量大于激发电子所需的能量，使分子更稳定。这就是原子轨道为什么进行杂化的原因。

科学家 L. 鲍林
(L. C. Pauling，1901～1994)

美国著名化学家。1922 年毕业于俄勒冈州立大学化工系。1925 年获加州理工大学哲学博士学位，1931 年任化学教授。1969～1974 年任斯坦福大学化学教授。主要研究结构化学，提出大量的离子半径、键长、键角等数据。1931 年利用 X 射线衍射法研究了晶体和蛋白质的结构。同年，用量子力学理论研究化学键的本质，创立杂化轨道理论。1950 年他研究蛋白质的结构，并提出蛋白质存在 α 和 γ 螺旋体，为进一步研究脱氧核糖核酸（DNA）的形状和功能创造了条件。因对化学键本质的研究以及生物高分子结构和性能之间的关系的研究获得 1954 年诺贝尔化学奖。在 1950～1960 年间，他极力反对核试验，因而于 1963 年第二次获得诺贝尔和平奖。是惟一两次获得诺贝尔奖者。此外，还获得美国国家科学奖章和原苏联 1977 年罗蒙诺索夫金质奖章。他曾于 1973 年和 1981 年两次到中国访问讲学。著有《量子力学导论》(1935) 和《化学键的本质》(1939)。

7.1.3.4　价层电子对互斥理论（VSEPR 法）

价键理论和杂化轨道理论可以解释分子的空间构型，但是一个分子究竟采取哪种类型的杂化轨道，在不少情况下难以预言。1940 年，西奇威克（Sidgwick）等人在归纳了许多已知分子的几何构型后，提出了价层电子对互斥理论（简称 VSEPR 法）。该理论的论点认为，“分子的共价键（单、双叁键）中的电子对以及孤电子对由于相互排斥作用而趋向尽可能彼此远离，分子尽可能采取对称的结构”。所以 VSEPR 法仅需依据分子中成键电子对及孤电子对的数目便可定性判断和预见分子属于哪一种几何构型，而且在解释、判断和预见分子结构的准确性方面比杂化轨道理论毫不逊色。

该理论的基本要点如下。

（1）在 AX_m 型分子中，中心原子 A 的周围配置的原子或原子团的几何构型，主要决定于中心原子价电子层中电子对（包括成键电子对和未成键的孤电子对）的互相排斥作用，分子的几何构型总是采取电子对相互排斥最小的那种结构。例如 BeH_2 分子中，铍的价电子层只有两对成键的电子，这两对成对电子将倾向于远离，使彼此的排斥力最小。因此，这两对电子只有处于铍原子的两侧才能使它们的斥力最小，从此可得出 BeH_2 分子的结构应是直线型的结论。

（2）对于 AX_m 型共价分子来说，其分子的几何构型主要决定于中心原子 A 的价电子对的数目和类型（包括成键电子对和孤电子对），根据电子对之间相互排斥愈小分子愈稳定的原则，列出分子的几何构型同电子对的数目和类型的关系，如表 7.6 所示。

（3）价层电子对排斥作用的大小，决定于电子对之间的夹角和电子对的成键情况，一般规律如下。

① 电子对之间夹角越小，排斥力越大。

② 电子对之间斥力大小：孤电子对-孤电子对＞孤电子对-成键电子对＞成键电子对-成键电子对。

（4）中心原子的价电子层的电子对数$=\dfrac{\text{中心原子的价电子数}+\text{配位体提供的电子数}}{2}$。

在正规成键中，氢与卤素各提供一个电子（如 CH_4 和 CCl_4 中的 H 和 Cl）；在形成共价键时，作为配位体的氧族原子可认为不提供共用电子（如 PO_4^{3-} 和 AsO_4^{3-} 中的 O），当但氧族原子作为分子的中心原子时，则可以认为它们提供 6 个价电子（如 SO_4^{2-} 中的 S）；卤族原子作为中心原子将提供 7 个电子（如 ClF_3 中的 Cl 原子）；当讨论离子时，阴离子的价电子数应加上与电荷数相等的电子数，阳离子的价电子数应减去与电荷数相等的电荷数。

【例 7.1】 试用 VSEPR 法判断下列共价分子空间结构。

解：（1）CCl_4 分子：碳提供 4 个价电子，4 个氯原子提供 4 个电子，故中心原子碳的价电子数为 8，价电子对数为 4，所以其空间构型为正四面体。

（2）PO_4^{3-} 离子：磷（中心原子）有 5 个价电子，氧不提供电子，PO_4^{3-} 离子带有三个负电荷，故磷的价电子总数$=5+3=8$，其价层电子对数为 4，所以 PO_4^{3-} 为正四面体型。

（3）ClF_3 分子：在 ClF_3 分子中，氯原子有 7 个价电子，3 个氟原子提供 3 个电子，使氯原子价层电子的总数为 10，即有 5 对电子。这 5 对电子将分别占据一个三角双锥的 5 个顶角，其中有 2 个顶角为孤电子对所占据，3 个顶角为成键电子对占据，因此配上 3 个氟原子时，共有三种可能的结构（见图 7.10）。

表 7.6　中心原子A价层电子对的排列方式

A的电子对数	成键电子对数	孤电子对数	几何构型	中心原子A价层电子对的排列方式	分子的几何构型实例
2	2	0	直线型	 : — A — :	BeH_2 $HgCl_2$（直线形） CO_2
3	3	0	平面三角型	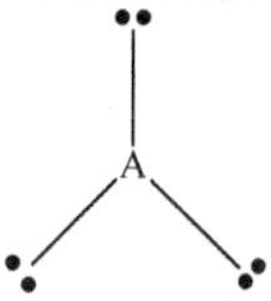	BF_3 BCl_3（平面三角形）
	2	1	三角型	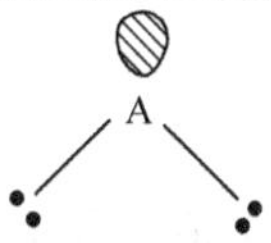	$SnBr_2$ $PbCl_2$（V形）
4	4	0	四面体	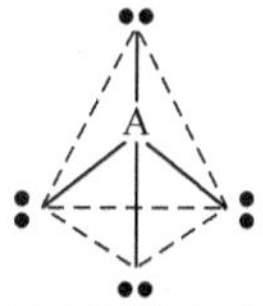	CH_4 CCl_4（四面体）
	3	1	四面体	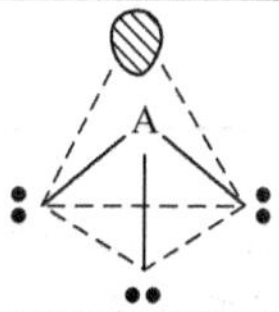	NH_3（三角锥）
	2	2	四面体	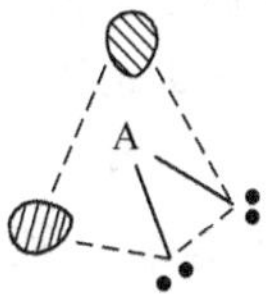	H_2O（V型）
5	5	0	三角双锥	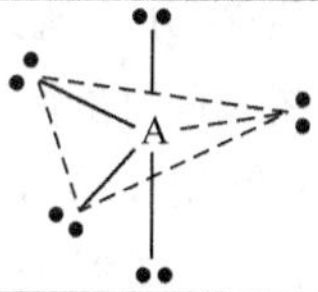	PCl_5（三角双锥）
	3	2	三角双锥	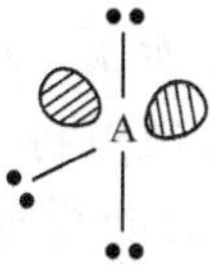	ClF_3（T形）
6	6	0	八面体	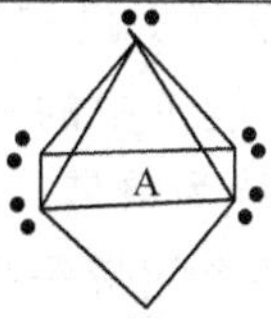	SF_6（八面体）
	5	1	八面体	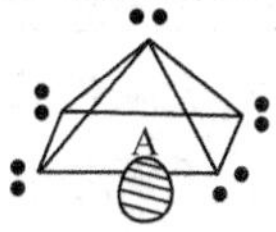	IF_5（四角锥）
	4	2	八面体	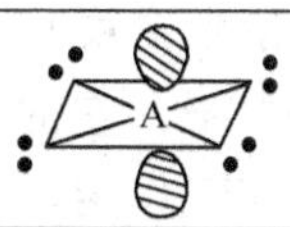	ICl_4^- XeF_4（平面正方形）

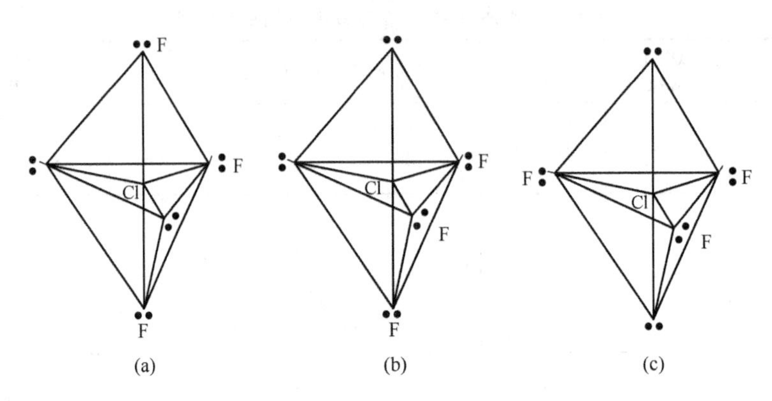

图 7.10 ClF_3 的三种可能结构

为确定这三种结构中哪一种是最可能的结构，可以找出上述（a），（b），（c）三角锥结构中最小角度（90°）的三种电子对之间排斥作用的数目。例如：

ClF_3 的结构	(a)	(b)	(c)
90°孤电子对-孤电子对排斥作用数	0	1	0
90°孤电子对-成键电子对排斥作用数	4	3	6
90°成键电子对-成键电子对排斥作用数	2	2	0

由于结构（a）和（c）都没有90°角的孤电子对-孤电子对的排斥作用，而且在这种结构中，结构（a）又只有较少数目的孤电子对-成键电子对的排斥作用，因此在上述三种可能结构中，结构（a）的排斥作用最小，即 ClF_3 应为 a 结构。

7.1.4 金属键的能带理论

由于量子力学认识到电子的波动性，所以用量子力学处理可很好地了解金属的状态。量子力学模型又称为能带模型，它是在分子轨道理论基础上发展起来的现代金属键理论。

在讨论分子轨道理论时已经指出，两个原子轨道可以组成两个分子轨道（一个成键轨道和一个反键轨道）。现以锂原子为例说明金属键的能带模型。

锂原子的电子分布式为 $1s^2 2s^1$。高温时形成气态双原子分子 Li_2，分子轨道为 $(\sigma_{1s})^2(\sigma_{1s}^*)^2(\sigma_{2s})^2$，其能级图如图 7.11 所示，反键轨道（$\sigma_{2s}^*$）上没有电子。在金属锂块中设有 N 个 Li 原子，它们各自的 1s 原子轨道将组成 N 个 $(\sigma_{1s})^2$ 分子轨道。由于这些分子轨道之间的能量差别很小，因而，它们的能级连成一片，不易分清，而成为一个能带（energy band），见图 7.12。又由于每一能级上已有 2 个电子，故所成的能带是满带。N 个 Li 原子中的 2s 电子也组成 s 能带，这个能带中的一半是由 σ_{2s} 组成的，另一半是由 σ_{2s}^* 组成的。前者已排满电子，后一半是空的，称为空带，由 2s 电子所组成的能带总称为导带（conduction band）。之所以称为导带是因为整个能带是半满的，在外电场的作用下，电子受激后可以从低能态跃迁到高能态，从而产生电流，这就是金属具有导电性的原因。

在导带和满带之间的区域，即从满带顶到导带底的区域，称为禁带（forbidden band），电子不可能存在（或停留）于这个区域之中（即电子的能量不可能落于这个区间）。同时满带与导带之间的能量间隔（称作禁带宽度）一般较大，电子难以逾越，但这也不是绝对的。

铍（Be）的电子分布式是 $1s^2 2s^2$，它的 2s 能带是满带，可是 2s 能带与全空的 2p 能带的能量非常接近，由于原子间的相互作用，2s 能带和 2p 能带相互部分重叠，它们之间已没有禁带。同时，由于 2p 能带原本是空的，所以 2s 能带中的电子很容易跃迁到空带 2p 上去，相当于一个导体（见图 7.13）。镁的电子分布式是 $1s^2 2s^2 2p^6 3s^2$，与铍相似，它的 3s 能带和 3p 能带发生重叠，镁也是良好的导体。

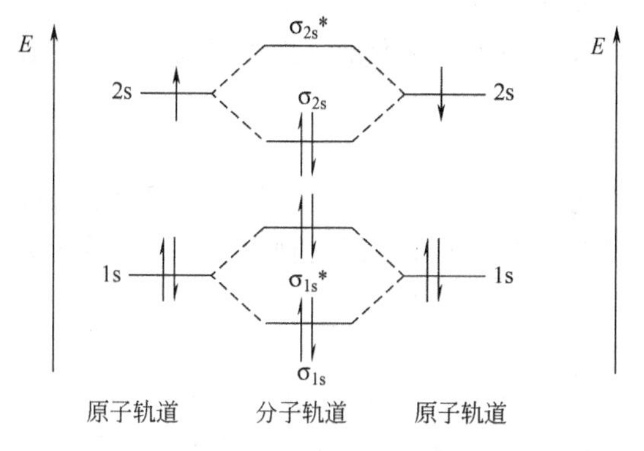

图 7.11　两个 Li 原子轨道组成 Li_2 的分子轨道

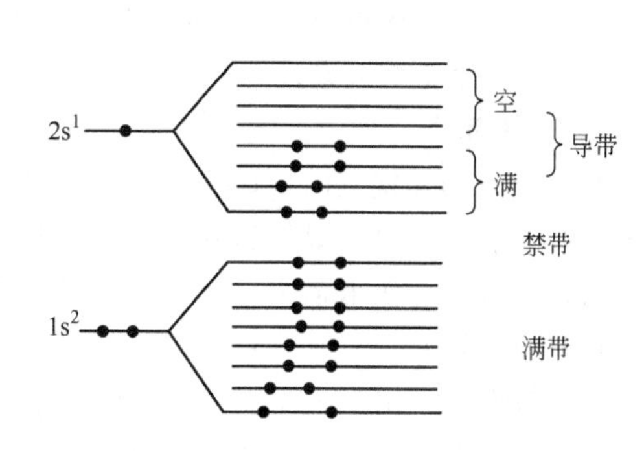

图 7.12　N 个 Li 原子轨道组成金属键中的能带

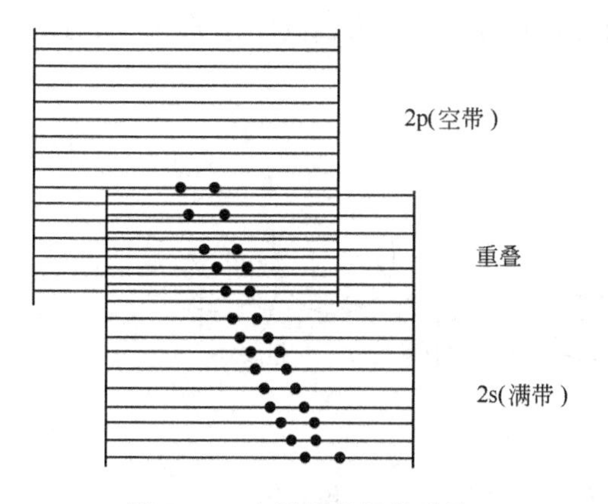

图 7.13　金属键的能带重叠

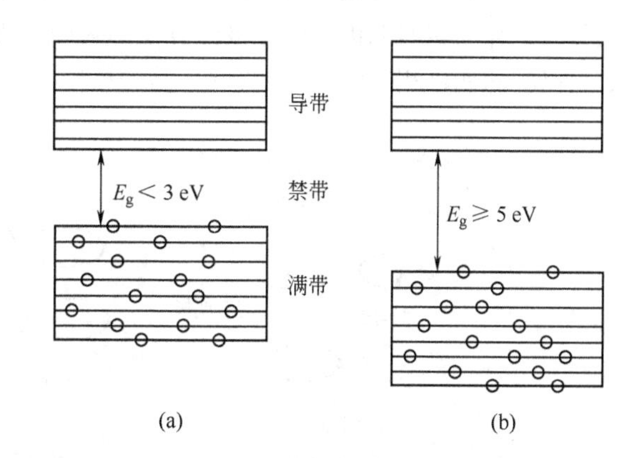

图 7.14　绝缘体和半导体中能带示意图

(a) 半导体；(b) 绝缘体

金属键的能带理论可很好地说明导体、半导体和绝缘体之间的区别。一般金属导体的价电子能带是半满的（如 Li，Na），或价电子能带虽全满，但可与能量间隔不大的空带发生部分重叠（如 Be，Mg），当外电场存在时，价电子可跃迁到邻近的空轨道，因此能导电。绝缘体中价电子所处的能带都是满带，满带与相邻带之间存在禁带，能量宽度大，能量间隔 $E_g \geqslant 5eV$ [见图 7.14(b)]，故不能导电 [例如，金刚石（C）的价电子都在满带上，虽然上面的导带是空的，但因禁带宽度大，电子不能越过禁带跃迁到上面的能带，故而不能导电]。半导体的价电子也处于满带，例如 Si 和 Ge 有与金刚石相似的电子结构，但与邻近空带间的禁带宽度较小，$E_g < 3eV$ [见图 7.14(a)]。低温时是电子绝缘体，高温时电子能激发越过禁带而导电，所以半导体的导电性随温度的升高而增大，而金属的导电性却相反，随温度升高，金属原子振动加剧，电子运动受到阻碍，金属的导电性随温度的升高而降低，这是能带理论的成功之处。

7.2　分子间的相互作用力

分子间的相互作用力包括分子间力和氢键。

化学键是分子中原子之间的较强相互作用，它是决定物质分子化学性质的主要因素。但对处于一定聚集状态的物质而言，物质的宏观性质决定于物质分子与分子之间存在的一种较弱的作用力，其结合能大约在几个到几十个 kJ·mol^{-1}。正是存在这种作用力，气体才能凝聚成液体和固体。早在 1873 年，荷兰物理学家范德华（van der Waals）就提出了这种力的存在，故通常又把这种力称为范德华力。它是决定物质熔点、沸点、汽化热、熔化热、溶解度及黏度等物理化学性质的一个重要因素。

7.2.1 分子间力

共价分子相互接近时可以产生性质不同的结合力。正是靠这种力将气体分子凝聚成液体或固体；或者说将分子晶体转化为液体并进而转化为气体时需要克服这种力。这种力称为分子间力，一般可分为取向力、诱导力和色散力。

7.2.1.1 色散力

当非极性分子相互靠近时，由于电子的不断运动和原子核的不断振动，要使每一瞬间正、负电荷中心都重合是不可能的，在某一瞬间总会有偶极存在，这种偶极叫做瞬间偶极。瞬间偶极之间总是处于异极相吸的状态。由瞬间偶极产生的分子间力叫做色散力［见图 7.15(c)］。极性分子也存在瞬间偶极，因此极性分子的瞬间偶极之间也存在色散力；极性分子与非极性分子之间以瞬间偶极相互吸引，也存在色散力。

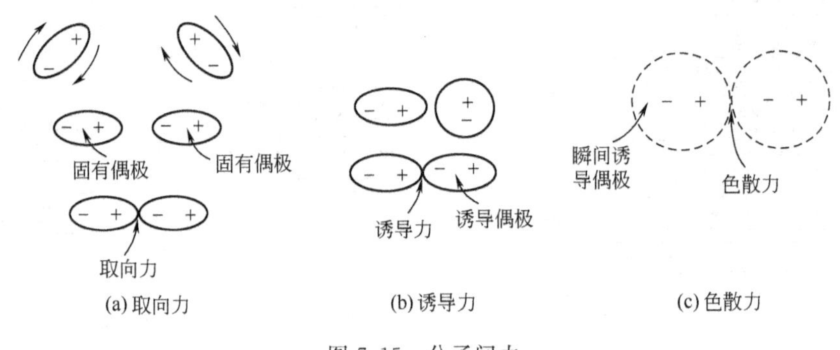

图 7.15 分子间力

7.2.1.2 取向力和诱导力

当极性分子相互靠近时，色散力也起着作用。此外，它们还存在着固有偶极。由于固有偶极的相互作用，极性分子在空间就按异极相吸的状态取向［见图 7.15(a)］。由固有偶极之间的取向而产生的分子间力叫做取向力。由于取向力的存在，使极性分子更加靠近，同时在相邻分子的固有偶极作用下，使每个分子的正、负电荷中心更加分开，产生了诱导偶极。诱导偶极与固有偶极之间产生的分子间力叫做诱导力。因此，在极性分子之间还存在着诱导力。诱导力还存在于非极性分子与极性分子之间［见图 7.15(b)］。

总之，在非极性分子与非极性分子之间只存在着色散力；在非极性分子与极性分子之间存在有色散力和诱导力；在极性分子与极性分子之间存在着色散力、诱导力和取向力。取向力、诱导力和色散力的总和通常叫做分子间力，又称为范德华（Van der Waals）力。其中色散力在各种分子之间都有，而且一般也是最主要的。只有当分子的极性很大（如 H_2O 分子之间）时才以取向力为主。而诱导力一般较小，如表 7.7 所示。

分子间作用能很小（一般为 0.2～50kJ·mol^{-1}），与共价键的键能（一般为 100～450 kJ·mol^{-1}）相比可以差 1～2 个数量级。分子间力没有方向性和饱和性。分子间力的作用范围在300～500pm之间，其大小和分子间距离的7次方成反比，随分子之间距离的增大而迅速减弱。所以气体在压力较低的情况下，因分子间距离较大，可以忽略分子间力的影响。

表7.7 分子间作用能 单位：$kJ \cdot mol^{-1}$

分子	取向力	诱导力	色散力	总能量
H_2	0	0	0.17	0.17
Ar	0	0	8.48	8.48
Xe	0	0	18.40	18.40
CO	0.003	0.008	8.79	8.79
HCl	3.34	1.1003	16.72	21.05
HBr	1.09	0.71	28.42	30.22
HI	0.58	0.295	60.47	61.36
NH_3	13.28	1.55	14.72	29.55
H_2O	36.32	1.92	8.98	47.22

7.2.1.3 分子间力对物质性能的影响

(1) 物质的熔点和沸点　分子间力对物质性能的影响是多方面的。液体物质分子间力愈大，汽化热就愈大，沸点也就愈高；固态物质分子间力愈大，熔化热就愈大，熔点也愈高。一般而言，结构相似的同系列物质相对分子质量愈大，分子的变形性也就愈大，分子间力愈强，物质的熔点、沸点也愈高。例如稀有气体、卤素等，其熔点、沸点是随相对分子质量的增大而升高的。分子间力对分子晶体的硬度也有一定的影响。极性小的聚乙烯、聚丙烯等物质，分子间力较小，因而硬度不大；而含有极性基团的聚甲基丙烯酸甲酯（俗称有机玻璃）等，分子间力较大，因而硬度较大。

(2) 物质的溶解性　物质在溶剂中的溶解性可以用“相似相溶”的经验规律来判断。即极性溶质易溶于极性溶剂；非极性（或弱极性）溶质易溶于非极性溶剂。溶质与溶剂的极性越相似，越易互溶。例如，碘易溶于苯或四氯化碳，而难溶于水。其原因是碘、苯和四氯化碳等都是非极性分子，分子间存在着相似的分子间力（色散力），而水为极性分子，分子之间除存有分子间力之外还有氢键，因此碘难溶于水。

7.2.2 氢键

氢原子与电负性大的非金属元素（如F、O、N、Cl、S等）形成共价键时，由于电子对被强烈吸向后者，使氢原子核在一定程度上“裸露”出来。这种情况导致“裸”H原子能以静电引力作用于另一共价键中电负性较大的原子而形成氢键，成为两个电负性大的原子之间的桥原子❶。因此，形成氢键的条件如下。

(1) 有一个与电负性很大的原子X形成共价键的氢原子。

(2) 有另一个电负性很大并且有孤对电子的原子X。

图7.16绘出氟化氢中和甲酸中存在的氢键，用“····”表示。

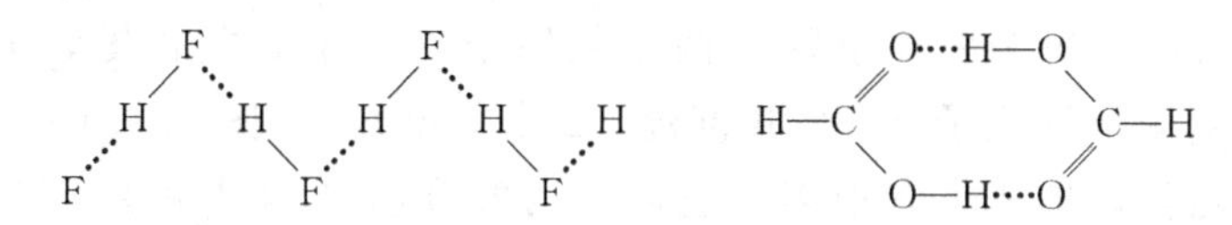

图7.16 几种化合物中存在的氢键

❶ 目前随研究工作的深入，人们发现氢键的存在已超出这一传统定义所界定的范围。例如有机化合物中的CH基团中的H原子与羰基O原子之间形成的氢键C—H···O。

形成氢键的强弱与这些元素的电负性有关，元素的电负性愈大，形成的氢键也愈强。氢键强弱的次序为

F—H…F>O—H…O>O—H…N>N—H…N>O—H…Cl>O—H…S

分子间形成的氢键是直线型的，因为只有在直线方向两个带负电原子间的夹角最大，为180°，排斥力最小。同时X—H也只能与一个电负性很强的原子形成氢键，因为当它再与另一个原子接近时，要受到两个电负性大的原子的排斥，所以氢键与范德华力的主要区别是氢键具有方向性和饱和性。

氢键的方向性是指Y原子与X—H形成氢键时，其方向尽可能与X—H键轴在同一个方向上，因为这样成键可使X与Y距离最远，两原子的电子云斥力最小，而能形成较强的氢键。氢键的饱和性是指每一个X—H可能与一个Y原子形成氢键，由于H原子的半径比X和Y的半径小得多，当X—H与一个Y原子形成氢键X—H…Y后，如果再有一个极性分子和Y原子靠近，则这个原子的电子云受X—H…Y上的X，Y电子云的排斥力比受带正电荷H的吸引力大，因此，X—H…Y上的氢原子不可能再与第二个Y原子形成第二个氢键。

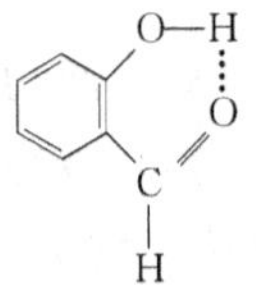

图 7.17　分子内氢键

氢键既有分子间氢键，也可以在一个分子内部形成氢键，如水杨醛分子内可形成氢键，如图7.17所示。像分子间力一样，氢键也是较弱的作用力，表7.8给出氢键与一般共价作用力的比较。

表 7.8　某些氢键与对应的共价键的解离能

氢键(…)	解离能/$kJ\cdot mol^{-1}$	共价键(—)	解离能/$kJ\cdot mol^{-1}$
HS—H…SH_2	7	S—H	363
H_2N—H…NH_3	17	N—H	386
HO—H…OH_2	22	O—H	464
F—H…F—H		F—H	565
HO—H…Cl^-	55	Cl—H	428
$[F\cdots H\cdots F]^-$（对称氢键）	165	F—H	565

图7.18中氢化物沸点的变化趋势能说明氢键的存在对物质性质的影响。氢键的存在使水具有许多不寻常的性质。指出这点是十分有趣的，如果不存在氢键，水的沸点就会在−50℃下（由H_2Te，H_2Se，H_2S的状态点向外推），世界自然不会是当今这个样子。冰的结构表明，每个氢原子联着两个氧原子（一个为共价键，另一个为氢键），而每个氧原子连接4个氢原子（2个共价键，2个氢键），见图7.19(a)。这种键合方式在三维空间无限延伸，形成了有很多“空洞”的蜂窝状结构［见图7.19(b)］，从而使冰的密度小于水。冰总是浮在水面这一自然现象使天然水体中的生物在冬季免遭冻死的灾难。几乎所有液体的密度都随温度的升高而减小，水在0℃至3.98℃间则随温度的升高而增大，3.98℃达到最大值（见图7.20）。这一奇特现象的产生也与氢键的存在有关。

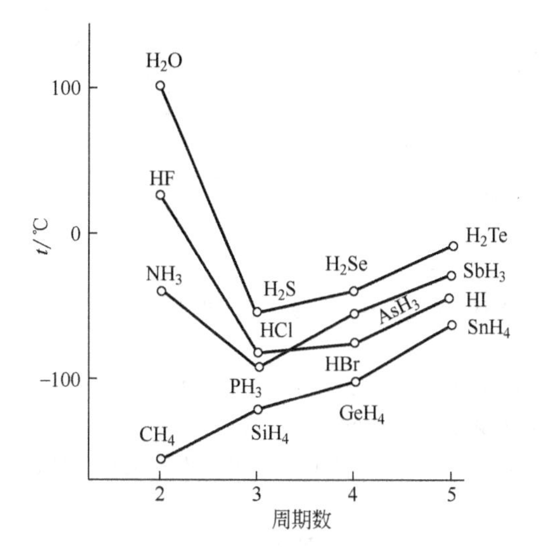

图 7.18 氢键的存在对沸点的影响示意图

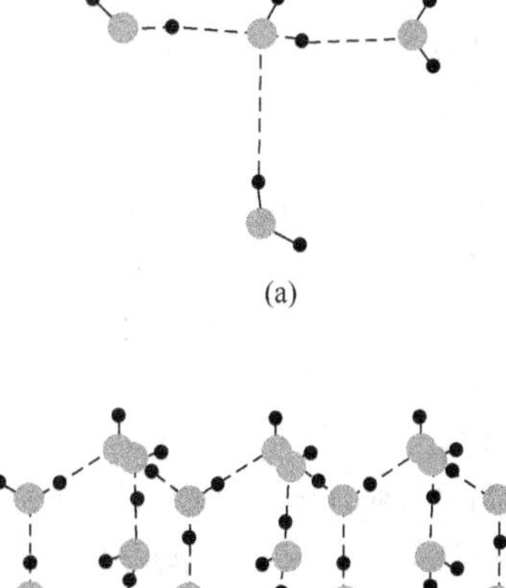

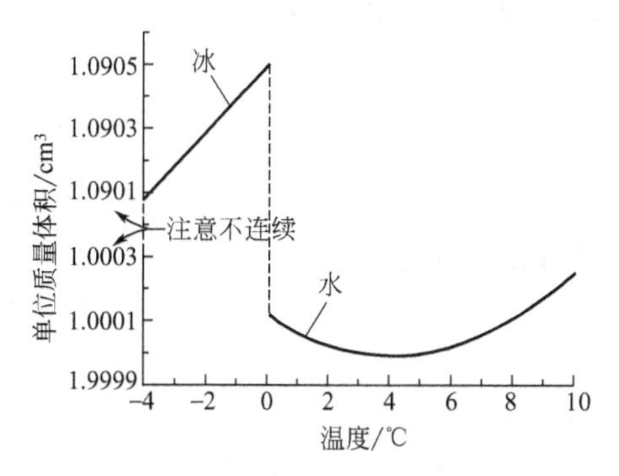

图 7.20 冰和水的体积与温度的关系

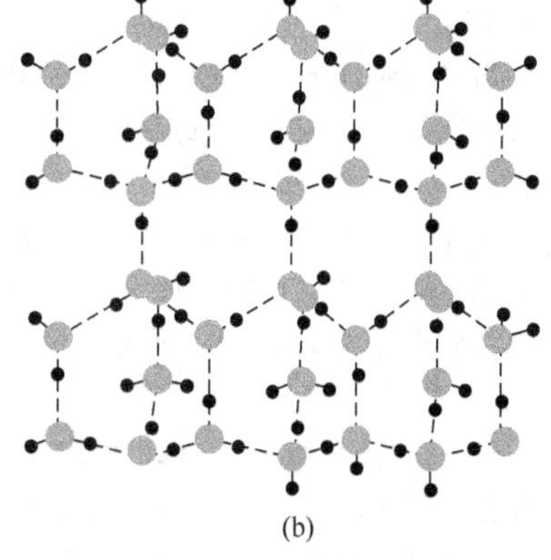

图 7.19 冰的结构示意图（大、小圆点分别表示氧原子和氢原子）

复习题与习题

1. 简述共价键的饱和性和方向性。
2. 试说明 BF_3 和 NF_3，CH_4 和 $CHCl_3$ 的分子结构（包括化学键、分子极性和空间构型等）。
3. 举例说明杂化轨道的类型与分子空间构型的关系。试联系周期系简单说明其规律。
4. 指出下列说法的错误：

   (1) 氯化氢（HCl）溶于水后产生 H^+ 和 Cl^-，所以氯化氢分子是由离子键形成的。

   (2) 四氯化碳的熔点、沸点低，所以 CCl_4 的分子不稳定。

   (3) 色散力仅存在于非极性分子之间。

   (4) 凡是含有氢的化合物其分子之间都能产生氢键。
5. 比较下列各对物质沸点的高低，并简单说明之。

   (1) HF 和 HCl。

   (2) SiH_4 和 CH_4。

   (3) Br_2 和 F_2。
6. 水分子与乙醇分子间能形成氢键，这是由于两者分子中都包含有 O—H 键，乙醚分子与水分子之间能否形成氢键？为什么？是否只有含 O—H 键的分子才能与水分子形成氢键？

7. 按键级和键长减小的顺序排列下列物种：

(1) O_2，O_2^+，O_2^-，O_2^{2+}，O_2^{2-}。

(2) CN，CN^+，CN^-。

8. 写出下列各种离子的外层电子分布式，并指出它们各属何种外层电子构型。

① Mn^{2+}；　② Cd^{2+}；　③ Fe^{2+}；　④ Ag^+；

⑤ Se^{2-}；　⑥ Cu^{2+}；　⑦ Ti^{4+}。

9. 将下列各组中的化合物按键的极性由大到小排序：

① ZnO 和 ZnS；　② HI，HBr，HCl，HF；　③ NH_3 和 NF_3；　④ OF_2 和 H_2O。

10. 甲烷与氧气燃烧时，其反应式为

$$CH_4(g)+2O_2(g)=\!=\!=CO_2(g)+2H_2O(g)$$

试用键能数据，估算该反应在 298.15K 时的标准摩尔焓变 $\Delta_r H^{\ominus}$（298.15K）。

11. 试写出下列各化合物分子的空间构型，成键时中心原子的杂化轨道类型以及分子的电偶极矩（是否为零）。(用杂化轨道理论和价层电子对互斥理论)

① SiH_4；　② H_2S；　③ BCl_3；　④ $BeCl_2$；　⑤ PH_3；

⑥ AsO_4^{3-}；　⑦ PO_4^{3-}；　⑧ NH_4^+；　⑨ SF_6；　⑩ XeF_4。

12. 比较并简单解释 BBr_3 与 NCl_3 分子的空间构型。(用杂化轨道理论和价层电子对互斥理论)

13. 下列各物质的分子之间，分别存在何种类型的分子间作用力？

① H_2；　② SiH_4；　③ CH_3COOH；　④ CCl_4；

⑤ HCHO；　⑥ CH_3Br；　⑦ NH_3。

14. 乙醇和二甲醚（CH_3OCH_3）的组成相同，但前者的沸点为 78.5℃，而后者的沸点为－23℃。为什么？

15. 下列各物质中哪些可溶于水？哪些难溶于水？试根据分子的结构简单说明之。

(1) 甲醇（CH_3OH）；　(2) 丙酮（$CH_3-\overset{\overset{\large O}{\|}}{C}-CH_3$）；

(3) 氯仿（$CHCl_3$）；　(4) 乙醚（$CH_3CH_2OCH_2CH_3$）；

(5) 甲醛（HCHO）；　(6) 甲烷（CH_4）。

16. 判断下列各组中两种物质熔点的高低。

(1) NaF，MgO。

(2) BaO，CaO。

(3) SiC，$SiCl_4$。

(4) NH_3，PH_3。

17. 试判断下列各组物质熔点的高低顺序，并作简单说明。

(1) SiF_4，$SiCl_4$，$SiBr_4$，SiI_4。

(2) PI_3，PCl_3，PF_3，PBr_3。

(3) H_2O，H_2S，H_2Se，H_2Te。

第 8 章　晶体结构

【本章基本要求】

(1) 了解晶体和非晶体的宏观特征。

(2) 了解晶体的微观特征及基本类型，了解晶体结构对物质性质的影响。

(3) 了解非整比化合物的应用。

在讨论了原子结构、分子结构和分子间力之后，合乎逻辑地应当进入分子的集合体——物质的聚集态的结构的研究。

气态、液态、固态是物质的三种常见的聚集态。气态中分子间的作用力极弱，故气态无结构可言。液态结构至今研究成果较少，亦不作讨论。人类物质世界中接触最多的是固体，因此本章重点讨论固体的结构。

固体是具有一定体积和形状的物质。一般可以分为两类：一类是具有整齐规则的几何外形、有固定的熔点、各向异性、有一定对称性的物质，称为晶体，如氯化钠、石英、磁铁矿等都是晶体。另一类则没有整齐规则的几何外形，没有固定的熔点、各向同性，无对称性，称为非晶体或无定形物质，如玻璃、松香、石蜡等都是非晶体。

人们对晶体的研究已有 300 多年的历史，随着原子、分子内部结构奥秘的揭示，对晶体的研究从外部研究深入到内部，深入到分子、原子、离子层次上的研究，为晶态物质的新性质、新用途赋予了有力的理论依据，为半导体电子技术、激光技术、定向技术、信息技术等近代技术的发展提供了巨大的支持。

人们对非晶体的研究直到 20 世纪 60 年代才引起重视，如激光玻璃作为激光器的工作物质；非晶态磁泡（如 Gd-Co 薄膜）是近年来发展的磁性存储器元件，具有信息存储、记录、逻辑运算等功能，对电子计算机极为重要。目前非晶态晶体已成为推动新科技领域发展的前景广阔的新材料。

本章将介绍晶体的特征及类型、非整比化合物等有关知识和理论，以及晶体结构与性能的关系。

8.1　晶体和非晶体的宏观特征

8.1.1　晶体的宏观特征

晶体是由原子、离子或分子在空间按一定规律周期重复排列构成的固体物质。晶体的性质是由晶体的内部结构决定的，晶体的周期性结构使晶体具有下列共同性质。

(1) 晶体具有规则的几何外形　晶体在生长过程中，自发地形成晶面，晶面相交形成晶棱，晶棱会聚成顶点，从而出现具有多面体的外形。因此晶体最明显的特征是具有规则的几何外形。同一种晶体由于生成条件的不同，所得的晶体在外形上会存在差别，但晶面与晶面的夹角总是不变的，这种夹角称为晶面角，这种晶面角不受外界条件的影响、保持恒定的规律叫做晶面角守恒定律。

（2）晶体具有固定的熔点　将晶体加热到一定温度时，晶体熔化，继续加热，在晶体没有完全熔化之前，温度保持恒定，待晶体完全熔化后，温度才开始上升。这就是说，晶体具有固定的熔点。

（3）晶体具有各向异性　由于晶体在各个方向上排列的质点间的距离和取向不同，因此晶体是各向异性的。如石墨在层平行方向上的电导率比层垂直方向上的电导率要高 1 万倍以上，石墨容易沿层状结构的方向断裂等。

（4）晶体可使 X 光发生衍射　所以宏观上能否产生 X 光衍射现象，是实验上判定某物质是不是晶体的主要方法。

8.1.2　非晶体的宏观特征

与晶体比较，非晶体不具有晶体上述的几个特征。它们没有固定的几何构型，内部质点作无规则的排列（见图 8.1）。因此，非晶体没有固定的熔点，如玻璃、松香、石蜡。当加热非晶体物质时，温度升至一定温度时开始软化，流动性增加，最后变为液体。从软化到熔化，中间经过一段较长的温度范围。放在平面上的一块松香，受热后会缓慢熔化变成圆饼形。非晶体物质的无规则排列决定了它们具有各向同性。

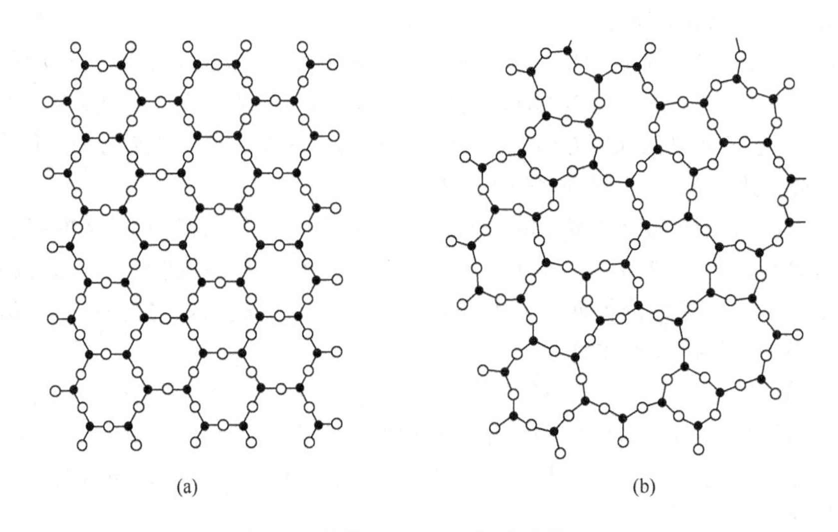

图 8.1　晶体 SiO_2（a）与玻璃体（b）

由于绝大多数固体都是晶体。晶体的宏观性能决定于微观结构，是微观结构的反映，因此，应当了解晶体的微观结构。

8.2　晶体的微观结构及其类型

晶体是结构微粒在空间有规则地排列而成的，在讨论晶体的结构时必须首先弄清楚两个问题：第一，结构微粒是什么？微粒间以什么作用力相结合？第二，这些微粒是怎样排列的？显然，第一个问题是化学问题，而第二个问题是几何问题。本节首先讨论第二个问题。

8.2.1　晶体的微观结构

8.2.1.1　晶格与晶胞

晶体整齐规则的几何外形是其内部粒子规则排列的外在反映。在研究晶体内部粒子（质点）的排列时，可以把粒子抽象为几何上的点，晶体是由这些点在空间按一定规则排列而成的，这些点的总和称为晶格，排有质点的那些点称为晶格结点。晶体中结点紧密排列，如在 $1mm^3$ 的 NaCl 晶体中就有 5×10^{18} 个结点。晶格是一切晶体物质所特有的。因此，可以把晶体认为是组成物质的质点在空间按一定晶格排列的、以多面体出现的固体物质。

在晶格中最能代表晶格一切特征的最小重复单位称为晶胞。显而易见，三维空间晶胞是一个平行六面体。晶胞在空间三个方向上展开并无限重复，就形成完整的晶体结构。

描述晶胞可采用三条棱边 a、b、c 及棱边夹角 α、β、γ，它们被称为晶胞的 6 个参数（见图 8.2）。按照晶胞的参数特征可以把晶体划分为 7 个晶系和 14 种晶格，见图 8.3。

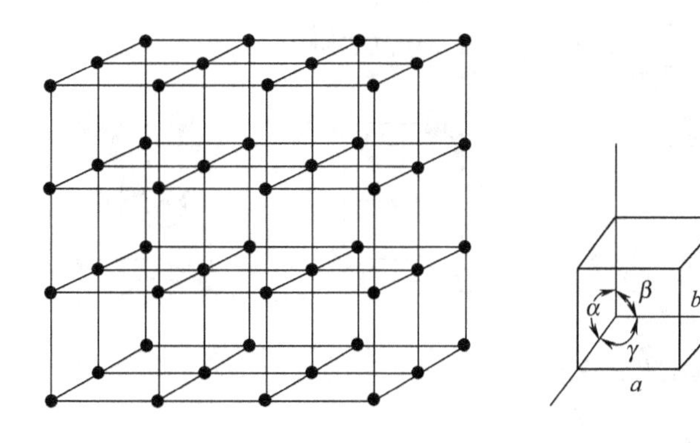

图 8.2　晶格与晶胞

8.2.1.2　晶面符号

对于晶体来说，晶面的取向和结构对于晶体的 X 衍射的解释及多相催化的研究具有重要的意义，因此有必要按一定的规则给晶面赋予一定的符号。国际上晶面通常采用密勒（Miller）指标来表示。

具体的做法是，取晶格单位的三个边 a、b、c 作为坐标轴，则任一晶面族在此三坐标轴上截数的倒数的最简整数比，即为该晶面族的晶面指标。如图 8.4 所示，设有晶面与三个坐标轴交于 M_1、M_2、M_3 三点，截距分别为 $\overrightarrow{OM_1}=3\bar{a}$，$\overrightarrow{OM_2}=2\bar{b}$，$\overrightarrow{OM_3}=\bar{c}$。因平面必须通过结点，故当平面与坐标轴相交时，截距必为单位向量长度的整数倍，不相交时其截距为无限大，为避免用无限大，故采用截数的倒数来表示。所以该晶面的晶面符号为

$$\frac{1}{3}:\frac{1}{2}:1=2:3:6$$

则该晶面族的晶面符号表示为（2 3 6）。

众所周知，金属镍是乙烯与乙炔催化加氢的优良金属催化剂。研究催化剂反应机理的理论认为，金属镍对乙炔加氢有催化活性，主要发生在（111）晶面上，在（111）晶面上，一组镍原子的原子间距为 0.352nm。而另一组距离为 0.249nm 的镍原子只对乙烯加氢有活性，而反应易发生在（110）与（100）两个晶面上。催化理论认为，只有当金属催化剂的“活性中心”（指有催化活性的原子）之几何构型与吸附在该活性中心原子上的反应分子的几何构型有一定对应关系时，才能起催化作用。乙烯在金属镍催化剂上的加氢可作如下解释。

假设乙烯先在晶面的两个镍原子（活性中心）上吸附，并认为吸附加氢后生成乙烷，由于 C—C 距离为 0.154nm，据羰基镍计算 C—Ni 为 0.182nm，而 Ni 和—C—C—在一个平面上，按正四面体结构计算，—C—C—Ni—夹角 θ 愈接近 $109°28'$ 就愈利于加氢产物乙烷的生成，见图 8.5。

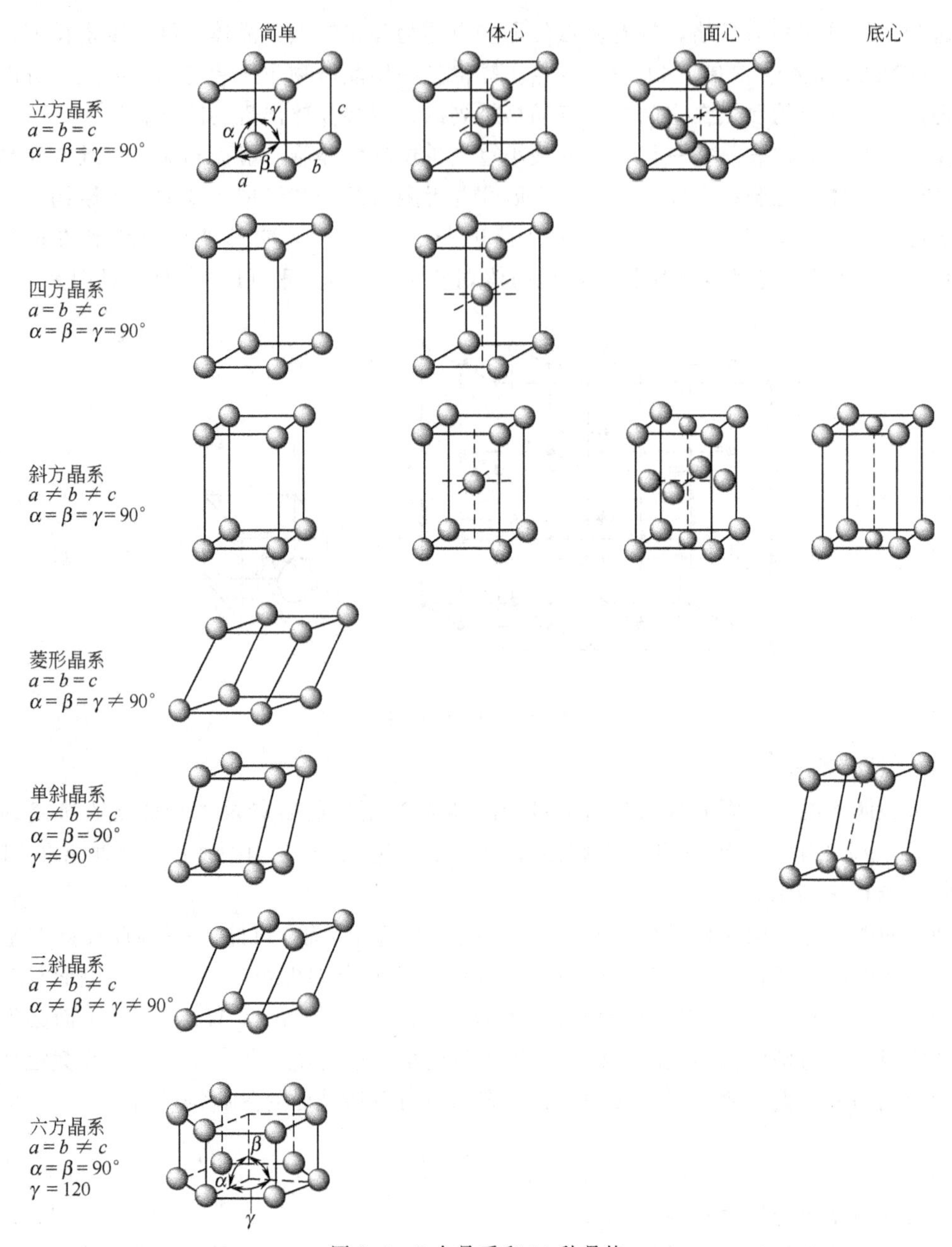

图 8.3　7 个晶系和 14 种晶格

已知　c(C—C 键长)＝0.154nm

b(C—Ni 键长)＝0.182nm

设　Ni—C—C—在一平面上夹角为 θ，由图 8.5 知

$$\frac{a-c}{2b}=\cos(180°-\theta)=-\cos\theta$$

所以　$\cos\theta=\frac{c-a}{2b}=\frac{0.154-a}{0.364}$

将　$a=0.352$nm，代入上式得　$\theta=123°$

$a=0.249$nm，代入上式得　$\theta=105°4'$

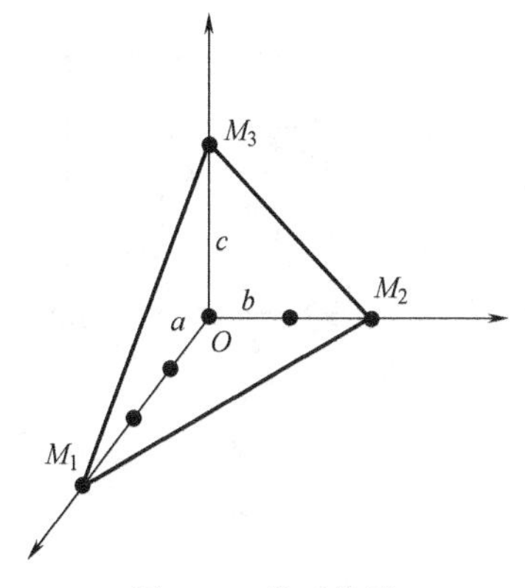

图 8.4　晶面符号

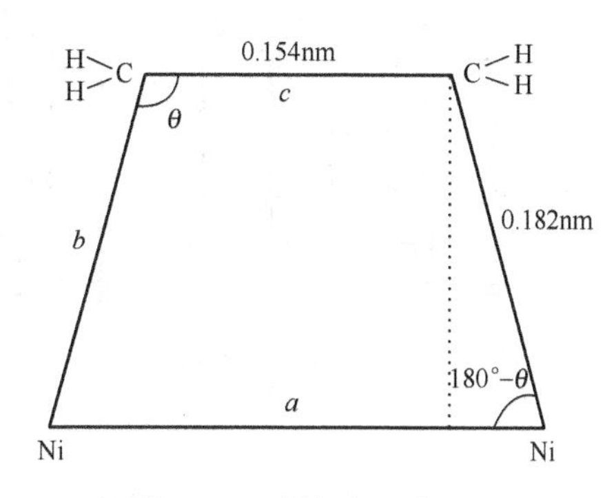

图 8.5　乙烯加氢示意图

因此，乙烯在 a=0.249nm 较多的晶面上吸附加氢时，形成乙烷后的分子内夹角张力小（109°28′－105°4′=4°24′）仅利于加氢，但不利于乙烷解析；而在 a=0.354nm 较多的晶面上吸附加氢，分子内夹角（123°－109°28′=13°32′）大，利于吸附加氢，又利于乙烷解析。从晶面分析，在（111）晶面上，三种晶棱长均为 0.248nm，而（110）晶面三种晶棱长为 0.248nm、0.331nm、0.351nm；（100）晶面三种晶棱长 0.248nm、0.248nm、0.351nm。这就解释了乙烯在镍催化剂上吸附加氢易发生在（110）和（100）晶面的原因。

8.2.2　晶体的类型

按照晶格微粒的种类或晶格微粒间作用力性质的不同，晶体可以分为离子晶体、原子晶体、分子晶体和金属晶体四种基本类型。由于晶格微粒的种类不同，晶格微粒间作用力的性质不同，决定了晶体物理性能的差异。

8.2.2.1　离子晶体

由离子键结合而形成的晶体称为离子晶体。在离子晶格结点上是正、负离子，离子之间的作用力是静电作用力。由于正、负离子的静电作用较强，所以离子晶体具有较高的熔点、沸点和硬度。离子的电荷愈高，离子半径愈小，静电引力愈强，晶体的熔点、沸点愈高，硬度也愈大。在离子晶体中不存在单个分子，而是一个巨大的分子，如 NaCl 只表示晶体的最简式。

（1）离子晶体的简单类型　离子晶体中，正、负离子在空间的排布情况不同，离子晶体的空间结构也不同。对于最简单的 AB 型离子晶体，有如下几种典型的结构类型。

① CsCl 型晶体　如图 8.6(a) 所示，它的晶胞属简单立方体心晶格。晶胞的大小完全由一个边长来确定，组成晶体的质点（离子）被分布在正方体的八个顶点和中心上。在这种结构中，每个正离子被 8 个负离子包围，同时每个负离子也被 8 个正离子包围。每个离子周围的异号离子数称为该离子的配位数，所以 CsCl 型晶体的配位数为 8。此外，CsBr、CsI 等晶体也属于 CsCl 型晶体。

② NaCl 型晶体　如图 8.6(b) 所示，它的晶胞属立方面心晶格。每个离子被 6 个异号电荷离子包围，配位数为 6。此外，LiF 及 CsF 等晶体都属立方 NaCl 型晶体。

③ 立方 ZnS 型（闪锌矿型）　如图 8.6(c) 所示。它的晶胞属立方面心晶格，但质点的分布更复杂。负离子是按面心立方密堆积排布，而 Zn^{2+} 均匀地填充在一半四面体的空隙中，正、负离子的配位数都是 4。此外，ZnO 和 HgS 等晶体也都属立方 ZnS 型晶体。

离子晶体的类型较多，如 AB 型晶体还有六方 ZnS，AB_2 型晶体有 CaF_2 型和金红石

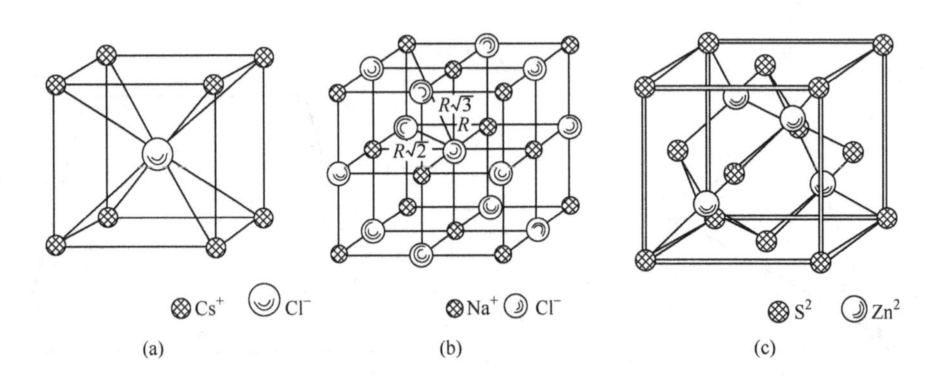

图 8.6　AB 型离子化合物的三种晶体结构类型示意图

(TiO_2) 型等。

(2) 离子半径比与配位数和晶体构型的关系　为什么不同的正、负离子可以结合成配位数不同的晶体呢？这是因为该结构类型的晶体系统的能量最低、最稳定。一般决定离子晶体构型的主要因素有正、负离子的半径比和离子的电子层构型等。对 AB 型离子型晶体，正、负离子半径比与配位数、晶体构型和空间构型的关系如表 8.1 所示。

表 8.1　AB 型晶体的离子半径比与配位数、晶体构型和空间构型的关系

离子半径比 r^+/r^-	配位数	晶体构型	空间构型	实　例
0.225～0.414	4	ZnS	正四面体	ZnS,ZnO,BeO,BeS,CuCl,CuBr
0.414～0.732	6	NaCl 型	正八面体	NaCl,KCl,NaBr,LiF,CaO,MgO,CaS,BaS
0.732～1	8	CsCl 型	立方体	CsCl,CsBr,CsI,NH_4Cl,TiCN

如果已知正、负离子半径，就可推测这个离子的构型。例如 NaBr 的$\frac{r(Na^+)}{r(Br^-)}=\frac{98pm}{196pm}=0.500$，所以 NaBr 晶体配位数为 6，属 NaCl 型晶体，正八面体空间构型。

应当指出，由于离子半径数据不甚精确和离子的相互作用因素的影响，以致上述推论结果有时和实际晶体类型有出入。另外，晶体生长的外界条件（如温度）也影响晶格的类型。如 CsCl 在常温下是 CsCl 型，在高温下却转变成 NaCl 型。这种化学组成相同，而晶体结构类型不同的现象，称为同质多晶现象。

8.2.2.2　原子晶体和分子晶体

在共价化合物和单质中，就晶体的类型来说，它们可以分为原子晶体和分子晶体。

(1) 原子晶体　在晶格结点上排列的微粒为原子，原子之间以共价键结合构成的晶体称为原子晶体。例如碳（金刚石）、硅（单晶硅）、锗（半导体单晶）、Ⅳ主族元素单质。在化合物中，如碳化硅（SiC）、砷化镓（GaAs）、方石英（SiO_2）等都属于原子晶体。

在原子晶体中，不存在独立的小分子，而只能把整个晶体看成是一个大分子，没有确定的相对分子质量。由于共价键具有饱和性和方向性，所以原子晶体的配位数一般不高。以典型的金刚石原子晶体为例，每一个碳原子在成键时以 sp^3 等性杂化形成四个 sp^3 共价键构成正四面体，所以碳原子的配位数为 4。由无数的碳原子相互连接构成，如图 8.7 所示晶体结构。由于原子晶体中晶格结点间化学键比较牢固，键强度较高，要拆开这种原子晶体中的共价键需要消耗较大的能量，所以原子晶体一般具有较高的硬度和较高的熔点（金刚石硬度最大，熔点为 3823K）。通常，这类晶体不导电，也是热的不良导体，熔化时也不导电。但是硅、碳化硅等具有半导体性质，可以在某些条件下导电。

（2）分子晶体　在晶格结点上排列着的分子通过分子间力而形成的晶体，称为分子晶体。例如非金属单质和非金属元素之间的固体化合物，图 8.8 所示的固态 CO_2 是分子晶体。分子晶体中，存在着独立的分子。分子内原子间以共价键结合，分子间存在分子间力，由于分子间力很弱，因此分子晶体熔点低，具有较大的挥发性，硬度较小，易溶于非极性溶剂，通常是电的不良导体。某些极性分子晶体在水中解离生成离子，则其水溶液可以导电，如 HCl。

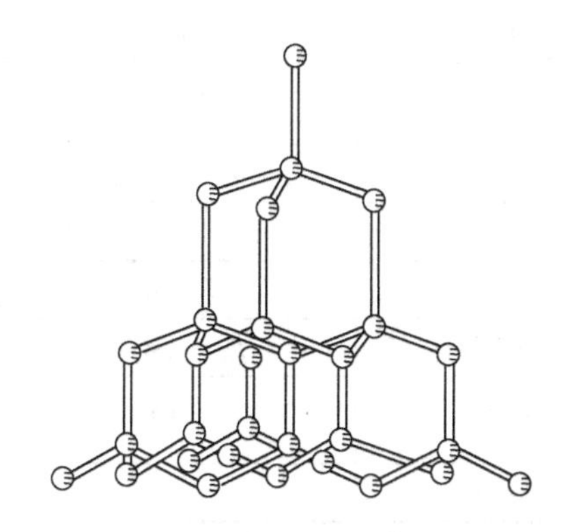

图 8.7　金刚石原子晶体示意图

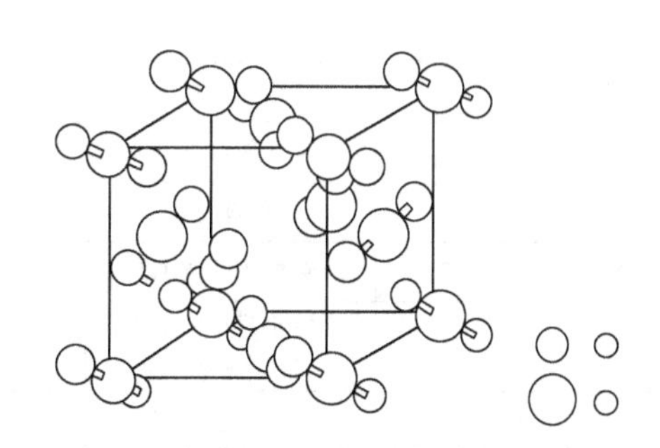

图 8.8　CO_2 分子晶体示意图

二氧化碳和方石英都是Ⅳ主族元素化合物，由于前者是分子晶体，后者是原子晶体，导致物理性质差别较大。CO_2 在－78.5℃时即升华，而 SiO_2 的熔点却高达 1610℃，说明晶体结构不同，微粒间的作用力不同，物质的物理性质也不同。

8.2.2.3　金属晶体

由金属键形成的晶体是金属晶体。在金属晶格结点上排列着金属原子或金属正离子。常见的金属晶格有三种：①配位数为 8 的体心立方密堆积晶格，如图 8.9(c) 所示；②配位数为 12 的面心立方密堆积晶格，如图 8.9(a) 所示；③配位数为 12 的六方密堆积晶格，如图 8.9(b) 所示。

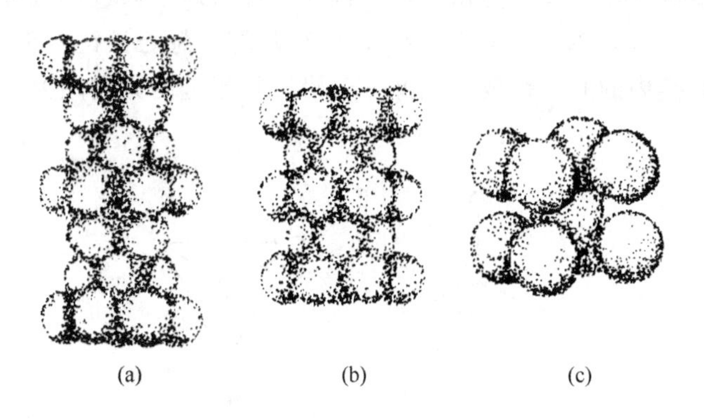

图 8.9　金属晶格示意图

所谓密堆积晶格是指金属晶体以圆球形金属原子一个接一个地紧密堆积在一起而组成的。这些圆球形原子在空间的排列形式是使在一定体积的晶体内含有最多数目的原子，这种结构形式就是密堆积结构。一些金属所属的晶格类型如下。

体心立方密堆积晶格：K，Rb，Cs，Li，Na，Cr，Mo，W，Fe 等；

面心立方密堆积晶格：Sr，Ca，Pb，Ag，Au，Al，Cu，Ni 等；

六方密堆积晶格：La，Y，Mg，Zr，Hf，Cd，Ti，Co 等。

不同晶体结构具有不同的物理性质，上述四种基本类型晶体结构和性质特征如表 8.2 所示。

表 8.2 四种基本类型晶体结构和性质的比较

结构和性质	离子晶体	原子晶体	分子晶体	金属晶体
晶格结点上的微粒	正、负离子	原子	极性或非极性分子	金属原子或正离子
微粒间的作用力	静电引力	共价键	分子间力	金属键
典型实例	NaCl	金刚石	冰(H_2O)，干冰(CO_2)	各种金属或合金
硬度	略硬而脆	高硬度	软	多数较硬，少数较软
熔点	较高	高	低	一般较高，部分较低
挥发性	低挥发	无挥发	高挥发	无挥发
导热性	热的不良导体	热不良导体	热不良导体	热不良导体
导电性	固体不导电，熔化，溶于水导电	绝缘体	绝缘体	良导体
机械加工性	不良	不良	不良	良好

8.2.2.4 过渡型晶体

除上述几种基本类型的晶体外，许多固体物质，如某些单质或由一般金属与非金属元素形成的化合物是由共价键和其他键形成的过渡型晶体，主要有链状和层状结构晶体。

（1）链状结构晶体　在天然硅酸盐中，石棉（$CaO \cdot 3MgO \cdot 4SiO_2$）属于具有链状结构的一类晶体。天然硅酸盐中的基本单位是由一个硅原子和四个氧原子通过共价键所组成的硅氧正四面体，如图 8.10 所示。根据这种正四面体的连接方式的不同，可得到各种不同的硅酸盐。若将各个四面体通过两个顶角的氧原子分别与另外两个四面体中的硅原子相连，便构成链状结构的硅酸盐负离子 $(SiO_3)_n^{2n-}$，如图 8.11 所示。图中虚线相连构成一个四面体，粗线表示共价键。这些硅酸盐负离子是由无数个硅原子和氧原子通过共价键组成长链，在链与链间夹杂着金属正离子（如 Na^+，Ca^{2+} 等）。由于带负电荷的长链 $(SiO_3)_n^{2n-}$ 与金属正离子之间的静电引力比链内的共价键弱，因此，若沿平行于链的方向用力，晶体往往易裂开成柱状或纤维状。

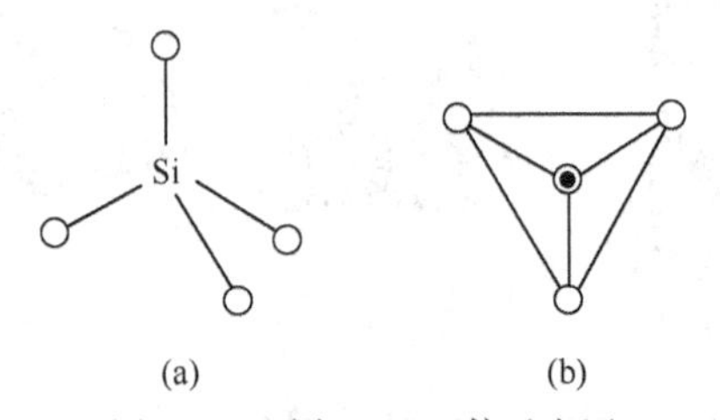

图 8.10　硅氧正四面体示意图

(a) Si 与排列在四面体顶端的四个氧相连接；(b) 俯视四面体的图形，中心的硅以黑点代表

（2）层状结构晶体　石墨是典型的层状晶体。在石墨中，每一个碳原子以 sp^2 杂化，形

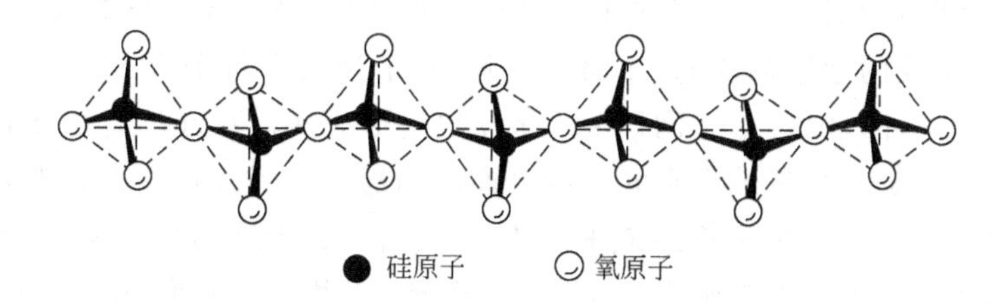

图 8.11　硅酸盐负离子 $(SiO_3)_n^{2n-}$ 的链状结构示意图

成 3 个 sp^2 杂化轨道，分别与相邻的三个碳原子形成 3 个 sp^2-sp^2 重叠的 σ 键，键角为 120°，构成一个正六边形的平面层，如图 8.12 所示。在层中每个碳原子有一个垂直于 sp^2 杂化轨道的 2p 轨道，其中各有剩余的一个 2p 电子。这种相互平行的 p 轨道可以相互重叠，形成遍及整个平面层的离域的大 Π 键，记作 Π_6^6。由于大 Π 键的离域性，电子能沿每一平面层方向移动，使石墨具有良好的导电性和传热性，并具有光泽，在工业上用作石墨电极和石墨冷却器。在石墨晶体中，同层原子间的距离为 0.142nm，但层间的距离较长，为 0.335nm，因而层间的作用力远弱于层中碳原子间的共价键，与分子间力相近，故石墨易滑动，工业上常用作润滑剂和铅笔芯的原料。

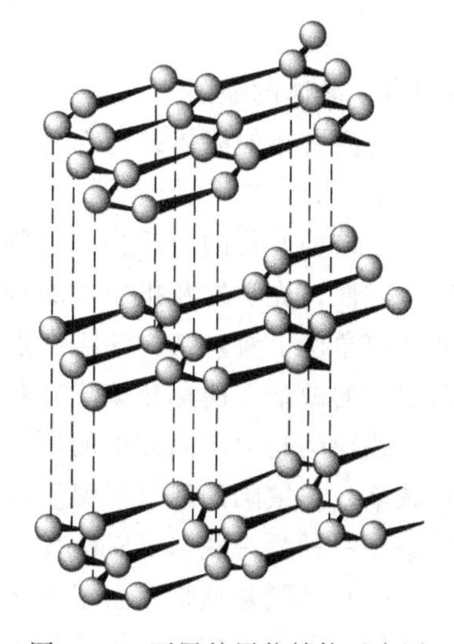

图 8.12　石墨的层状结构示意图

像石墨和金刚石这类由相同元素组成、而晶体结构不同的单质，称为同素异形体。云母和滑石也是层状结构晶体。

过渡型晶体中微粒间往往不只存在单一的作用力，所以这类晶体也称为混合型晶体。

8.2.2.5　碳的第三种晶体形态——C_{60}

碳有两种同素异形体：石墨和金刚石。直到 1985 年才确认碳元素还存在着第三种晶体形态——足球烯。其中的典型代表是 C_{60}。

由三个以上原子的多面体为核心，连接一组外围原子或配体而形成的多原子分子称为簇合物。不连接任何外围原子或配体的原子簇，简称团簇，如 P_4、As_4、S_6、Sn_4、As_2 等。原子簇的不断增长，必然转变为晶体。近年来，利用高温喷注技术及质谱分析证实，碱金属、过渡金属及半导体元素均可能以众多形式的团簇存在。C_{60} 也属团簇物质。图 8.13 给出了由硼 B_{12} 的切角示意及 C_{60} 在不同侧面的立体结构图形，其外形很像足球，故亦称足球烯。

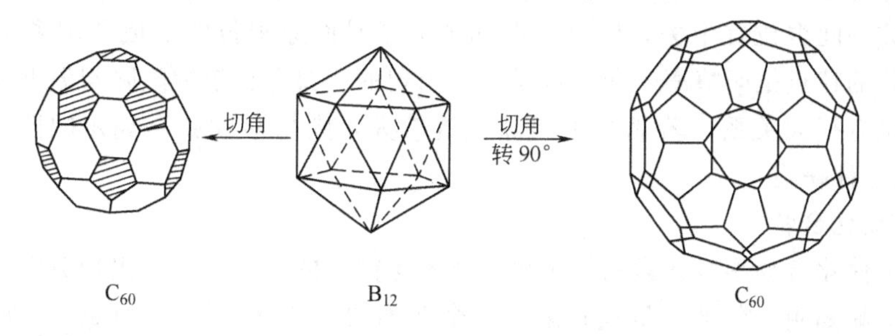

图 8.13　C_{60} 的立体结构示意图

单个 C_{60} 分子的对称性很高，仅次于球对称。理论上分析，C_{60} 的结构应为 20 个六边形和 12 个正五边形构成的近似球状的 32 面体，其 60 个顶角上每个都有一个碳原子，而每个六边形都类似一个苯环，C 与 C 之间以 sp^2 杂化轨道形成共轭双键，而在近似球状的笼内笼外都转着 π 电子云，是一个单纯由碳元素结合而成的稳定分子，具有大共轭双键，因而具有芳香族化合物的共性。人们把它描绘成平截正 20 面体而形成的 32 面体。固体 C_{60} 的晶体结构为面心立方结构，每个立方晶胞中有 4 个 C_{60} 分子，分别占据顶角和面心位置。C_{60} 碳原子之间主要以分子间力结合。

C_{60} 是碳的第三种单质结构形式。C_{60} 为芳香族有机分子，能溶解于苯、甲苯、CS_2 等溶剂中。人们发现，掺入碱金属元素的 C_{60} 晶体常温下为金属导体，低温下呈现超导性。在一定温度具有超导电性的物体称为超导体。金属氧化物超导体是无机超导体，而 A_xC_{60} 则是有机超导体（A 代表钾、铷、铯等），超导体转变温度比金属合金超导体高，因此 A_xC_{60} 这类超导体是很有发展前途的超导体材料。

8.3 晶体的缺陷与非整比化合物

8.3.1 晶体的缺陷

前面讲述的晶体结构都是理想结构，这种结构只有在特殊条件下才能得到。实际上，在晶体生长时，常会受到干扰，真实晶体与理想晶体存在着一定的差别，即产生一些缺陷，缺陷属于结构变化的一部分。这些缺陷对化学性质影响极小，而对许多物质的物理性质（如电性、磁性、光学性及机械性能等）有极大的影响，所以缺陷对晶体的利用有着重要的意义。从几何角度上看，结构缺陷有点缺陷、线缺陷和面缺陷三大类。造成晶体缺陷的原因有热运动引起的缺陷（简称热缺陷）和由于机械力造成的晶体缺陷，本节主要讨论热缺陷。

热缺陷是由于晶体中的原子（或离子）的热运动而造成的缺陷。从几何图形上看是一种点缺陷。热缺陷的数量与温度有关，温度愈高，造成缺陷的机会愈多。晶体中热缺陷有两种形态，一种是肖脱基（Schotty）缺陷，另一种是弗仑克尔（Frenkel）缺陷。

（1）肖脱基缺陷　由于热运动，晶体中阳离子及阴离子脱离平衡位置，运动到晶体表面或晶界位置上，构成一层新的界面，而产生阳离子空位及阴离子空位，不过，这些阳离子空位与阴离子空位是符合晶体化学计量比的。如：MgO 晶体中，形成 Mg^{2+} 和 O^{2-} 空位数相等。而在 TiO_2 中，每形成一个 Ti^{4+} 空位，就形成两个 O^{2-} 空位。肖脱基缺陷实际产生过程是：由于靠近表面层的离子热运动到新的晶面后产生空位，然后，内部邻近的离子再进入这个空位，这样逐步进行而造成缺陷。肖脱基缺陷如图 8.14 所示。

（2）弗仑克尔缺陷　弗仑克尔缺陷如图 8.15 所示。其形成过程为，一种离子脱离平衡位置挤入晶体的间隙位置中去，形成所谓间隙离子，而原来位置形成了阳离子或阴离子空位。这种缺陷的特点是间隙离子和空位是成对出现的。弗仑克尔缺陷除与温度有关外，与晶体本身结构也有很大关系，若晶体中间隙位置较大，则易形成弗仑克尔缺陷。如 AgBr 比 NaCl 易形成这种缺陷。

8.3.2 非整比化合物

有些缺陷使化合物中各元素的原子数之比不是简单的整数比，而出现分数。产生这种非计量化合物的缺陷叫非化学计量式缺陷。一个熟悉的例子是方铁矿“FeO”，它的结构是 O 按立方密堆，Fe 填充在所有的八面体间隙。这种化合物实际上的组成约是 $Fe_{0.95}O$。为使晶

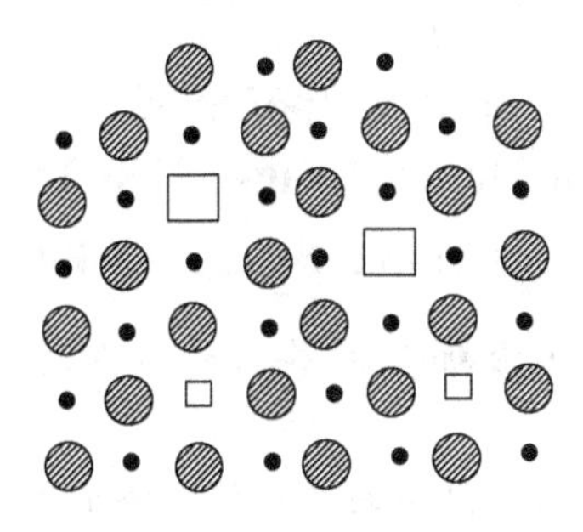

图 8.14　肖脱基缺陷

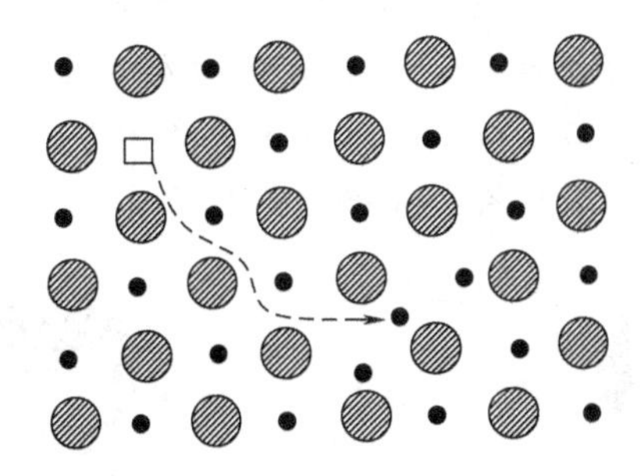

图 8.15　弗仑克尔缺陷

体保持电中性，很显然的是，铁离子绝非单一的二价，必然存在高价的铁离子取代部分低价的铁离子现象，否则，电中性得不到保证。从电荷平衡来看，3 个 Fe^{2+} 与 2 个 Fe^{3+} 平衡，但当有 3 个 Fe^{2+} 转变成 2 个 Fe^{3+} 时，就产生 1 个 Fe^{2+} 空位。这种阳离子空位愈多，该化合物中 O/Fe 原子比愈大，当然它的密度也愈小。从化学的观点看，可以把非整比化合物氧化亚铁看成是高价铁氧化物（Fe_2O_3）与低价铁氧化物（FeO）形成的固熔体。产生阳离子空位的还有 $Co_{1-x}O$、$Cu_{2-x}O$、$Ni_{1-x}O$ 等。同样，也有阴离子晶格中具有空位的化合物 ZrO_{2-x} 及 TiO_{2-x}，可以看成是低价的金属阳离子在高价金属阳离子中形成的固熔体。

此外，非整比化合物还有填隙阳离子的氧化物，如 $Zn_{1+x}O$、$Cr_{2+x}O_3$ 和 $Cd_{1+x}O$ 等。由于阴离子一般较大，所以形成填隙阴离子化合物很少。

最后，有些缺陷是由于杂质的存在而引起的。这些杂质的掺入常大大改变了固熔体的性质，如：强度、磁性、电性能和光学性能等。一般说来，随杂质原子的增加，使固熔体的机械强度和硬度增加。如中国古代青铜文化时期"黑漆"古铜镜表层的耐磨物质的组成为 $Sn_{1-x}Cu_xO_2$。再如，Fe 中掺杂 Mn、Si、Ni、V、W、Cr 等元素形成固熔体，使 α-Fe 的机械强度提高，但同时使材料的塑性降低，脆性增大。对于陶瓷来说，一般需要降低脆性，所以掺杂对其并不有利。对于金属晶体来说，由于杂质的掺入，使晶格扭曲产生结构缺陷，阻挠自由电子的运动，使电阻率增加，导电性能下降。又如，在绝缘材料及半导体中，由于杂质的存在，一般能使导电能力增强。如$Fe_{1-x}O$、$Fe_{1-x}S$ 具有半导体行为。这里，实质上是由于 Fe^{3+} 的位移，使电子从 Fe^{2+} 转移到 Fe^{3+}。

掺杂也能改变晶体的光学性质，如蓝宝石（Al_2O_3）中掺入少量的（$<0.05\%$）Cr 可做红宝石激光材料。钇铝石榴石 YAl（$Y_3Al_5O_{12}$）中掺杂少量 Nd 可以发射波长为 1.064μm 的激光。ZnS 晶体中掺进少量 AgCl（约 $10^{-4}\%$原子）时，这种晶体在电子射线激发下，可发射波长为 450nm 的荧光，是彩色电视屏幕上的蓝色荧光粉。

科学家布拉格父子

William Henry Bragg（1862～1942）

William Lawrence Bragg（1890～1991）

英国科学家亨利•布拉格和劳伦斯•布拉格父子二人是科学史上惟一父子共同获得诺贝尔奖的两位科学家。

亨利•布拉格出身贫寒，但刻苦勤奋的学习使之终成大器，被推荐到英国剑桥大学学习。毕业后任大学教授，1907 年被选为英国皇家学会会员，1920 年被封为爵士，1935～1940 年任英国皇家学会会长。其子劳伦斯•布拉格自幼聪颖，学习成绩非常突出，24 岁成为剑桥大学教授和剑桥研究院院士。劳伦斯•布拉格继承了父亲的事业，1915 年父子合著《X 射线和晶体结构》一书，由于他们用 X 射线分析晶体结构方面的卓越成就，在劳伦斯•布拉格 25 岁时与其父亨利•布拉格共同荣获诺贝尔奖。

H. 布拉格

L. 布拉格

复习题与习题

1. 试判断下列晶体中哪个熔点最高？哪个最低？

   NaCl，Si，O_2，HCl

2. 写出下列固态物质的晶体类型：SO_2，SiC，HF，KCl，MgO。

3. 填充下表

物质	晶格质点的种类	质点间结合力	晶格类型	熔点高低
KCl				
Ag				
N_2				
SiC				
PH_3				

4. 根据离子半径比值推测下列物质晶体各属何种类型：

   KBr，CsI，NaI，BeO

5. 怎样用能带理论说明金属、半导体、绝缘体的导电性能？

6. 填空

（1）MgO 的硬度比 LiF 的__________，因为__________。

（2）NH_3 的沸点比 PH_3 的__________，因为__________。

（3）$FeCl_3$ 的熔点比 $FeCl_2$ 的__________，因为__________。

（4）HgS 的颜色比 ZnS 的__________，因为__________。

（5）AgF 的溶解度比 AgCl 的__________，因为__________。

7. 下列各对物质中哪一种熔点高？

（1）NaF 和 MgO

（2）MgO 和 BaO

（3）NH_3 和 PH_3

（4）PH_3 和 SbH_3

8. 用离子极化的观点解释为什么 Na_2S 易溶于水，ZnS 难溶于水？

9. 简述晶体缺陷的类型及其对物质性能的影响。

10. 试画出立方体中（100）、（110）、（111）三个晶面。

11. 试讨论立方面心金属镍的（111）晶面对乙炔加氢的催化机理。

12. 写出 CO 分子（它是 N_2 分子的等电子体，分子轨道能级与 N_2 相同）的分子轨道排布式，计算其键级并判断其磁性及分子的稳定性。

第 9 章　配位化合物

【本章基本要求】

（1）了解配合物、配位体、配位数、螯合物等基本概念。

（2）了解配合物价键理论的基本要点。熟悉配位数为 2,4,6 的典型配合物的空间构型，了解外轨型配合物和内轨型配合物。

（3）了解配合物的解离平衡。

（4）了解配合物在各个工业部门、生物等领域中的应用。

配位化合物（coordination compound）简称配合物，是一类非常重要的化合物。最早有记载的配合物可能是 18 世纪初用作颜料的普鲁士蓝，其化学式为$KFe[Fe(CN)_6]$。但通常认为配位化学始自 1798 年 $CoCl_3 \cdot 6NH_3$ 的发现。19 世纪后，陆续发现了更多的配合物，积累了更多的事实。1893 年维尔纳（A. Werner）在前人和他本人研究工作的基础上，首先提出了配合物的正确化学式及其化学键的本质，被看作是近代配位化学的创始人，此后配位化学的研究得到了迅速的发展。本世纪以来，由于结构化学的发展和各种物理化学方法的采用，使配位化学成为化学中一个十分活跃的研究领域，并已逐渐渗透到有机化学、分析化学、物理化学、量子化学、生物化学等许多学科中，对近代科学的发展起了很大的作用。

9.1　配合物的定义、组成和命名

9.1.1　配合物的定义和组成

按照现代价键理论，将含有配位键的化合物称为配位化合物，简称配合物。

配合物的组成一般分内界和外界两部分：与中心离子（或原子）以配位键直接结合的中性分子或离子组成配位体的内界，常用方括号括起来；在方括号之外以电价键结合的部分为外界。例如 $[Co(NH_3)_6]Cl_3$ 配合物置于水溶液中时，外界部分可以解离出来，内界部分组成很稳定，几乎不解离。有些配合物的内界不带电荷，本身就是一个中性化合物，如$[PtCl_2(NH_3)_2]$、$[CoCl_3(NH_3)_3]$。现以$[Co(NH_3)_6]Cl_2$为例说明配合物的组成及有关概念。

配合物

内界　　外界

$[Co(\underbrace{NH_3})_6]^{3+}$　　$3Cl^-$

中心离子　配位原子　配位体　配位数　配离子电荷

9.1.1.1　中心离子

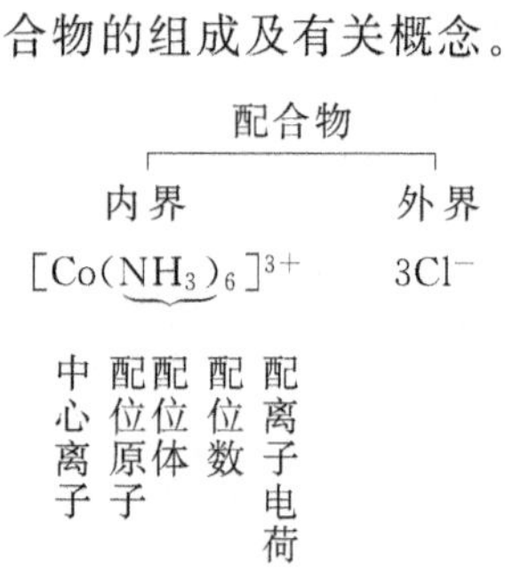

中心离子（central ion）或原子位于配合物的中心位置，它是配合物的核心，通常是过渡金属阳离子或某些金属原子以及高氧化值的非金属元素，如 $Ni(CO)_4$ 及 $Fe(CO)_5$ 中的 Ni 原子及 Fe 原子，$[SiF_6]^{2-}$ 中的 Si(Ⅳ)。

9.1.1.2　配位体

在配合物中见右图，与中心离子以配位键结合的负离子或分子称为配位体，简称配体（ligand）。原则上，任何具有孤对电子并与中心离子形成配位键的分子或离子，都可以作为配体。在配体中给出孤对电子的原子称为配位原子，如 NH_3 中的

N，H_2O 和 OH^- 中的 O 以及 CO，CN^- 中的 C 原子[1]等。一般常见的配位原子主要是周期表中电负性较大的非金属原子，如 N，O，S，C，F，Cl，Br，I 等原子。

配体按所含配位原子数多少可分为单齿配体（monodentate）和多齿配体（polydentate）。单齿配体只含有一个配位原子，且与中心离子只形成一个配位键，其组成比较简单。多齿配体含有两个或两个以上的配位原子，它们与中心离子可以形成多个配位键，常为多元环结构。表 9.1 列出了一些常见的配体。

表 9.1　一些常见的配体

配体类型	实例					
单齿配体	H_2O∶ 水	∶NH_3 氨	∶F^- 氟离子	[∶C≡N]$^-$ 氰根离子	[∶CO] 羰基	[∶SCN]$^-$ 硫氰酸根
	[∶NO_2] 硝基	[∶NO] 亚硝基	[∶O—N=O]$^-$ 亚硝酸根	[∶NCS]$^-$ 异硫氰酸根	[∶O—H]$^-$ 羟基	
双齿配体	$H_2\ddot{N}-CH_2-CH_2-\ddot{N}H_2$ 乙二胺 (en)	$[\ddot{O}(O=)C-C(=O)\ddot{O}]^{2-}$ 草酸根 (OX)				
多齿配体	$H_2\ddot{N}-CH_2-CH_2-\ddot{N}H-CH_2-CH_2-\ddot{N}H_2$ 二乙三胺	$[(^-\ddot{O}OC-CH_2)_2\ddot{N}-CH_2-CH_2-\ddot{N}(CH_2-COO\ddot{O}^-)_2]$ 乙二胺四乙酸根离子 (EDTA)				

9.1.1.3　配离子的电荷

中心离子的电荷与配体的电荷（配体是中性分子，其电荷为零）的代数和即为配离子的电荷，例如：

在 $K_2[HgI_4]$ 中，配离子 $[HgI_4]^{2-}$ 的电荷为

$$2\times1+(-1)\times4=-2$$

在 $[CoCl(NH_3)_5]Cl_2$ 中，配离子 $[CoCl(NH_3)_5]^{2+}$ 的电荷为

$$3\times1+(-1)\times1+0\times5=+2$$

也可根据配合物呈电中性的原则，配离子的电荷可以较简便地由外界离子的电荷来确定。如 $[Cu(NH_3)_4]SO_4$ 的外界为 SO_4^{2-}，据此可知配离子电荷为+2。

9.1.1.4　配位数

在配体中，直接与中心离子以配位键结合的配位原子的数目称为中心离子的配位数（coordination number），一般中心离子的配位数为偶数，最常见的配位数为 6，例如在 $[Co(NH_3)_6]^{3+}$ 中，Co^{3+} 的配位数为 6，配离子具有正八面体构型；配位数为 4 的也较常见，配离子有平面正方形或正四面体两种构型；而 Ag^+、Cu^+、Au^+ 等离子则大多形成配位数为 2 的配离子，具有直线形构型。已知的配位数由 2 到 14，最常见的配位数为 4 和 6。

---

[1] 由分子轨道理论可知，CO 分子中 C 原子略带负电性，O 原子略带正电性，故具有孤对电子略带负电性的 C 原子为配位原子，CN^- 中的 C 原子也是如此。

由单齿配体形成的配合物，中心离子的配位数等于配体个数。而由多齿配体形成的配合物，中心离子的配位数不等于配体个数。如 $[Cu(en)_2]^{2+}$ 配离子中，Cu^{2+} 的配位数为 4，配体 en（乙二胺）的个数为 2，为双齿配体。中心离子的配位数与中心离子和配体的半径、电荷有关，也和配体的浓度及反应条件有关。表 9.2 列出了一些中心离子的特征配位数和几何构型。

表 9.2 一些中心离子的特征配位数和几何构型

中心离子	配位数	几何构型	实例
Cu^{+}, Ag^{+}, Au^{+}	2	直线形	$[Ag(NH_3)_2]^{+}$
Cu^{2+}, Ni^{2+}, Pd^{2+}, Pt^{2+}	4	平面正方形	$[Pt(NH_3)_4]^{2+}$
Zn^{2+}, Cd^{2+}, Hg^{2+}, Al^{3+}	4	正四面体形	$[Zn(NH_3)_4]^{2+}$
Cr^{3+}, Co^{3+}, Fe^{3+}, Pt^{4+}	6	正八面体形	$[Co(NH_3)_6]^{3+}$

9.1.2 配合物化学式的书写与命名

配合物的组成比较复杂，化学式的书写和命名只有遵守统一的规则才不致造成混乱。中国化学会无机化学专业委员会制定了一套命名规则，这里通过表 9.3 的实例作如下的说明。

9.1.2.1 关于化学式书写原则的说明

（1）对含有配离子的配合物而言，阳离子放在阴离子之前，如表 9.3 中的（a）到（i）。

（2）对配位个体而言，先写中心原子的元素符号，再依次列出阴离子配位体和中性分子配位体，示例见表 9.3 中的（d），（h）和（k）；同类配位体（同为负离子或同为中性分子）以配位原子元素符号英文字母的先后排序，例如（e）中 NH_3 和 H_2O 两种中性分子配位体的配位原子分别为 N 原子和 O 原子，因而 NH_3 写在 H_2O 之前。

表 9.3 一些配合物的化学式及系统命名

类别	化学式	系统命名	编序
配位酸	$H_2[SiF_6]$	六氟合硅(Ⅳ)酸	(a)
配位碱	$[Ag(NH_3)_2](OH)$	氢氧化二氨合银(Ⅰ)	(b)
配位盐	$[Cu(NH_3)_4]SO_4$	硫酸四氨合铜(Ⅱ)	(c)
	$[CrCl_2(H_2O)_4]Cl$	一氯化二氯·四水合铬(Ⅲ)	(d)
	$[Co(NH_3)_5(H_2O)]Cl_3$	三氯化五氨·一水合钴(Ⅲ)	(e)
	$K_4[Fe(CN)_6]$	六氰合铁(Ⅱ)酸钾	(f)
	$Na_3[Ag(S_2O_3)_2]$	二(硫代硫酸根)合银(Ⅰ)酸钠	(g)
	$K[PtCl_5(NH_3)]$	五氯·一氨合铂(Ⅳ)酸钾	(h)
	$[Pt(NH_3)_6][PtCl_4]$	四氯合铂(Ⅱ)酸六氨合铂(Ⅱ)	(i)
非电解质配合物	$[Fe(CO)_5]$	五羰基合铁(0)	(j)
	$[PtCl_4(NH_3)_2]$	四氯·二氨合铂(Ⅳ)	(k)

科学家维尔纳
(A. Werner，1866～1919)

瑞士无机化学家。1878 年在中等技术学校学习，受到化学老师 E. 诺尔廷的影响，对化学产生了浓厚的兴趣。1885 年经诺尔廷的推荐进入瑞士苏黎世大学学习化学，1890 年获博士学位。1892 年在母校任副教授，1895 年晋升为教授。1893 年维尔纳抛弃了凯库勒关于化合价恒定不变的观点，大胆提出了副价的概念，创立了配合物的配位理论。1911 年制备出非碳的旋光性物质。1913 年因创立配位化学而获诺贝尔化学奖。

A. 维尔纳留下了一句名言："真正的雄心壮志几乎全是智慧、辛勤、学习、经验的积累，差一分一毫也达不到目的。至于那些一鸣惊人的专家学者，只是人们觉得他一鸣惊人。其实他下的功夫和潜在的智能，别人事前未能领会到。"这是他对自己为何能在一天时间就完成配位理论的最好注释。

9.1.2.2　关于命名原则的说明

(1) 含配离子的配合物遵循一般无机化合物的命名原则：阴离子名称在前，阳离子名称在后，阴、阳离子名称之间用"化"字或"酸"字相连。只要记住将配阴离子当作含氧酸根对待，不难区分"化"字与"酸"字的不同应用场合。

(2) 配位个体的命名：配位体名称在前，中心原子名称在后；不同配位体名称的顺序与书写顺序相同，相互之间以中圆点"·"分开，最后一种配位体名称之后缀以"合"字；配位体个数用倍数字头"一"、"二"、"三"、"四"等汉语数字表示，中心原子的氧化值用元素名称之后置于括号中的罗马数字表示。

9.2　配合物的价键理论

美国化学家 L·鲍林（L. C. Pauling）把杂化轨道理论应用于研究配合物的结构，较好地说明了配合物的空间构型和其他性质，从 20 世纪 30 年代到 50 年代，主要是用这一理论来讨论配合物中的化学键，该理论被称为配合物的价键理论。其要点如下。

(1) 中心离子（或原子）有空的价电子轨道可接受由配位体之配位原子提供的孤对电子而形成配位键（σ 键）。

常见的一般配合物的中心离子（或原子）如

Sc	V	Cr	Mn	Fe	Co	Ni	Cu	Zn
Y		Mo	Tc	Ru	Rh	Pd	Ag	Cd
La-Lu		W	Re	Os	Ir	Pt	Au	Hg

它们是位于 d 区及 ds 区的副族元素及 f 区的元素。其价电子轨道通常是指 $(n-1)$d、ns、np 轨道，有时也包括 nd 轨道。稀土元素价电子轨道为 $(n-2)$f、$(n-1)$d、ns 轨道，其配合物的研究及应用也越来越受到人们的重视。

配位体的配位原子必须有孤对电子可提供。常见的单齿配体与多齿配体见表 9.1。

(2) 在形成配合物时，中心离子所提供的空轨道进行杂化，形成各种类型的杂化轨道，从而使配位化合物具有一定的空间构型。

① 配位数为 2 的配位化合物的空间构型　电荷数为 +1 的中心离子通常形成配位数为 2 的配位化合物，例如 $[Ag(NH_3)_2]^+$、$[AgCl_2]^-$ 等。现以 $[Ag(NH_3)_2]^+$ 为例，说明其形成及空间构型。

Ag^+ 的价电子轨道中电子分布为 $4s^2$、$4p^6$、$4d^{10}$，其中 4d 轨道已全充满，而 1 个 5s，3 个 5p 轨道是空的。每一个空轨道可接受 NH_3 提供的一对孤对电子，形成配位数最高为 4 的配位化合物。但是 Ag^+ 的配合物的配位数通常为 2。这说明中心离子和配位体的性质（如电荷多少，半径大小等）也影响配位数的多少。在 $[Ag(NH_3)_2]^+$ 中，Ag^+ 采用 sp 杂化轨道与 NH_3 形成配位键，空间构型为直线型。

在 $[Ag(NH_3)_2]^+$ 中，其中心离子 Ag^+ 的价电子轨道中的电子分布为

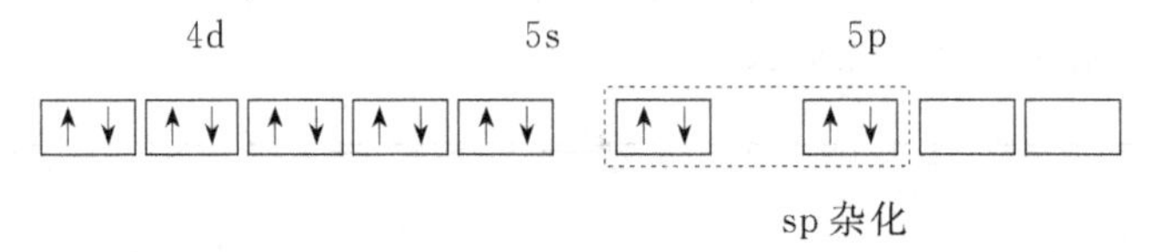

虚线内表示配位体 NH_3 分子中 N 原子提供的孤对电子。

② 配位数为 4 的配位化合物的空间结构　电荷数为 +2 的中心离子，通常可以形成配位数为 4 的配位化合物，例如 $[Cu(NH_3)_4]^{2+}$、$[Ni(NH_3)_4]^{2+}$、$[Ni(CN)_4]^{2-}$ 等。下面先以 $[Ni(NH_3)_4]^{2+}$ 为例，说明其形成及空间构型。

Ni^{2+} 的价电子轨道中电子分布为 $3s^2$、$3p^6$、$3d^8$，其中 3d 轨道填有 8 个电子，而 4s，4p 轨道都是空的，可接受 4 对孤对电子。当 Ni^{2+} 与 4 个 NH_3 分子配合时，Ni^{2+} 的 1 个 s 轨道和 3 个 p 轨道杂化成 4 个能量相等的 sp^3 杂化轨道。其空间构型是正四面体形，Ni^{2+} 位于正四面体中心，4 个 NH_3 分子分别占据 4 个顶点。$[Ni(NH_3)_4]^{2+}$ 的中心离子 Ni^{2+} 的价电子轨道中的电子分布为

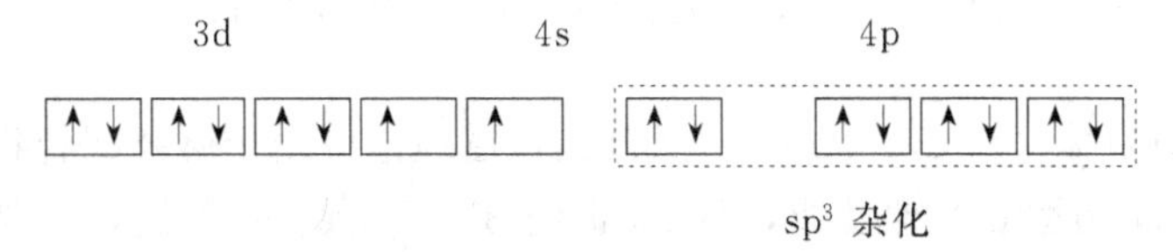

下面说明 $[Ni(CN)_4]^{2-}$ 的形成及空间构型。

Ni^{2+} 离子的价电子轨道中电子分布为 $3s^2$、$3p^6$、$3d^8$，其中 3d 轨道没有充满，有 2 个未成对 d 电子。而 4s，4p 轨道都是空的。如果 CN^- 中孤对电子都进入这 4 个空轨道，则形成 sp^3 杂化轨道，空间的构型应为正四面体形。但根据实验，$[Ni(CN)_4]^{2-}$ 的空间构型为平面四方形。价键理论认为，在 Ni^{2+} 与 CN^- 配合时，由于 CN^- 的作用，Ni^{2+} 的 8 个电子挤入 4 个 3d 轨道，空出一个 d 轨道，与 1 个 4s 轨道 2 个 4p 轨道发生杂化，形成四条等价的 dsp^2 杂化轨道，而形成平面四方形构型。Ni^{2+} 位于四方形中心，4 个 CN^- 分别占据 4 个角。$[Ni(CN)_4]^{2-}$ 的中心离子 Ni^{2+} 的价电子轨道中的电子分布为

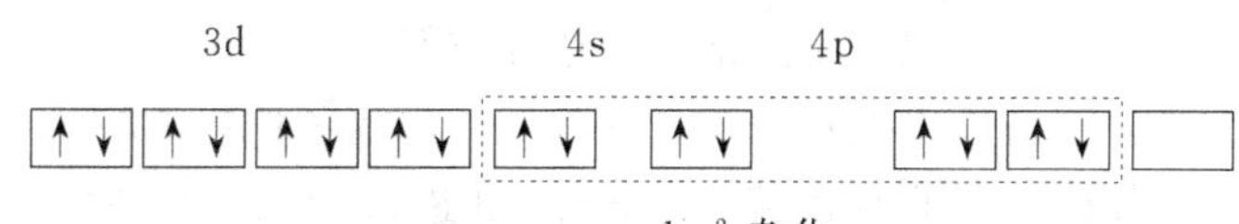

dsp^2 杂化

应该指出，配离子 $[Ni(CN)_4]^{2-}$ 的中心离子 Ni^{2+} 与配位体成键时电子重新分布，空出一个 3d 轨道，用 $(n-1)$d、ns、np 轨道组成 dsp^2 杂化轨道而成键。像 $[Ni(CN)_4]^{2-}$ 这样，中心离子的价电子发生重排，腾出内层轨道，用"内层"轨道进行杂化而成键的配合物叫做内轨型配合物。而 $[Ni(NH_3)_4]^{2+}$ 的中心离子 Ni^{2+} 与配位体成键时，用 ns、np 轨道组成 sp^3 杂化轨道。像 $[Ni(NH_3)_4]^{2+}$ 这样，中心离子的价电子排布不发生改变，仅用"外层"轨道进行杂化而成键的配合物叫做外轨型配合物。

③ 配位数为 6 的配位化合物的空间构型　配位数为 6 的配合物为正八面体构型。例如 $[CoF_6]^{3-}$、$[Co(NH_3)_6]^{3+}$、$[FeF_6]^{3-}$、$[Fe(CN)_6]^{3-}$、$[Fe(CN)_6]^{4-}$ 等配离子都是正八面体。但 $[CoF_6]^{3-}$ 和 $[FeF_6]^{3-}$ 是外轨型（sp^3d^2 杂化），而 $[Co(NH_3)_6]^{3+}$、$[Fe(CN)_6]^{3-}$ 和 $[Fe(CN)_6]^{4-}$ 是内轨型（d^2sp^3 杂化）。

判断配合物属内轨型还是外轨型的一种方法可以通过测量配合物的磁矩 μ 来确定。磁矩 μ 与配合物分子的未成对电子数 n 有如下的近似关系

$$\mu=\sqrt{n(n+2)}$$

式中，μ 的单位为波尔磁子 B. M.。根据未成对电子数 n，计算出 μ 理论值，如表 9.4 所示。

表 9.4　未成对电子数与 μ 的关系

n 值	1	2	3	4	5
μ/B. M.	1.73	2.83	3.87	4.90	5.92

现以 $[CoF_6]^{3-}$ 和 $[Co(NH_3)_6]^{3+}$ 为例来讨论。

Co^{3+} 的外层电子结构为：$3s^23p^63d^6$，根据构造原理知，Co^{3+} 的 3s 与 3p 轨道已填满电子，3d 轨道填有 6 个电子，必然有 4 个未成对电子。

实验测得 $[CoF_6]^{3-}$ 的磁矩 $\mu=4.86$，从而可以得知，配合物中的 Co^{3+} 具有 4 个未成对电子。所以 $[CoF_6]^{3-}$ 与 Co^{3+} 的未成对电子数相等。电子排布必定是

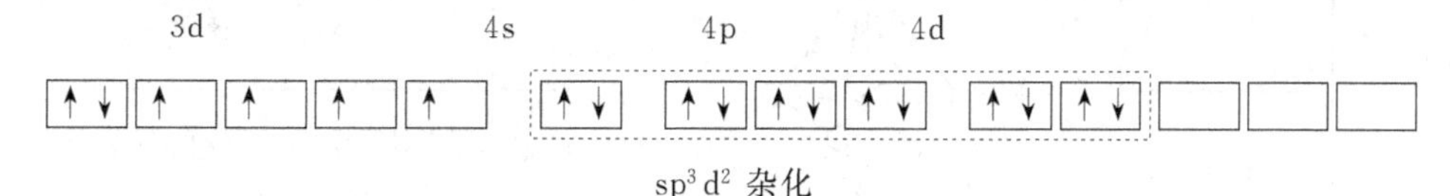

sp^3d^2 杂化

即 6 个 F^- 的孤对电子填入 6 个 sp^3d^2 杂化轨道，形成外轨型配合物。

实验测得 $[Co(NH_3)_6]^{3+}$ 的磁矩为零。表明中心离子 Co^{3+} 没有未成对电子，所以，在 $[Co(NH_3)_6]^{3+}$ 中，中心离子 Co^{3+} 在配体 NH_3 的作用下，Co^{3+} 原来的电子构型发生改变，电子进行重新分布，空出 2 个 3d 轨道。采用 d^2sp^3 杂化轨道，形成的配离子的电子排布是

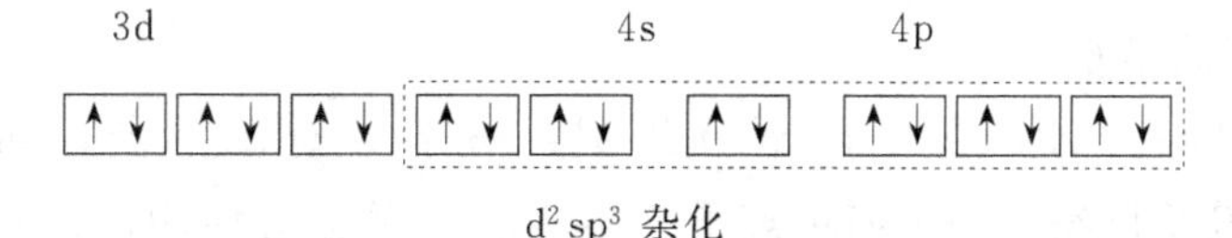

d^2sp^3 杂化

6 个 NH_3 分子中 N 的孤对电子进入 d^2sp^3 杂化轨道，形成内轨型配合物。

上述配位数为2,4,6的三类配合物的杂化轨道和空间构型列于表9.5中。一般说来，配位原子的电负性很大时，不易给出孤对电子，它们对中心离子的影响较小，不会使中心离子的电子结构发生变化，仅用外层的空轨道 ns、np、nd 进行杂化，生成能量相同、数目相等的杂化轨道与配体结合，形成外轨型的配合物。配位原子的电负性较小，容易给出孤对电子，对中心离子的影响较大，使其电子构型发生变化，$(n-1)$d 轨道上的成单电子被强行配对，腾出内层能量较低的d轨道与 ns、np 轨道杂化，形成能量相同，数目相等的杂化轨道与配体结合形成内轨型配合物。内轨型配合物的键能大、稳定，在水中不易离解。

表9.5 某些配合物的空间构型

配位数	杂化类型	配离子的空间构型	示例
2	sp	直线形	$[Cu(NH_3)_2]^+$ $[Ag(CN)_2]^-$ $[Ag(NH_3)_2]^+$
3	sp^2	平面三角形	$[HgI_3]^-$ $[CuCl_3]^{2-}$
4	sp^3	正四面体	$[ZnCl_4]^{2-}$ $[BF_4]^-$ $[Cd(NH_3)_4]^{2+}$ $[Ni(NH_3)_4]^{2+}$
	dsp^2	平面正方形	$[Pt(NH_3)_2Cl_2]$ $[AuF_4]^-$ $[Cu(NH_3)_4]^{2+}$ $[Ni(CN)_4]^{2-}$
5	dsp^3	三角双锥	$Fe(CO)_5$ $[CuCl_5]^{3-}$
6	sp^3d^2	正八面体	$[Ti(H_2O_6)]^{3+}$ $[FeF_6]^{3-}$ $[Mn(H_2O)_6]^{2+}$
	d^2sp^3		$[Fe(CN)_6]^{3-}$ $[Co(NH_3)_6]^{3+}$ $[Cr(NH_3)_6]^{3+}$

9.3 配离子的解离平衡及其移动

9.3.1 配离子的解离平衡

配盐是配合物的一种，它由两部分组成：一部分是配离子，如 $[Ag(NH_3)_2]^+$、$[Ag(CN)_2]^-$，它几乎已经失去了简单离子（如 Ag^+）的原有性能；另一部分是带有与配离子异号电荷的离子（如 Cl^-），它们仍保留着 $Cl^-(aq)$ 的原有性质。配盐在水中能完全

解离

$$[Ag(NH_3)_2]Cl = [Ag(NH_3)_2]^+ + Cl^-$$

但配离子却类似于弱电解质，在水溶液中只有少量解离，存在着解离平衡。$[Ag(NH_3)_2]^+$ 的解离和多元弱电解质的解离一样，也是分级进行的。其一级解离为（简写式）

$$[Ag(NH_3)_2]^+ \rightleftharpoons [Ag(NH_3)]^+ + NH_3$$

$$K_1 = \frac{c^{eq}[Ag(NH_3)^+] \cdot c^{eq}(NH_3)}{c^{eq}[Ag(NH_3)_2^+]}$$

其二级解离为　$[Ag(NH_3)]^+ \rightleftharpoons Ag^+ + NH_3$

$$K_2 = \frac{c^{eq}(Ag^+) \cdot c^{eq}(NH_3)}{c^{eq}[Ag(NH_3)^+]}$$

总的解离平衡可简单表达为

$$[Ag(NH_3)_2]^+ \rightleftharpoons Ag^+ + 2NH_3$$

总解离常数为

$$K = \frac{c^{eq}(Ag^+) \cdot [c^{eq}(NH_3)]^2}{c^{eq}[Ag(NH_3)_2^+]}$$

显然　$K_1 \cdot K_2 = K$

对同一类型（配位数相同）的配离子来说，K 越大，表示配离子越易解离，即配离子越不稳定。所以配离子的 K 又称为不稳定常数，用 $K_{不稳}$（或 K_i）表示。

配离子的稳定性也可以采用稳定常数 $K_{稳}$（或 K_f）来表示，$K_{稳}$ 是配离子生成反应的平衡常数。例如　$Ag^+ + 2NH_3 \rightleftharpoons [Ag(NH_3)_2]^+$

显然　$K_{稳} = \dfrac{c^{eq}[Ag(NH_3)_2^+]}{c^{eq}(Ag^+) \cdot [c^{eq}(NH_3)]^2}$

K_f 与 K_i 互为倒数　$K_{稳} = \dfrac{1}{K_{不稳}}$

对同一类型的配离子来说，$K_{稳}$ 越大，配离子越稳定，反之则越不稳定。如

$[Ag(NH_3)_2]^+$ 的　$K_{稳} = 1.12 \times 10^7$

$[Ag(CN)_2]^-$ 的　$K_{稳} = 1.26 \times 10^{21}$

因此，$[Ag(CN)_2]^-$ 的稳定性要远远大于 $[Ag(NH_3)_2]^+$。

应用 $K_{稳}$ 可以进行难溶物溶解生成配合物的有关计算。

【例 9.1】 在 $0.1dm^3$ 的 $6mol \cdot dm^{-3}$ NH_3 水中，能溶解多少克 AgCl? 已知：$K_{sp}^{\ominus}(AgCl) = 1.77 \times ^{-10}$，$K_{不稳}^{\ominus}[Ag(NH_3)_2^+] = 6.00 \times 10^{-8}$

解： 该溶解 AgCl 的物质的量为 $x$mol，则

$$AgCl + 2NH_3 \rightleftharpoons [Ag(NH_3)_2]^+ + Cl^-$$

	$AgCl + 2NH_3$	$[Ag(NH_3)_2]^+$	Cl^-
初始浓度/$(mol \cdot dm^{-3})$	6		
平衡浓度/$(mol \cdot dm^{-3})$	$6 - 2x/0.1$	$x/0.1$	$x/0.1$

$$K = \frac{c[Ag(NH_3)_2^+] \cdot c[Cl^-]}{c^2[NH_3]} = \frac{K_{sp}^{\ominus}(AgCl)}{K_{不稳}^{\ominus}[Ag(NH_3)_2^+]}$$

$$= \frac{1.77 \times 10^{-10}}{6.00 \times 10^{-8}} = 2.95 \times 10^{-3}$$

$$K=\frac{(x/0.1)^2}{(6-2x/0.1)^2}=2.95\times10^{-3}$$

$$x=0.029\text{mol}$$

即在 $6\text{mol}\cdot\text{dm}^{-3}$ 的 0.1dm^3 NH_3 水中，能溶解 AgCl 的质量为

$$0.029\times143.4=4.16\text{g}$$

9.3.2 配离子解离平衡的移动

与所有的平衡系统一样，改变配离子解离平衡时的条件（如改变溶液的酸度，或改变中心离子的浓度），平衡将发生移动。如给深蓝色的 $[Cu(NH_3)_4]^{2+}$ 溶液中加入 Na_2S 溶液，由于 CuS 的溶度积 K_{sp} 很小，很容易生成 CuS 黑色沉淀，使溶液中的 Cu^{2+} 浓度减小，因此平衡将向 $[Cu(NH_3)_4]^{2+}$ 解离的方向移动，并使 $[Cu(NH_3)_4]^{2+}$ 溶液的蓝色变浅，其反应可表示为

$$[Cu(NH_3)_4]^{2+} \rightleftharpoons Cu^{2+} + 4NH_3$$

$$+$$

$$Na_2S \longrightarrow S^{2-} + 2Na^+$$

$$\Downarrow$$

$$CuS$$

在配离子反应中，一种配离子可以转化为另一种更稳定的配离子，即平衡移向生成更难解离的配离子的方向。对于相同配位数的配离子，通常可以根据 $K_{稳}$ 来判断反应进行的方向。例如 $[HgCl_4]^{2-}+4I^-=[HgI_4]^{2-}+4Cl^-$

$$K_{稳}([HgCl_4]^{2-})=1.17\times10^{15}$$

$$K_{稳}([HgI_4]^{2-})=6.76\times10^{29}$$

由于 $K_{稳}([HgI_4]^{2-})\gg K_{稳}([HgCl_4]^{2-})$，因此向 $[HgCl_4]^{2-}$ 的溶液中加入足量的 I^- 时，$[HgCl_4]^{2-}$ 就会解离转化生成 $[HgI_4]^{2-}$。

就是说，配合平衡间的相互转化可以由两种配离子稳定常数的比较来判断，即两种配离子的稳定常数相差越大，则转化反应越易进行，转化也越完全。

【例 9.2】 判断下列反应的方向

$$[Ag(NH_3)_2]^+ + 2CN^- \rightleftharpoons [Ag(CN)_2]^- + 2NH_3$$

已知：$K^{\ominus}_{不稳}[Ag(NH_3)_2^+]=6.00\times10^{-8}$　　$K^{\ominus}_{不稳}[Ag(CN)_2^-]=1.00\times10^{-21}$

解： 上述反应的平衡常数为

$$K=\frac{c[Ag(CN)_2^-]\cdot c^2[NH_3]}{c[Ag(NH_3)_2^+]\cdot c^2[CN^-]}$$

$$=\frac{c[Ag(CN)_2^-]\cdot c^2[NH_3]\cdot c[Ag^+]}{c[Ag^+]\cdot c^2[CN^-]\cdot c[Ag(NH_3)_2^+]}$$

$$=\frac{K^{\ominus}_{不稳}[Ag(NH_3)_2^+]}{K^{\ominus}_{不稳}[Ag(CN)_2^-]}=\frac{6.00\times10^{-8}}{1.00\times10^{-21}}=6.00\times10^{13}$$

上述反应的 K 很大，故反应正向进行，且较完全。若加入足够的 CN^-，$[Ag(NH_3)_2]^+$ 可以完全转化为 $[Ag(CN)_2]^-$。

9.4 配合物的应用

配合物的应用范围甚广，从 20 世纪 70 年代的湿法冶金，到金属的分离和提纯，到配位

催化及生命科学，配合物化学有着非常广泛的应用领域，下面简介如下。

9.4.1　金属的湿法冶金

将含有金、银单质的矿石放在 NaCN（或 KCN）的溶液中，经搅拌，借助于空气中氧的作用，使 Au 和 Ag 分别形成配合物 $[Au(CN)_3]^-$ 和 $Ag[(CN)_2]^-$ 而溶解。以 Au 为例，反应式为

$$4Au+8CN^-+2H_2O+O_2 = 4[Au(CN)_2]^-+4OH^-$$

然后在溶液中加 Zn 还原，即可得到 Au。反应式为

$$2[Au(CN)_2]^-+Zn = [Zn(CN)_4]^{2-}+2Au$$

我国铜矿的品位一般较低，通常是采用配位剂（或螯合剂，如 2-羟基-5-仲辛基二苯甲酮肟等）使铜富集起来。20 世纪 70 年代以来，应用溶剂萃取法回收铜是湿法冶金中一个较为突出的成就。

9.4.2　金属的分离和提纯

稀土金属元素的离子半径几乎相等，其化学性质也非常相似，难以用一般的化学方法使之分离。若利用它们与某种螯合剂，如二苯并-18-冠-6［$C_{20}H_{24}O_6$，简称冠醚（crown ether)］生成螯合物表现的性质差异，可对稀土进行萃取分离。较大、较轻的稀土离子可以和冠醚生成螯合物，易溶于有机溶剂，而重稀土离子则不能形成稳定的配合物。经用冠醚萃取后，重稀土留在水相，而轻金属则在有机相中。

又如，对镍钴矿粉在一定条件下通入 CO 气，镍与 CO 会生成液态 $[Ni(CO)_4]$（四羰基镍、剧毒）而与钴分离，然后再加热使之分解为高纯度的金属镍。钴不能与 CO 发生上述反应，故可利用这种方法分离镍和钴。

9.4.3　配位催化

过渡金属化合物 $PdCl_2$ 可以和乙烯分子配位，在形成的配合物中，乙烯分子中的 C═C 键增长，导致活化，经过该中间体乙烯转变为乙醛。反应过程较为复杂，可简单写为

$$PdCl_2+C_2H_4 = \text{配合物}+Cl^-$$

$$\text{配合物}+H_2O = CH_3CH_2O+2HCl+Pd$$

配位催化反应在石油化学工业及合成橡胶等行业中有着极其重要的应用前景。

9.4.4　配合物对人体生命活动的重要意义

生物体中的许多金属都是以配合物的形式存在的。现已证明，对人体有特殊生理功能的微量元素有 Mn、Fe、Co、Mo、Zn、I、V、Cr、Si、Cu、Sn、Se 等，它们均以配合物的形式存在于人体中，并且具有特异的生理功能。Fe、Cu 是许多酶的组分和蛋白质的关键元素。

抗癌金属配合物。顺-$[Pt(NH_3)_2Cl_2]$ 抗癌作用的发现，激起人们对金属配合物药物学的极大兴趣。顺-$[Pt(NH_3)_2Cl_2]$ 用于治疗会产生毒副作用，经过化学家们的努力，制出了与顺铂抗癌活性相近而毒性副作用较小的第二代药物：二卤茂铁。

人们吸入超剂量的金属元素就会患病，如何使这些过量金属排出体外呢？可以利用金属离子形成配合物后自人体排出。例如患 Hg^{2+} 中毒的人，可给予适量的 EDTA 螯合剂使 Hg^{2+} 形成螯合物而排出体外，从而得到治疗。

与生物体呼吸作用有密切关系的血红蛋白是铁和球蛋白（一种有机大分子物质）以及水所形成的配合物。该物质中的配位水分子可被氧气所置换。反应可写成

$$\text{血红蛋白}\cdot H_2O(aq)+O_2 = \text{血红蛋白}\cdot O_2(aq)+H_2O(l)$$

血红蛋白在肺里与 O_2 氧结合，然后随着血液循环再将氧释放给人体其他需要氧的器官。血

红蛋白是生物体在呼吸过程中传送氧的物质，所以又称为氧载体。当有 CO 气体存在时，氧合血红蛋白中的氧很快被 CO 置换（这可能是 CO 与血红蛋白中的 Fe^{2+} 能生成更稳定的螯合物所致）

$$\text{血红蛋白}\cdot O_2(aq) + CO \longrightarrow \text{血红蛋白}\cdot CO(aq) + O_2(g)$$

从而失去输送氧的功能。在约 37℃时（人的体温），上述置换反应的平衡常数约为 200，这意味着当空气中的 CO 浓度达到 O_2 浓度的 0.5%时，氧合血红蛋白中的氧就可能被 CO 取代，生物体就会因为得不到氧而窒息。

植物中的叶绿素是以镁离子为中心的配合物，它能进行光合作用，把太阳能转变成化学能。且这种配合物既是人体的营养物质，又具有某种抗菌作用。

复习题与习题

1. 解释下列名词
   (1) 配位体、配位原子和配位数
   (2) 外界与内界
   (3) 配合物和复盐
   (4) 单齿配体和多齿配体
2. 填充下表

配离子	中心离子	配位体	配位原子	中心离子的配位数	配离子电荷	配合物名称
$Na_3[AlF_6]$						
$[Co(en)_3]^{3+}$						
$[Cr(H_2O)_4Cl_2]Cl$						
$[PtCl_2(NH_3)_2]Cl_2$						

3. 写出下列配合物的化学式
   (1) 氯化二氯·水·三氨合钴（Ⅲ）
   (2) 四氨合铂（Ⅱ）酸四氨合铜
   (3) 二氯二羟基二氨合铂（Ⅳ）
   (4) 四（异硫氰酸根）、二氨合铬（Ⅲ）酸铵
4. $[HgCl_4]^{2-}$，$[NiCl_2(NH_3)_2]$ 为外轨型配合物，$[PtCl_4]^{2-}$，$[Pt(CN)_4]^{2-}$ 为内轨型配合物，试用价键理论讨论它们的空间结构和磁性质。
5. 根据实验测得的磁矩，判断下列各配离子哪几种是内轨型？哪几种是外轨型？
   (1) $[Fe(en)_2]^{2+}$　　$\mu=5.5$B. M.
   (2) $[Mn(SCN)_6]^{4-}$　　$\mu=6.1$B. M.
   (3) $[Fe(CN)_6]^{3-}$　　$\mu=2.4$B. M.
   (4) $[Mn(CN)_6]^{4-}$　　$\mu=1.8$B. M.
6. 下列物质中，哪些是螯合物？哪些是羰合物？
   $Na_3[Ag(S_2O_3)_2]$；　$Na_2[Fe(EDTA)]$；　$Ni(CO)_4$；　$Mo(CO)_6$。
7. 在 $100cm^3$ $0.5mol\cdot dm^{-3}$ 的 $Na_2S_2O_3$ 溶液中，能溶解 AgBr(s) 多少克？
8. 试判断下列反应的反应方向，并计算反应的平衡常数（已知：$[Co(SCN)_4]^{2-}$ 的 $K^{\ominus}_{稳}=1.00\times10^3$）。
   (1) $[FeF_6]^{3-} + 6CN^- \rightleftharpoons [Fe(CN)_6]^{3-} + 6F^-$
   (2) $[Co(SCN)_4]^{2-} + 6NH_3 \rightleftharpoons [Co(NH_3)_6]^{2+} + 4SCN^-$

第 10 章　重要单质及其化合物

【本章基本要求】

（1）联系物质结构的基础知识了解金属单质的熔点、硬度、导电性等物理性质的一般规律。

（2）联系周期系、电极电势了解某些非金属及其化合物的氧化还原性、酸碱性、热稳定性及与水作用时化学性质的一般规律。

（3）了解我国的丰产元素——稀土元素及其化合物的主要性质及用途。

"真正的化学是叙述性化学，即元素化学，只有理论没有性质，那就不是化学。"

——Humpherys

10.1 单　　质

人们对元素的发现、认识和利用，经历了漫长的历史时期。至今人们已发现并确认了117种元素，114号，116号于2012年10月24日由IUPAC正式命名为Fl和Lv；115号、113号于2004年报道，118号于2006年报道，但尚未经IUPAC正式命名，这些元素组成的单质和化合物千千万万。本章首先介绍金属单质和非金属单质。

从周期表分区看，s区、d区、ds区及f区元素均为金属，而p区元素是以其多样化为特点的。

一般认为，位于周期表p区的B—Si—As—Te—At和Al—Ge—Sb—Po两条对角线分别为非金属单质和金属单质的边界线。但是通常只将Al、Ga、In、Te、Sn、Pb和Bi七种元素当作金属，而Ge、Sb和Po三种元素虽作金属看待，但从成键状况判断它们更接近非金属。

10.1.1　单质的物理性质

10.1.1.1　金属单质的熔点和沸点

图10.1和图10.2分别列出了一些金属单质的熔点和沸点。图中圆点的相对大小表达了熔点、沸点的高低，由图中数据不难看出以下规律。

（1）从周期表看，金属单质的熔点沸点的变化趋势是基本一致的。即呈现中间高、两端低的特点，熔点较高的金属集中在第Ⅵ副族附近。钨（W）的熔点为3410℃，是熔点最高的金属。而第Ⅵ副族两侧向左或向右，金属单质的熔点趋于降低。汞是常温下惟一的液态金属，熔点为−38.84℃。铯的熔点为为28.4℃，镓的熔点为29.78℃，均低于人的体温。金属沸点变化与熔点规律大致平行，钨也是沸点最高的金属。

（2）从分区上看，熔点、沸点较高的金属主要集中在d区，尤其是Ⅳ～Ⅶ副族的金属。其主要原因是由于它们的原子半径较小，而有效核电荷较大，以及原子中能参加成键的价电子数较高。在d区和ds区元素中，从左到右未成对的d电子数逐渐递增，到ⅤB、ⅥB、ⅦB族为最多，这些d电子参与成键，因而增强了金属键以及晶格的能量。钨（W）和铼（Re）的熔点、沸点是金属中最高的。钛、锆、钒、铌、钽、铬、钼、钨、锰、钴、镍等都

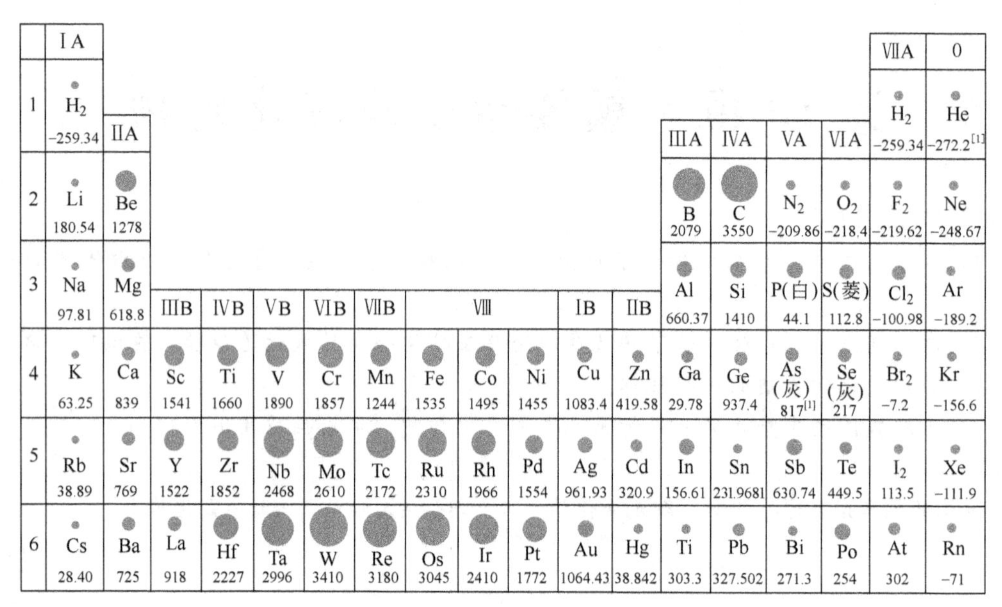

	ⅠA	ⅡA	ⅢB	ⅣB	ⅤB	ⅥB	ⅦB	Ⅷ			ⅠB	ⅡB	ⅢA	ⅣA	ⅤA	ⅥA	ⅦA	0
1	H_2 -259.34																H_2 -259.34	He -272.2[1]
2	Li 180.54	Be 1278											B 2079	C 3550	N_2 -209.86	O_2 -218.4	F_2 -219.62	Ne -248.67
3	Na 97.81	Mg 618.8											Al 660.37	Si 1410	P(白) 44.1	S(菱) 112.8	Cl_2 -100.98	Ar -189.2
4	K 63.25	Ca 839	Sc 1541	Ti 1660	V 1890	Cr 1857	Mn 1244	Fe 1535	Co 1495	Ni 1455	Cu 1083.4	Zn 419.58	Ga 29.78	Ge 937.4	As(灰) 817[1]	Se(灰) 217	Br_2 -7.2	Kr -156.6
5	Rb 38.89	Sr 769	Y 1522	Zr 1852	Nb 2468	Mo 2610	Tc 2172	Ru 2310	Rh 1966	Pd 1554	Ag 961.93	Cd 320.9	In 156.61	Sn 231.9681	Sb 630.74	Te 449.5	I_2 113.5	Xe -111.9
6	Cs 28.40	Ba 725	La 918	Hf 2227	Ta 2996	W 3410	Re 3180	Os 3045	Ir 2410	Pt 1772	Au 1064.43	Hg 38.842	Ti 303.3	Pb 327.502	Bi 271.3	Po 254	At 302	Rn -71

图 10.1　单质的熔点（单位：℃）

（右上角带[1]者系在加压下）

	ⅠA	ⅡA	ⅢB	ⅣB	ⅤB	ⅥB	ⅦB		Ⅶ		ⅠB	ⅡB	ⅢA	ⅣA	ⅤA	ⅥA	ⅦA	0
1	H_2 -252.87																H_2 -252.87	He -268.934
2	Li 1342	Be 2970[1]											B 2550[2]	C 3830–3930[3]	N_2 -195.8	O_2 -182.62	F_2 -219.62	Ne -246.048
3	Na 382.9	Mg 1090											Al 2467	Si 2355	P(白) 280	S 444.674	Cl_2 -34.6	Ar -185.7
4	K 760	Ca 1484	Sc 2836	Ti 3287	V 3380	Cr 2672	Mn 1962	Fe 2750	Co 2870	Ni 2732	Cu 2567	Zn 907	Ga 2403	Ge 2830	As(灰) 613[2]	Se(灰) 684.9	Br_2 58.78	Kr -152.30
5	Rb 686	Sr 1384	Y 3338	Zr 4377	Nb 4742	Mo 4612	Tc 4877	Ru 3900	Rh 3727	Pb 2970	Ag 2212	Cd 765	In 2080	Sn 2270	Sb 1950	Te 989.8	I_2 184.35	Xe -107.1
6	Cs 669.3	Ba 1640	La 3464	Hf 4602	Ta 5425	W 5660	Re 5627	Os 5027	Ir 4130	Pt 3827	Au 2808	Hg 355.68	Tl 1457	Pb 1740	Bi 1560	Po 962	At 337	Rn -61.8

图 10.2　单质的沸点（单位：℃）

（右上角带［1］者系在加压下；带［2］者表示升华；带［3］者系在加压下）

是重要的合金钢元素。

p 区的左下方是金属，其熔点、沸点在金属中是较低的，而锡、铅、铋是常用的易熔合金原料。

s 区的金属主要表现为密度小，俗称轻金属，也是低熔金属。

10.1.1.2　金属单质的硬度和导电性

图 10.3 和图 10.4 列出了周期表中元素单质的硬度和电导率。就金属而言，每周期两

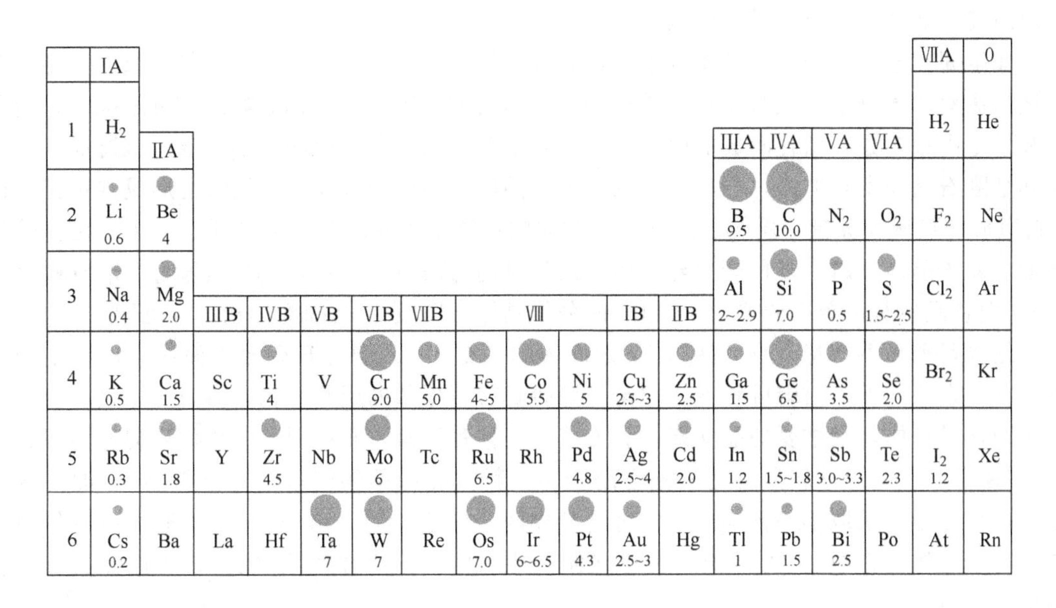

图 10.3　单质的硬度①

① 以金刚石等于 10 的莫氏硬度表示。这是按照不同矿物的硬度来区分的，硬度大的可以在硬度小的物体表面刻出线纹。这十个等级是：1. 滑石，2. 岩盐，3. 方解石，4. 萤石，5. 磷灰石，6. 冰晶石，7. 石英，8. 黄玉，9. 刚玉，10. 金刚石

	ⅠA	ⅡA	ⅡB	ⅣB	ⅤB	ⅥB	ⅦB		Ⅷ		ⅠB	ⅡB	ⅢA	ⅣA	ⅤA	ⅥA	ⅦA	0
1	H_2																H_2	He
2	Li 10.8	Be 28.1											B 5.6×10^{-11}	C 7.273×10^{-2}	N_2	O_2	F_2	Ne
3	Na 21.0	Mg 24.7											Al 37.74	Si 3.0×10^{-5}	P 1×10^{-15}	S 5×10^{-19}	Cl_2	Al
4	K 13.9	Ca 29.8	Sc 1.78	Ti 2.38	V 5.10	Cr 7.75	Mn 0.6944	Fe 10.4	Co 16.0	Ni 16.6	Cu 59.59	Zn 16.9	Ga 5.75	Ge 2.2×10^{-6}	As 3.00	Se 1×10^{-4}	Br_2	Kr
5	Rb 7.806	Sr 7.69	Y 1.68	Zr 2.38	Nb 8.00	Mo 18.7	Tc	Ru 13	Rh 22.2	Pd 9.488	Ag 68.17	Cd 14.6	In 11.9	Sn 9.09	Sb 2.56	Te 3×10^{-4}	I_2 7.7×10^{-13}	Xe
6	Cs 4.888	Ba 3.01	La 1.63	Hf 3.023	Ta 7.7	W 19	Re 5.18	Os 11	Ir 19	Pt 9.43	Au 48.76	Hg 1.02	Tl 5.6	Pb 4.843	Bi 0.9363	Po	At	Rn

图 10.4　单质的电导率（单位：$S\cdot m^{-1}$）

端的金属单质硬度小，中间过渡金属硬度大，硬度最大的是ⅥB 族的铬。而非金属中以ⅣA族的金刚石的硬度为最大。

从导电性来看，ⅠB 族集中了导电性最优良的金属元素——铜、银、金（又称造币元素），当然 Al 也是导电性优异的金属，尤其以其价廉、质轻使之得到了更为广泛的应用。

10.1.1.3 非金属单质的晶格特点

非金属元素单质的晶体类型较多。稀有气体均为单原子分子。卤素、氢、氧、氮则以共价键形成双原子分子，这些元素的单质分子又均借助于范德华力构成典型的分子晶体。金刚石和硅是由很多原子结合而成的原子晶体，其中每个碳原子均以四个 sp^3 杂化轨道成键。石墨和金刚石是同素异形体，石墨为层状结构，同层的碳原子以 sp^2 杂化轨道形成共价键，以 p 轨道形成离域大 π 键，层与层之间则以微弱的范德华力相结合。硼单质是一个结构比较复杂的类原子晶体。磷有多种同素异形体，最常见的为白磷（又称黄磷，有剧毒）和红磷（无毒）。白磷晶体是由单个的 P_4 分子组成的分子晶体，P_4 分子是四面体构型（见图 10.5）。红磷的结构目前尚不清楚，有人认为 P_4 四面体的一个 P—P 键打开后相连而成为链状结构晶体。在一定条件下，白磷可转变成黑磷，黑磷具有石墨状的层状结构，具有导电性。硫也有许多同素异形体，最重要的晶状硫是斜方硫（又称菱形硫）和单斜硫。单斜硫只稳定存在于 368.5K 以下，室温下斜方硫是最稳定的变体。斜方硫和单斜硫单个分子都是 S_8 的环状分子，每个 S 原子采取不等性 sp^3 杂化轨道形成两个共价单键，单个 S_8 分子通过范德华力结合成分子晶体。将约 250℃的液态硫迅速倾入冷水中可形成弹性硫（S_x），弹性硫具有链状结构。

综上所述，非金属元素单质按其晶体结构可分为三类：一类是由一个或两个原子组成的小分子物质，如卤素、稀有气体等；另一类是多原子分子物质，如 S_8、Se_8、P_4、As_4 等；第三类为巨型分子物质，如金刚石、单晶硅等，还包括无限的链状分子（如灰硒）和层状晶体（如石墨、灰砷等），如图 10.5 所示。

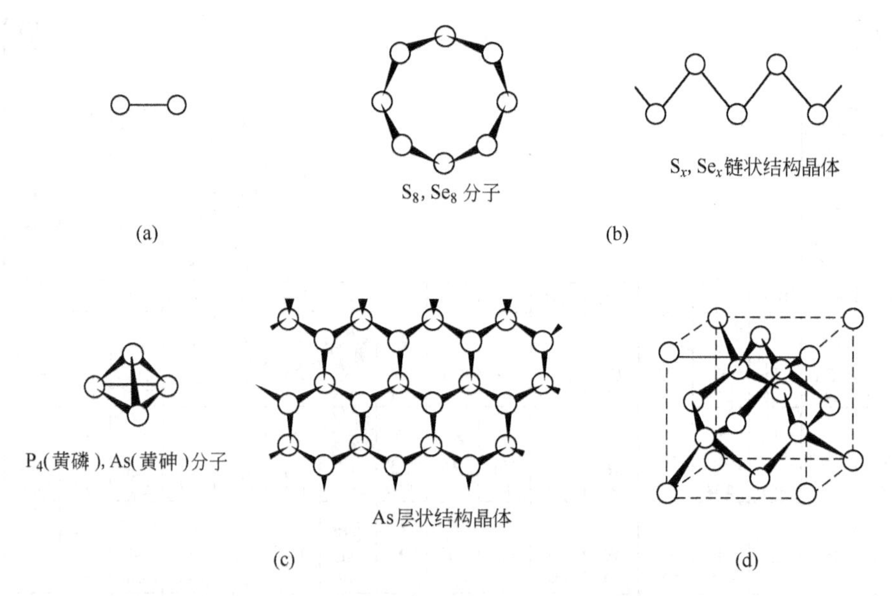

图 10.5 一些非金属单质的分子或晶体结构示意图
（a）第Ⅶ主族，X_2（卤素）分子；（b）第Ⅵ主族；（c）第Ⅴ主族；
（d）第Ⅳ主族 C（金刚石），Si 原子晶体

单质上述物理性质的变化与它们的原子结构及晶体结构有关，或者说主要决定于它们的晶体类型、晶格结点上粒子间的作用力和晶格的能量。表 10.1 列出了主族元素及零族元素的单质晶体类型。联系上述物理性质的变化趋势不难从结构上找到答案。

表 10.1　主族元素及零族元素的单质的晶体类型

ⅠA	ⅡA	ⅢA	ⅣA	ⅤA	ⅥA	ⅦA	0
H_2 分子晶体							He 分子晶体
Li 金属晶体	Be 金属晶体	B 近原子晶体	C 金刚石 原子晶体， 石墨 层状晶体	N_2 分子晶体	O_2 分子晶体	F_2 分子晶体	Ne 分子晶体
Na 金属晶体	Mg 金属晶体	Al 金属晶体	Si 原子晶体	P_4 白磷 分子晶体， 黑磷 P_x 层状晶体	S_8 斜方硫、 单斜硫 分子晶体， 弹性硫 S_x 链状晶体	Cl_2 分子晶体	Ar 分子晶体
K 金属晶体	Ca 金属晶体	Ga 金属晶体	Ge 原子晶体	As_4 黄砷 分子晶体， 灰砷 As_x 层状晶体	Se_8 红硒 分子晶状， 灰硒 Se_x 链状晶体	Br_2 分子晶体	Kr 分子晶体
Rb 金属晶体	Sr 金属晶体	In 金属晶体	Sn 灰锡 原子晶体， 白锡 金属晶体	Sb_4 黑锑 分子晶体， 灰锑 Sb_x 层状晶体	Te 灰碲 链状晶体	I_2 分子晶体	Xe 分子晶体
Cs 金属晶体	Ba 金属晶体	Tl 金属晶体	Pb 金属晶体	Bi 层状晶体 （近于金属晶体）	Po 金属晶体	At	Rn 分子晶体

10.1.2　单质的化学性质

10.1.2.1　金属单质的化学性质

金属单质最突出的化学性质为还原性。在短周期中，从左到右由于元素核电荷数的递增，原子半径逐渐减小。另一方面，元素最外层电子数依次增多，因此同一周期从左到右金属单质的还原性逐渐减弱；同一主族自上而下，虽然核电荷数增加，但原子半径增大，金属单质的还原性逐渐增强。

（1）金属与氧的作用　s 区金属元素十分活泼，具有很强的还原性，容易与氧化合。如，锂易生成氧化物，钠钾加热时迅速燃烧，铷和铯能自燃。

s 区金属在空气中燃烧除生成正常氧化物外，如 Li_2O、BeO、MgO，还能生成过氧化物，如 Na_2O_2、BaO_2。过氧化物中含过氧键—O—O—。过氧化物（逆磁性）都是强氧化剂，遇到棉花、木炭或银粉等还原性物质，会发生爆炸。与水反应会生成 H_2O_2，与 CO_2 反应会放出氧气

$$Na_2O_2 + 2H_2O \xlongequal{\quad} 2NaOH + H_2O_2$$

$$2Na_2O_2 + 2CO_2 \xlongequal{\quad} 2Na_2CO_3 + O_2$$

金属 K、Rb、Cs 及 Ca、Sr、Ba 在过量氧气中燃烧会生成超氧化物，如 KO_2、BaO_4。

超氧化物含有超氧离子O_2^-，因此超氧化物（顺磁性）更不稳定，有更强的氧化性，与水剧烈反应，与CO_2反应均放出O_2

$$2KO_2+2H_2O \xlongequal{} 2KOH+H_2O_2+O_2\uparrow$$

$$4KO_2+2CO_2 \xlongequal{} 2K_2CO_3+3O_2$$

因此，过氧化物和超氧化物都可作高空飞行和潜水人员的供氧剂。

p区金属的活泼性比s区弱，Sn、Pb、Sb、Bi在常温下与空气无显著作用。铝较活泼，空气中铝能与氧生成一层致密的氧化物保护膜，阻止氧化反应的进一步发生。因而，在常温下，铝在空气中很稳定。锡的抗腐蚀性能较好，有些金属镀锡既美观又防锈。高温时，p区金属与氧剧烈反应，例如

$$2Al(g)+\frac{3}{2}O_2(g) \xlongequal{} Al_2O_3(s) \qquad \Delta_r H_m^{\ominus}=-1\ 675.7kJ\cdot mol^{-1}$$

在冶金上利用铝作还原剂能夺取许多氧化物中的氧，冶炼难熔金属如Ni、Cr、Mn、V等的方法叫铝热还原法。

（2）与水的作用　s区元素都能与水作用，置换出氢气，生成相应的氢氧化物，并放出大量的热，例如

$$Ca+2H_2O \xlongequal{} Ca(OH)_2+H_2(g) \qquad \Delta_r H_m^{\ominus}=-431kJ\cdot mol^{-1}$$

$$2Na+2H_2O \xlongequal{} 2NaOH+H_2(g) \qquad \Delta_r H_m^{\ominus}=-184kJ\cdot mol^{-1}$$

与水反应的激烈程度，随主族元素自上而下金属活泼性的递增，反应的激烈性增强。钠与水反应剧烈，但一般不燃烧，钾则燃烧，而铷和铯甚至发生爆炸。镁与冷水反应很慢，加热时反应加快，钙与水反应较为剧烈。碱土金属与水反应比碱金属与水反应缓慢的主要原因是，碱土金属形成的氢氧化物溶解度小，而且覆盖在金属表面之故。

（3）与酸、碱的作用　s区金属与稀酸作用放出氢气的反应更为剧烈，甚至发生爆炸。

p区金属大都能与稀盐酸和稀硫酸反应放出氢气。Be、Al、Sn、Pb除与稀酸作用外，还能与强碱作用，生成相应的含氧酸盐并放出氢气，表现为两性，例如

$$2Al+2NaOH+6H_2O \xlongequal{} 2NaAl(OH)_4+3H_2\uparrow$$

值得一提的是，铝能被冷的浓H_2SO_4、浓HNO_3或稀HNO_3所钝化，因此常用铝桶装浓H_2SO_4和浓HNO_3等化学试剂。

10.1.2.2　非金属单质的化学性质

非金属单质由于元素具有较高的电负性，因此主要表现为氧化还原性。下面从活泼性差异上来进行讨论。

（1）活泼的非金属单质　卤素单质F_2、Cl_2、Br_2、I_2具有较强的氧化性，常为氧化剂。卤素的氧化能力为$F_2>Cl_2>Br_2>I_2$。它们都能与金属、非金属和氢作用。其反应的剧烈程度与氧化能力成正比。

氧是人们所熟知的非金属单质，能同许多金属和非金属作用生成氧化物。在室温时，在酸性和碱性溶液中也显示一定的氧化性。

（2）较不活泼的非金属单质　C、H_2、Si等常用作还原剂。碳在高温下与O_2、金属氧化物、硫等发生反应，如

$$MgO+C \xlongequal{2000℃} Mg+CO\uparrow$$

Si在高温时能与卤素作用，生成SiX_4；在973K时能与O_2反应生成SiO_2。

（3）多数非金属单质　大多数非金属单质既有氧化性又有还原性，其中Cl_2、Br_2、I_2、

P_4 能发生歧化反应。

卤素与水的反应是一个典型的歧化反应

$$X_2 + H_2O = HX + HXO$$

在加热时，卤素与碱液发生如下反应

$$X_2 + 2OH^- \xlongequal{加热} X^- + XO^- + H_2O$$

而氟强烈分解水，所以无上述反应。

(4) 不活泼的非金属单质　例如稀有气体、N_2 等通常不与其他物质反应，常作惰性介质和保护性气体。

但要注意，氮在高温时能与金属镁发生反应

$$3Mg + N_2 = Mg_3N_2$$

因此，不能用 N_2 扑救着火的金属镁。

10.2 中国的丰产元素——稀土元素

在周期表第 56 号元素钡之后的位置上，包含有 15 种元素，即从第 57 号镧到第 71 号镥，统称为镧系元素（Lanthanide 简写为 Ln)。在镧系元素中，第 61 号钷（音颇）具有放射性。周期系第Ⅲ副族中的的钪、钇以及其他镧系元素性质都非常相似，并在矿物中共生在一起，这 17 种元素总称为稀土元素（rare earths，简写为 RE)。

稀土元素并不稀少，在地壳中的稀土元素总量比预想的要多，但稀土元素矿藏分散，可供工业利用的矿石相当有限。因此，稀土元素的开发、研究和应用都较晚。

中国的稀土元素资源极为丰富，分布遍及十多个省，储量为世界其他各国总和的 4 倍还多，其次是美国、印度、加拿大和巴西等国。

高新技术的发展需要新型的功能材料作支撑，而作为新型功能材料的主要构成元素——稀土元素，已经在化工、玻璃、陶瓷、冶金、电子、原子能等许多工业领域被广泛应用。

通常将稀土元素分为铈组元素（又称轻稀土，包括镧、铈、镨、钕、钷、钐、铕）和钇组元素（又称重稀土，包括钆、铽、镝、钬、铒、铥、镱、镥和钇)。下面讨论镧系元素的性质、制取及用途。

10.2.1 镧系元素的通性

10.2.1.1 价电子层结构与氧化数

镧系元素的电子层结构最外层和次外层基本相同（都是 $5d^1 6s^2$ 或 $5d^0 6s^2$)，只是 4f 轨道上的电子数不同，因而它们性质非常相似，常称为内过渡元素。表 10.2 列出的价电子层结构是根据原子光谱和电子束共振实验获得的结果。

镧系元素在形成化合物时，最外层的 s 电子和次外层的 d 电子都可参与成键。另外，部分 4f 电子也可参与成键。从表 10.2 可以看出，镧系元素原子的第一电离能、第二电离能、第三电离能的总和 ΣI 较低。因而，主要表现为ⅢB 族元素的特征氧化数为 +3，其次还可形成氧化数为 +4 或 +2 的化合物。例如，形成氧化数为 +4 的化合物只有 Ce、Pr、Nd、Tb、Dy 几种元素，形成氧化数为 +2 的化合物有 Sm、Eu、Yb、Ce、Nd、Tm、Dy、Er、Lu 等几种元素。镧系元素的氧化数变化情况如图 10.6 所示。从图 10.6 中可以看出，每隔 7 个元素，氧化数呈现重复性变化，这与 4f 电子数目的变化相关。

表 10.2 镧系元素的一些性质

原子序数	元素符号	价层电子结构	金属原子半径/pm	Ln^{3+}离子半径/pm	Ln^{3+} 4f 电子数	ΣI ($I_1+I_2+I_3$) /$kJ \cdot mol^{-1}$	单质熔点/K
57	La	$5d^16s^2$	187.7	106.1	$4f^0$	3455.4	1194
58	Ce	$4f^15d^16s^2$	182.4	103.4	$4f^1$	3524	1072
59	Pr	$4f^3\ 6s^2$	182.8	101.3	$4f^2$	3627	1204
60	Nd	$4f^4\ 6s^2$	182.1	99.5	$4f^3$	3694	1294
61	Pm	$4f^5\ 6s^2$	181.0	97.9	$4f^4$	3738	1441
62	Sm	$4f^6\ 6s^2$	180.2	96.4	$4f^5$	3871	1350
63	Eu	$4f^7\ 6s^2$	204.2	95.0	$4f^6$	4032	1095
64	Gd	$4f^75d^16s^2$	180.2	93.8	$4f^7$	3752	1586
65	Tb	$4f^9\ 6s^2$	178.2	92.3	$4f^8$	3786	1620
66	Dy	$4f^{10}\ 6s^2$	177.3	90.8	$4f^9$	3898	1685
67	Ho	$4f^{11}\ 6s^2$	176.6	89.4	$4f^{10}$	3920	1747
68	Er	$4f^{12}\ 6s^2$	175.7	88.1	$4f^{11}$	3930	1802
69	Tm	$4f^{13}\ 6s^2$	174.6	86.9	$4f^{12}$	4043.7	1818
70	Yb	$4f^{14}\ 6s^2$	194.0	85.8	$4f^{13}$	4193.4	1092
71	Lu	$4f^{14}5d^16s^2$	173.4	84.8	$4f^{14}$	3885.5	1936

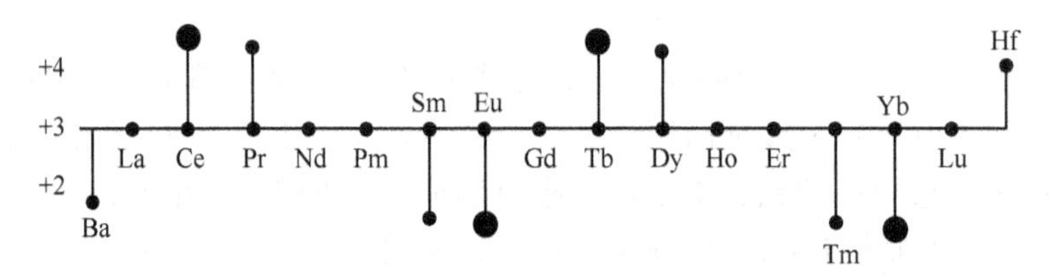

图 10.6 镧系元素氧化数

图中以黑圆点的大小表示具有这种氧化值的化合物的稳定性，大者稳定，小者不稳定

10.2.1.2 原子半径和离子半径

由表 10.2 可以看出，镧系元素的原子半径和离子半径，总的变化趋势是随着原子序数的增加而缓慢减小，这种现象称为镧系收缩。由于镧系收缩使 Lu 以后的 Hf 在原子半径和离子半径上与同族的 Zr 相近，并使 VB 及以后的各副族都受到影响，使第一过渡系与第二过渡系性质差别较大，而第二和第三过渡系元素性质差别较小。

镧系收缩的原因是 4f 的屏蔽作用不完全，在填充 f 电子时，4f 电子所受到的有效核电荷的吸引逐渐增加，对外电子层的吸引也逐渐增强，结果使整个电子层依次收缩，收缩的积累就是镧系收缩。

Ln^{3+} 半径作单方向有规律收缩（见图 10.8），而且比原子半径（见图 10.7）收缩更为强烈。Ln^{3+} 从 f^0 到 f^{14}，逐个地增加 1 个 f 电子，有效核电荷亦依次增加。因此，Ln^{3+} 半径依次有规律地减小。Ln^{3+} 的构型十分相似，所带电荷相同，而离子半径相差不大（相差最多也不过 3pm），致使 Ln^{3+} 性质极为相似，这也就造成分离上的困难。

10.2.1.3 离子的颜色

表 10.3 列出了 Ln^{3+} 等在晶体或水溶液中的颜色。从中可看出，La^{3+}($4f^0$)，Gd^{3+}($4f^7$) Lu^{3+}($4f^{14}$)Ce^{3+}($4f^1$)，Yb^{3+}($4f^{13}$) 都是无色的，而 Eu^{3+}($4f^6$) 和 Tb^{3+}($4f^8$) 也近乎无色，这是由于 4f 轨道全空、半充满或全充满，以及接近这些结构是稳定或比较稳定所致，4f 电子不能被可见光激发。其他构型的离子一般有颜色是因为 4f 电子基态和激发态能量相近，遇到白光，能吸收其中一部分，使 4f 电子由基态跃迁到激发态，即 f—f 跃迁。+3 价镧系离子的显著特点是具有 f^x 和 f^{14-x}(x=0，1，2，…，7) 相同或相近的离子颜色。

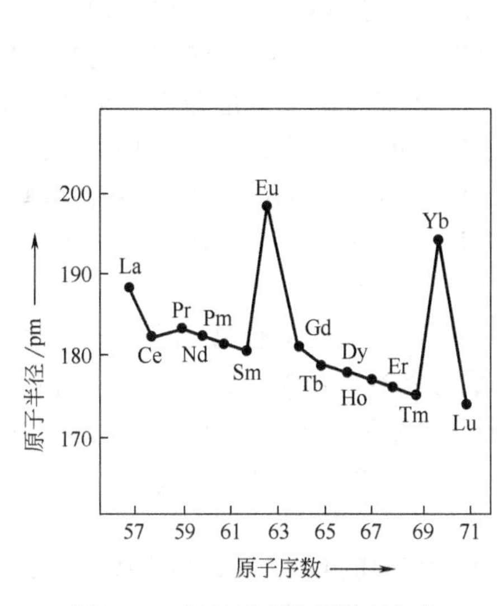

图10.7 镧系元素的原子半径与原子序数关系示意图

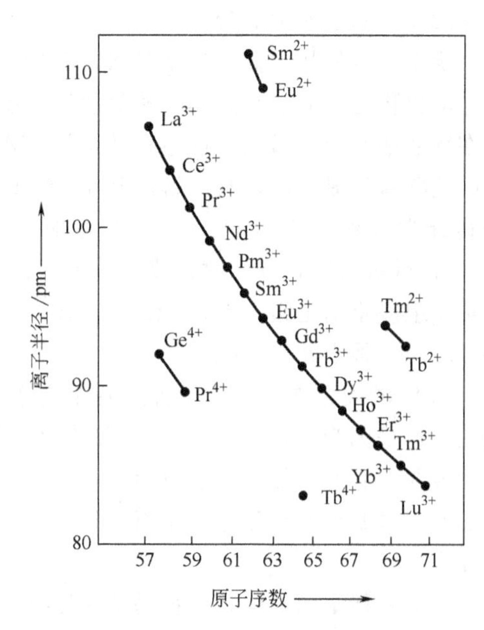

图10.8 镧系元素的离子半径与原子序数关系示意图

表10.3 Ln^{3+}在晶体或水溶液中的颜色

离子	成单电子数	颜色	离子	成单电子数	颜色
La^{3+}	0 ($4f^0$)	无	Lu^{3+}	0 ($4f^{14}$)	无
Ce^{3+}	1 ($4f^1$)	无	Yb^{3+}	1 ($4f^{13}$)	无
Pr^{3+}	2 ($4f^2$)	绿	Tm^{3+}	2 ($4f^{12}$)	黄绿
Nd^{3+}	3 ($4f^3$)	浅紫	Er^{3+}	3 ($4f^{11}$)	淡红
Pm^{3+}	4 ($4f^4$)	粉红、淡黄	Ho^{3+}	4 ($4f^{10}$)	褐黄
Sm^{3+}	5 ($4f^5$)	黄	Dy^{3+}	5 ($4f^9$)	浅黄绿
Eu^{3+}	6 ($4f^6$)	淡玫瑰	Tb^{3+}	6 ($4f^8$)	浅玫瑰
Gd^{3+}	7 ($4f^7$)	无	Gd^{3+}	7 ($4f^7$)	无

10.2.1.4 金属活泼性

镧系元素都是活泼金属，活泼性仅次于碱金属和碱土金属。它们都是强还原剂，与水作用可放出氢，与酸反应更激烈。在不太高的温度下可与氧、硫、氯等反应。

10.2.2 稀土元素的重要化合物

10.2.2.1 氢氧化物

$Ln(OH)_3$的碱性接近碱土金属氢氧化物，不显两性，只能溶于酸而成盐。溶解度却比碱土金属氧化物小得多，因此可用氨水沉淀生成$Ln(OH)_3$。其$Ln(OH)_3$的溶解度是随温度的升高而降低，在这方面又和$Ca(OH)_2$相似。

10.2.2.2 氧化物

将氢氧化物、硝酸盐或草酸盐在空气中灼烧，铈生成黄色CeO_2，镨生成棕黑色Pr_6O_{11}，铽生成暗棕色Tb_4O_7，其余的都生成Ln_2O_3。Ln_2O_3的颜色变化规律基本上与+3氧化数离子颜色变化规律相同。它们的熔点相当高，都在2000℃以上。Ln_2O_3不溶于水和碱性介质，但易溶于强酸中。Ln_2O_3可从空气中吸收CO_2和水蒸气形成碱式碳酸盐。它们在水中发生水合作用而形成水合氧化物。

10.2.2.3　稀土元素的盐

稀土元素的盐多数含有结晶水，其硝酸盐、硫酸盐及氯化物易溶于水，而草酸盐、碳酸盐、氟化物是难溶盐。尤其是草酸盐溶解度很小，其在水中的溶解度从 La 到 Lu 依次减小，但在稀酸中却依次增大，这些特征可用于稀土元素的分离。稀土元素的硫酸盐能与碱金属或铵的硫酸盐形成复盐，其溶解度从 La 到 Lu 依次增加。按稀土元素硫酸盐溶解度的大小可将其分为 3 组：难溶盐组，也称为铈组或轻稀土组，包括 La^{3+}、Ce^{3+}、Pr^{3+}、Nd^{3+}、Sm^{3+}；微溶盐组，也称铽组或中重稀土组，包括 Eu^{3+}、Gd^{3+}、Tb^{3+}、Dy^{3+}；易溶盐组，也称钇组或重稀土组，包括 Ho^{3+}、Er^{3+}、Tm^{3+}、Yb^{3+}、Lu^{3+}、(Y^{3+})(Sc^{3+}) 等。

10.2.2.4　稀土元素的配合物

Ln^{3+}的配合物较少，只有同强配位体（如 EDTA）所形成的配合物在热力学上才是稳定的。这是因为 Ln^{3+} 的 f 电子被有效地屏蔽起来，成为稀有气体型结构的离子，因而成键能力较弱。它们一般通过静电引力吸引配位体，在金属和配位体间的作用力具有相当程度的离子性。最常见的配位原子是氧和氮。由于 Ln^{3+} 半径大于过渡金属离子，因此 Ln^{3+} 的配位数较高。

在所有稀土元素中，铈最易变为 Ce^{4+}。Ce^{4+} 与 Ce^{3+} 性质很不相同，易形成配位数为 6 至 8 的配合物。将铈组化合物酸化后与草酸相互作用，除 Ce 以外所有铈组元素都将成为难溶的简单盐析出，惟有 Ce^{4+} 离子留在溶液中形成配合物 $(NH_4)_4[Ce(C_2O_4)_4]$。

10.2.3　稀土元素的制取

从矿石中提取稀土时，一般要经过选矿获得精矿、用化学方法分解精矿分离出混合稀土、从混合稀土中分离提取单一的纯稀土元素等步骤。

10.2.3.1　混合稀土的制取

独居石是稀土与钍的磷酸盐矿物 $[REPO_4 \cdot Th_3(PO_4)_4]$，以轻稀土为主，可采用酸分解法或碱分解法。

(1) 碱分解法是将独居石精矿与 $w(NaOH)=0.55$ 加热，发生下面的转化

$$LnPO_4 + 3NaOH \longrightarrow Ln(OH)_3 \downarrow + Na_3PO_4$$

然后用水浸取分离可溶性磷酸钠，滤渣是混合稀土氢氧化物，再用盐酸将其溶解就得到混合稀土。

(2) 酸分解法是将独居石用浓硫酸处理（250℃），发生下列反应

$$2LnPO_4 \downarrow + 3H_2SO_4 \longrightarrow Ln_2(SO_4)_2 + 2H_3PO_4$$

$$ThSiO_4 + 2H_2SO_4 \longrightarrow Th(SO_4)_2 + SiO_2 + 2H_2O$$

用冷水浸取并小心使溶液中和，加入 $Na_4P_2O_7$，此时钍沉淀为焦磷酸盐 ThP_2O_7 而被分离掉，然后用草酸使稀土元素沉淀为草酸盐，将沉淀物灼烧得氧化物，溶于硫酸得混合稀土的硫酸盐。

10.2.3.2　单一稀土的制取

从混合稀土中分离提取单一的稀土元素是很困难的，这主要是因为稀土元素性质十分相似，其次是因为伴生杂质较多。常用的分离方法有：化学分离法、离子交换法、溶剂萃取法。化学分离法包括分级结晶法和分级沉淀法及氧化还原法等以往的经典方法，目前生产上主要用离子交换法和溶剂萃取法。

(1) 离子交换法的主要设备是离子交换柱，一般用有机玻璃或聚氯乙烯制成，里面填充阳离子交换树脂，当用离子交换法分离元素时，一般有吸附、淋洗（解吸）等步骤。

当含有稀土元素的混合液进入离子交换柱后，就会发生稀土元素和交换柱上的 NH_4^+ 交换而使稀土元素留在交换柱上，而 NH_4^+ 进入溶液中。由于稀土元素性质相似，树脂对它们几乎没有选择性。

稀土元素被树脂吸附后，下一步就是淋洗。一般，淋洗液与稀土元素可形成配合物或螯合物，但不同稀土元素的稳定常数也不同，完成分离取决于稳定常数的差别。当刚开始接受到的淋出液中是最稳定的配合物，而后面接受的淋出液中是稳定性较差的配合物，这就达到了分离的目的。

(2) 溶剂萃取分离稀土元素的原理就是根据稀土元素的盐类在水溶液和有机萃取剂中的分配系数不同，从而将稀土元素得以分离开。

10.2.4　稀土元素的应用

"混合稀土"（即指未分离的）很早就用作打火石，后来应用在冶金方面。现在应用在电磁材料、发光材料、玻璃、陶瓷材料和原子能材料等方面，都需要利用经过分离后所得的某种元素或特定化合物所具有的某种性质。而在冶金和用作催化剂方面，仍可使用混合稀土。

混合稀土在炼钢中可以起脱氧、脱硫的作用。氢在稀土金属中的溶解度很大，所以可用混合稀土吸收钢水中的氢以避免氢脆。在不锈钢中加入稀土可提高其在热加工时的可锻性。在铸铁中加入稀土可使石墨球化，制成球墨铸铁。

在石油裂化反应中，加少量（1%～5%）混合稀土，可使分子筛催化剂的效率增加 3 倍，催化剂的寿命也可提高。从而提高石油产品的产量。

CeO_2 是精密光学玻璃的抛光剂，含 La_2O_3 的光学玻璃有很高的折射率。把成千上万根像头发丝般的这种玻璃纤维制成任意弯曲的透光玻璃棒，可用在医疗上作直接探视人肠胃和腹腔的内窥镜。

陶瓷制品中，应用稀土元素可使制品光彩明亮，鲜艳柔和，如用稀土元素配制成镨锆黄、镨钕锆绿、铈黄、铒红以及钕紫等。

Y 和 Eu 的氧化物用作光材料，特别是 Eu_2O_3（渗入 Y_2O_3 或 Gd_2O_3 中）在彩色电视机中用作红色荧光体，光亮度强，色彩鲜艳，性能稳定。Nd 和 Eu 的化合物具有激光活性。

在磁性材料方面有稀土-Co 永磁、$SmCo_5$ 永磁等。

在原子能材料方面，Sm、Eu、Gd、Dy、Er 等都有较高的中子俘获面积，可作反应堆控制棒材料；而 Ce 和 Y 的中子俘获面积很小，可作核燃料的稀释剂。

硝酸镧在环境保护方面亦得到应用，它可以很有效地除去污水中的磷酸盐。含磷酸盐的污水如果被排放到自然水中去会促进海藻增殖，使水变质。

近年来，稀土元素在对氢材料、超导材料、核燃料及环境保护等方面也获得了广泛的应用，在材料科学中占有极其重要的地位。

10.3　重要的无机化合物

10.3.1　卤化物

卤化物是指卤素与电负性比卤素小的元素所组成的二元化合物。卤化物中着重讨论氯化物。

10.3.1.1　氯化物的熔点、沸点

氯化物的熔点和沸点大致分成三种情况：活泼金属的氯化物如 NaCl、KCl、$BaCl_2$ 等熔

点、沸点较高；非金属的氯化物如 PCl_3、CCl_4、$SiCl_4$ 等熔点、沸点都很低；而位于周期表中部的金属元素的氯化物如 $AlCl_3$、$FeCl_3$、$CrCl_3$、$ZnCl_2$ 等熔点、沸点介于两者之间，大多偏低。表 10.4 及表 10.5 列出了第三周期主族元素的氟化物、氯化物的熔点和沸点。

表 10.4 第三周期元素氟化物的熔点、沸点及键型

卤 化 物	NaF	MgF_2	AlF_3	SiF_4	PF_5	SF_6
熔点/K	1266	1523	1564(升华)	183	190	222.6
沸点/K	1968	2533	1533	187	198	209.4
键 型	离子型	离子型	离子型	共价型	共价型	共价型

表 10.5 第三周期元素氯化物的熔点、沸点及键型

卤 化 物	NaCl	$MgCl_2$	$AlCl_3$	$SiCl_4$	PCl_5	SCl_4
熔点/K	1074	987	465	205	181	193
沸点/K	1686	1691	453(升华)	216	349	411
键 型	离子型	离子型	共价型	共价型	共价型	共价型

物质的熔点、沸点主要决定于物质的晶体结构。氯是活泼非金属，它与活泼金属 Na、K、Ba 等化合形成离子型氯化物，固态时是离子晶体，晶格点上的正、负离子间作用着较强的离子键，晶格能大，因而熔点、沸点较高；氯与非金属化合形成共价型氯化物，固态时是分子晶体，因而熔点、沸点较低。但氯与一般金属元素（包括 Mg、Al）化合往往形成过渡型氯化物。例如，$FeCl_3$、$AlCl_3$、$MgCl_2$、$CdCl_2$ 等，固态时是层状（或链状）结构晶体，不同程度地呈现出离子晶体向分子晶体过渡的性质，因而其熔点、沸点低于离子晶体，但高于分子晶体，常易升华。

纵观主族元素氯化物的熔点还会发现一些有趣的规律。如ⅠA、ⅡA 的氯化物的熔点自上而下呈现的变化规律趋势截然相反。如表 10.6 所示。

表 10.6 ⅠA，ⅡA 元素氯化物的熔点、沸点

卤化物	NaCl	KCl	RbCl	CsCl	$MgCl_2$	$CaCl_2$	$SrCl_2$	$BaCl_2$
熔点/K	1074	1043	991	918	987	1045	1148	1236

同一金属卤化物的熔点又呈现出低价金属卤化物熔点高、高价金属卤化物熔点低的特点，这一特点从表 10.7 可以清楚地看出。

表 10.7 不同价态氯化物的熔点、沸点及键型

卤 化 物	$SnCl_2$	$SnCl_4$	$PbCl_2$	$PbCl_4$	$FeCl_2$	$FeCl_3$
熔点/K	519	240	774	258	945	579
沸点/K	806	387	1223	378		588(分解)
键型	离子型	共价型	离子型	共价型	离子型	共价型

离子极化理论能说明离子键向共价键的转变，并解释上述两个问题。

离子极化理论是从离子键理论出发，把化合物中的组成元素看作正、负离子，然后考虑正、负离子间的相互作用。元素的离子一般可以看作球形，正、负电荷的中心重合于球心[见图 10.9(a)]。在外电场的作用下，离子中的原子核和电子会发生相对位移，离子就会产生诱导偶极，这种过程叫做离子极化[见图 10.9(b)]。事实上，离子都带电荷，所以离子本身就要产生电场，使带有异号电荷的相邻离子极化[见图 10.9(c)]。

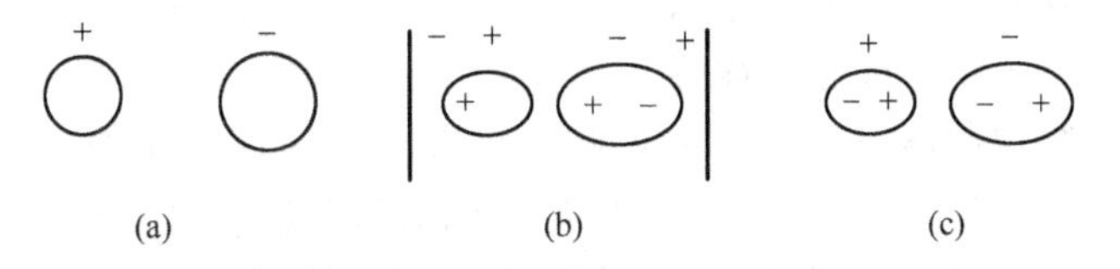

图 10.9　离子极化作用示意图

离子极化的结果，使正、负离子之间发生额外的吸引力，甚至有可能使两个离子的轨道或电子云产生变形而导致轨道的相互重叠，趋向于生成极性较小的键（见图 10.10），即离子键向共价键转变。从这个观点看，离子键和共价键之间并没有严格的界限，在两者之间存在着一系列过渡状态。例如，极性键可以看成是离子键向共价键过渡的一种形式。

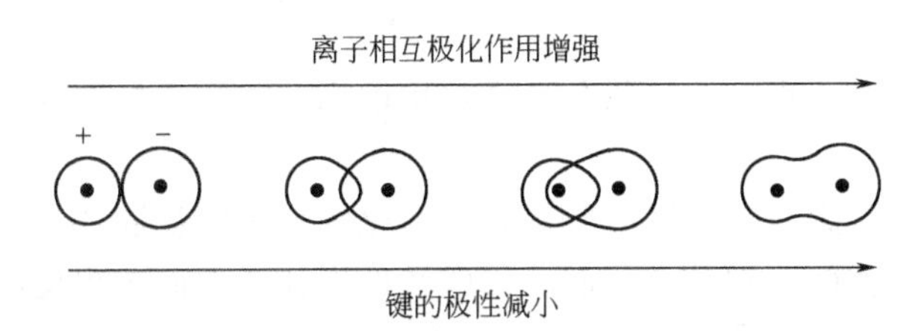

图 10.10　离子键向共价键转变的示意图

离子极化作用的强弱与离子的极化力和变形性两方面因素有关。

离子使其他离子极化而发生变形的能力叫做离子的极化力。离子的极化力决定于它的电场强度，简单地说，主要决定于下列三个因素。

（1）离子的电荷　正电荷数越多，极化力越强。

（2）离子的半径　半径越小，极化力越强。

（3）离子的外层电子构型　外层 8 电子构型（稀有气体原子结构）的离子（如 Na^+、Mg^{2+}）极化力弱，外层 9～17 电子构型的离子（如 Cr^{3+}、Mn^{2+}、Fe^{2+}、Fe^{3+}）以及外层 18 电子构型的离子（如 Cu^+、Zn^{2+}）等极化力较强。

离子变形性（即离子可以被极化的程度）的大小也与离子的结构有关，主要也决定于下列三个因素。

（1）离子的电荷　随正电荷数的减少或负电荷数的增加，变形性增大。例如变形性表现为

$$Si^{4+} < Al^{3+} < Mg^{2+} < Na^+ < F^- < O^{2-}$$

（2）离子的半径　随半径的增大，变形性增大。例如变形性表现为

$$F^- < Cl^- < Br^- < I^-;\ O^{2-} < S^{2-}$$

（3）离子的外层电子构型　外层 18 电子，9～17 电子等电子构型的离子变形性较大，具有稀有气体外层电子构型的离子变形性较小。例如变形性表现为

$$K^+ < Ag^+;\ Ca^{2+} < Hg^{2+}$$

根据上述规律，由于负离子的极化力较弱，正离子的变形性较小，所以考虑离子间极化作用时，一般说来，主要是考虑正离子极化力引起负离子的变形。只有当正离子也容易变形（如外层 18 电子构型的＋1、＋2 价正离子）时，才不能忽视两种离子相互之间进一步引起的极化作用（称之为附加极化效应），从而加大了总的离子极化作用。

离子极化理论是离子键理论的重要补充，由于离子极化作用引起键的极性减少，使相应

的晶体会从离子型逐渐变成过渡型直至共价型（一般为分子晶体），因而往往会使晶体的熔点降低、在水中溶解度减小、颜色加深等。

离子极化对晶体结构和熔点等性质的影响，可以第 3 周期氯化物为例。如表 10.4、表 10.5 所示，由于 Na^+、Mg^{2+}、Al^+、Si^{4+} 的离子电荷依次递增而半径减小，极化力依次增强，引起 Cl^- 发生变形的程度也依次增大，致使正负离子轨道的重叠程度增大，键的极性减小。相应的，晶体由 NaCl 的离子晶体转变为层状的 $MgCl_2$、$AlCl_3$ 的过渡型晶体，最后转变为 $SiCl_4$ 的共价型分子晶体，其熔点、沸点依次降低。

10.3.1.2　氯化物与水的作用

由于很多氯化物与水的作用会使溶液呈酸性，按照酸碱质子理论，反应的本质是正离子酸与水的质子传递过程。所以列在酸碱标题之下讨论。氯化物按其与水作用的情况，主要可分成三类。

（1）活泼金属，如钠、钾、钡的氯化物在水中解离并水合，但不与水发生反应，水溶液的 pH 值并不改变。

（2）大多数不太活泼金属（如镁、锌等）的氯化物会不同程度地与水发生反应，尽管反应常常是分级进行和可逆的，却总会引起溶液酸性的增强。它们与水反应的产物一般为碱式盐与盐酸。例如

$$MgCl_2 + H_2O \rightleftharpoons Mg(OH)Cl + HCl$$

较高价态金属的氯化物（如 $FeCl_3$、$AlCl_3$、$CrCl_3$）与水反应的过程比较复杂。但一般仍简化表示为以第一步反应为主（注意，一般并不产生氢氧化物的沉淀）。例如

$$Fe^{3+} + H_2O \rightleftharpoons Fe(OH)^{2+} + H^+$$

值得注意的是，p 区三种相邻元素形成的氯化物，即氯化亚锡（$SnCl_2$）、三氯化锑（$SbCl_3$）、三氯化铋（$BiCl_3$），与水反应后生成的碱式盐在水或酸性不强的溶液中溶解度很小，分别以碱式氯化亚锡 [Sn(OH)Cl]、氯氧化锑（SbOCl）、氯氧化铋（BiOCl）的形式沉淀析出（均为白色）。写作

$$SnCl_2 + H_2O \rightleftharpoons Sn(OH)Cl(s) + HCl$$

$$SbCl_3 + H_2O \rightleftharpoons SbOCl(s) + HCl$$

$$BiCl_3 + H_2O \rightleftharpoons BiOCl(s) + HCl$$

它们的硫酸盐、硝酸盐也有相似的特性，可用作检验亚锡、三价锑或三价铋盐的定性反应。在配制这些盐类的溶液时，为了抑制水解，一般都先将固体溶于相应的浓酸，再加适量水而成。为了防止用作还原剂的 Sn^{2+} 久置被空气氧化，可在 $SnCl_2$ 溶液中加入少量纯锡粒。

（3）多数非金属氯化物和某些高价态金属的氯化物与水发生完全反应。例如，BCl_3、$SiCl_4$、PCl_5 等与水能迅速发生不可逆的完全反应，生成非金属含氧酸和盐酸

$$BCl_3(l) + 3H_2O = H_3BO_3(aq) + 3HCl(aq)$$

$$SiCl_4(l) + 3H_2O = H_2SiO_3(s) + 4HCl(aq)$$

$$PCl_5(l) + 4H_2O = H_3PO_4(aq) + 5HCl(aq)$$

这类氯化物在潮湿空气中成雾的现象就是由于强烈地与水作用而引起的。在军事上可用作烟雾剂。特别是海战时，空气中水蒸气较多，烟雾更浓。生产上可借此用蘸有氨水的玻棒来检查 $SiCl_4$ 的系统是否漏气。

四氯化锗与水作用生成胶状的二氧化锗的水合物和盐酸

$$GeCl_4(l)+4H_2O \xlongequal{} GeO_2\cdot 2H_2O(s)+4HCl(aq)$$

10.3.2　主、副族元素氢氧化物的酸碱性

10.3.2.1　氢氧化物酸碱性变化规律

氢氧化物在周期表中的变化有如下的规律。

(1) 同周期元素高氧化数的氢氧化物，从左到右，碱性减弱，酸性增强（如表 10.8 所示）。

表 10.8　第三周期最高氧化数氢氧化物性质对比

族　数	ⅠA	ⅡA	ⅢA	ⅣA	ⅤA	ⅥA	ⅦA
			$Al(OH)_3$				
化学式	NaOH	$Mg(OH)_2$	$HAlO_2\cdot H_2O$	H_2SiO_3	H_3PO_4	H_2SO_4	$HClO_4$
z	1	2	3	4	5	6	7
$r(R^{z+})$/pm	95	65	50	41	34	29	26
$\sqrt{E}$	0.10	0.18	0.24	0.31	0.38	0.45	0.52
酸碱性	强碱	中强碱	两性	弱酸	中强酸	强酸	最强酸

(2) 同族（主族、副族）元素，从上到下，相同氧化数的氢氧化物碱性增强，酸性减弱，如表 10.9 所示。

表 10.9　ⅢA，ⅢB 族元素氢氧化物性质对比

ⅢA	$r(R^{3+})$/pm	$\sqrt{E}$		ⅢB	$r(R^{3+})$/pm	$\sqrt{E}$
H_3BO_3 弱酸	20.0	0.37				
$Al(OH)_3$ 两性偏碱	55.0	0.23	碱性增强↓			
$Ga(OH)_3$ 两性	62.0	0.22		$Sc(OH)_3$ 弱碱	81.0	0.19
$In(OH)_3$ 两性偏碱	92.0	0.18		$Y(OH)_3$ 中强碱	93.0	0.18
$Tl(OH)_3$ 弱碱	105.0	0.17		$La(OH)_3$ 强碱	106.0	0.17
				$Ac(OH)_3$ 强碱	111.0	0.16

(3) 同一元素的不同氢氧化物，随氧化数的升高，酸性增强，碱性减弱，如表 10.10 所示。

表 10.10　同一元素氢氧化物的酸碱性递变

氧化数	+1	+3	+5	7
化学式	HClO	$HClO_2$	$HClO_3$	$HClO_4$
$K_a^{\ominus}$	3.2×10^{-6}	1.1×10^{-2}	1×10^{3}	1×10^{10}
酸碱性	弱　酸	中强酸	强　酸	最强酸
	酸　性　增　强 →			
氧化数	+2	+4	+6	7
		$Mn(OH)_4$		
化学式	$Mn(OH)_2$	或 $H_2MnO_3\cdot H_2O$	H_2MnO_4	$HMnO_4$
酸碱性	碱　性	两　性	强　酸	最强酸
	酸　性　增　强 →			

周期表中主、副族元素氢氧化物酸碱性的变化，如表 10.11 与表 10.12 所示。

表 10.11　周期系中主族元素氢氧化物的酸碱性

（横向：→ 酸性增强（自左向右）；← 碱性增强（自右向左）；纵向：↓ 碱性增强（自上而下）；↑ 酸性增强（自下而上））

LiOH（中强碱）	$Be(OH)_2$（两性）	H_3BO_3（弱酸）	H_2CO_3（弱酸）	HNO_3（强酸）	—	—
NaOH（强碱）	$Mg(OH)_2$（中强碱）	$Al(OH)_3$（两性）	H_2SiO_3（弱酸）	H_3PO_4（中强酸）	H_2SO_4（强酸）	$HClO_4$（极强酸）
KOH（强碱）	$Ca(OH)_2$（中强碱）	$Ga(OH)_3$（两性）	$Ge(OH)_4$（两性）	H_3AsO_4（中强酸）	H_2SeO_4（强酸）	$HBrO_4$（强酸）
RbOH（强碱）	$Sr(OH)_2$（强碱）	$In(OH)_3$（两性）	$Sn(OH)_4$（两性）	$H[Sb(OH)]_6$（弱酸）	H_6TeO_6（弱酸）	H_5IO_6（中强酸）
CsOH（强碱）	$Ba(OH)_2$（强碱）	$Tl(OH)_3$（弱酸）	$Pb(OH)_4$（两性）	$HBiO_3$（弱酸）		

表 10.12　周期系中副族元素氢氧化物的酸碱性

（横向：→ 酸性增强；← 碱性增强；纵向：↓ 碱性增强；↑ 酸性增强）

ⅢB	ⅣB	ⅤB	ⅥB	ⅦB
$Sc(OH)_3$（弱碱）	$Ti(OH)_4$（两性）	HVO_3（两性）	H_2CrO_4（强酸）	$HMnO_4$（强酸）
$Y(OH)_3$（中强碱）	$Zr(OH)_4$（两性）	$Nb(OH)_5$（两性）	H_2MoO_4（酸）	$HTcO_4$（酸）
$La(OH)_3$（强碱）	$Hf(OH)_4$（两性）	$Ta(OH)_5$（两性）	H_2WO_4（弱酸）	$HReO_4$（弱酸）

10.3.2.2　ROH 模型对氢氧化物性质的解释

酸和碱在性质上有很大差别，但从组成上却可以把它们看成是同一类型的化合物，即氢氧化物，用通式 $R(OH)_z$ 表示，z 代表元素 R 的氧化数。从离子键的观点出发，把 R、O、H 视为 R^{z+}、O^{2+}、H^+，称为 ROH 模型。$R(OH)_z$ 型物质在水溶液中有两种解离方式

$$R—O—H \longrightarrow RO^- + H^+ \qquad 酸式解离$$

$$R—O—H \longrightarrow R^{z+} + OH^- \qquad 碱式解离$$

上述两种解离方式说明了 R^{z+} 和 H^+ 争夺 O^{2-} 能力的强弱。由于 H^+ 半径小，与 O^{2-} 结合力是很强的，所以 R^{z+} 能否争夺到 O^{2-} 取决于 R 的电荷、半径以及对 H^+ 斥力的强弱。如果 R 的电荷少而半径大，对 O^{2-} 的吸引力弱于 H^+，则在水分子的作用下发生碱式解离，此元素的氢氧化物就是碱。反之，若 R 电荷较多且半径较小，对 O^{2-} 的吸引力和对 H^+ 的排斥力都很大，致使 O—H 键削弱而发生酸式解离，此种元素的氢氧化物就是酸。如果 R 对 O^{2-} 的吸引力与 H^+ 对 O^{2-} 吸引力二者相差不大，则有可能按两种方式解离，这便是两性氢氧化物。

按 ROH 模型，引入离子势 E 这一概念，$E=Z/r$，Z 为 R 所带电荷，r 为 R 的离子半径（pm）。经验告知

$$\sqrt{E} < 0.22 \qquad R(OH)_z\ 为碱性$$

$$\sqrt{E} > 0.32 \qquad R(OH)_z\ 为酸性$$

$$0.22<\sqrt{E}<0.32 \qquad R(OH)_z \text{ 为两性}$$

此判断对于 R 构型为 8 电子型的氢氧化物可得到满意的说明，对于其他构型的 R^{z+}，有时会出现偏差，例如 $Zn(OH)_2$ 的 $\sqrt{E}=\sqrt{\frac{2}{14}}=0.164<0.22$，应显碱性，但实际上 $Zn(OH)_2$ 是典型的两性氢氧化物。

10.3.3　含氧酸及其盐的热稳定性

化合物的热稳定性系指受热自身分解反应的性能。分解的温度越高，其热稳定性越好。当分解产物中气体总压力达到外界压力时，分解反应可以顺利进行，此时的温度称为该化合物的热分解温度。显然，热分解温度与外界压力有关，通常所说的分解温度是指外界压力为 101.325kPa 时的温度。

10.3.3.1　含氧酸及其盐的热稳定性规律

(1) 酸不稳定，其盐也不稳定　H_3PO_4、H_2SO_4、H_2SiO_3 等酸稳定，相应的磷酸盐、硫酸盐、硅酸盐也稳定；HNO_3、H_2CO_3、H_2SO_3、HClO 等酸不稳定，其相应的盐也不稳定。

(2) 同一种酸，其盐的稳定性　正盐>酸式盐>酸。例如

稳定性	Na_2CO_3 >	$NaHCO_3$ >	H_2CO_3
分解温度/℃	～1800	270	常温

(3) 同一酸根，其盐稳定次序　碱金属盐>碱土金属盐>过渡金属盐>铵盐。例如：

稳定性	Na_2CO_3 >	$CaCO_3$ >	$ZnCO_3$ >	$(NH_4)_2CO_3$
分解温度/℃	～1800	910	350	58

(4) 同一种成酸元素，高氧化数含氧酸比低氧化数的稳定，其盐也如此。

例如

HClO	$HClO_2$	$HClO_3$	$HClO_4$
NaClO	$NaClO_2$	$NaClO_3$	$NaClO_4$

→ 热稳定性增大（横向）；↓ 热稳定性增大（纵向）

盐的热分解反应有非氧化还原反应和氧化还原反应之分。非氧化还原反应为

$$FeCO_3 \xrightarrow{\triangle} FeO+CO_2$$

$$Ca(HCO_3)_2 \xrightarrow{\triangle} CaCO_3+H_2O+CO_2$$

氧化还原反应为

$$\left.\begin{array}{l} 2NaNO_3 \xrightarrow{\triangle} 2NaNO_2+O_2(g) \\ 4NaNO_2 \xrightarrow{\triangle} 2Na_2O+4NO(g)+O_2(g) \\ 2KClO_3 \xrightarrow[(MnO_2)]{\triangle} 2KCl+3O_2(g) \\ 2KClO_4 \xrightarrow{\triangle} K_2MnO_4+MnO_2+O_2(g) \end{array}\right\}\text{(氧化还原的热分解反应)}$$

10.3.3.2　碳酸盐热稳定性规律及反极化作用

实验表明，当温度上升到 1183K 时，$CaCO_3$ 分解产生的 CO_2 分压力达到 101.325kPa。此时，$CaCO_3$ 剧烈分解，产生“沸腾”现象，通常称此温度（1183K）为热分解温度。不同的碳酸盐其热分解温度也不同。由表 10.13 可以看出，碳酸盐的热稳定性有如下规律：

碱金属盐＞碱土金属盐＞过渡金属盐＞铵盐

由表 10.13 还可以看出，金属离子的极化能力越强，其碳酸盐热稳定性越差。这一规律可用离子反极化概念加以说明。当没有外电场影响时，CO_3^{2-}中的 3 个 O^{2-} 已被 C^{4+} 所极化而变形；金属离子可以看成是外电场，它只极化邻近的 1 个 O^{2-}。由于金属离子其极化的偶极方向与 C^{4+} 对核 O^{2-} 极化所产生的偶极方向相反，使这个 O^{2-} 原来的偶极矩缩短，从而削弱了碳氧间的键，这种作用称为反极化作用，如图 10.11 所示。当反极化作用相当强烈时，可以超过 C^{4+} 的极化作用，最后导致碳酸根的破裂，分解成 MO 和 CO_2。显然，金属离子的极化力越强，它对碳酸根的反极化作用也越强烈，碳酸盐也越不稳定，所需的分解温度越低。

表 10.13　不同碳酸盐的热分解温度 [$p(CO_2)=101.325kPa$]

碳酸盐	Li_2CO_3	Na_2CO_3	$BeCO_3$	$MgCO_3$	$CaCO_3$	$SrCO_3$
热分解温度/K	1373.15	2073.15	298.15	813.75	1183	1562.15
r^+/pm	76	102	45	72	100	118
离子构型	2	8	2	8	8	8
碳酸盐	$BaCO_3$	$FeCO_3$	$ZnCO_3$	$CdCO_3$	$PbCO_3$	$(NH_4)_2CO_3$
热分解温度/K	1633.15	555.15	623.15	633.15	573.15	331.15
r^+/pm	135	78	74	95	119	143
离子构型	8	9～17	18	18	18+2	—

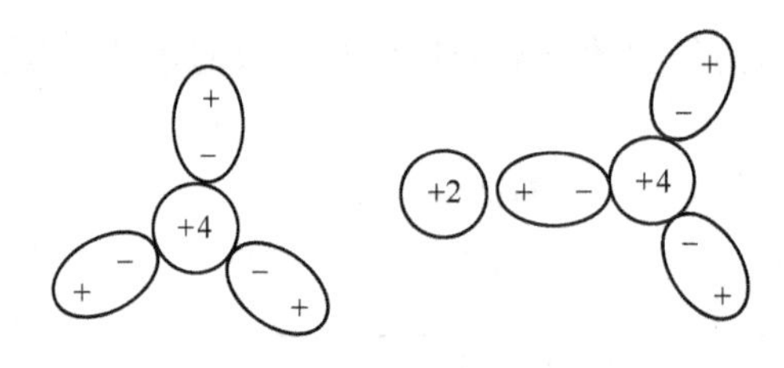

图 10.11　金属离子对 CO_3^{2-} 离子的极化作用示意图

加热有利于碳酸盐的分解，是由于温度升高 M^{2+} 和 CO_3^{2-}的离子的热运动加剧，有利于离子靠近，极化作用加强。碳酸氢盐比碳酸盐易分解，碳酸比碳酸盐更易分解，自然归因于 H^+强极化作用的结果。

10.3.4　重要的无机化合物

下面选择在科学研究和工业生产中有较多用途的 $KMnO_4$、$K_2Cr_2O_7$、$NaNO_2$、H_2O_2 等无机化合物介绍其氧化还原性及其用途。

10.3.4.1　高锰酸钾

锰原子的价电子 $3d^54s^2$ 电子都能参加化学反应，其氧化值为从＋1 到＋7 的锰化合物均已发现，其中以＋2、＋4、＋6、＋7较为常见。在＋7 价锰的化合物中，高锰酸盐是稳定的，应用广泛的是高锰酸钾 $KMnO_4$。它是暗紫色晶体。在溶液中高锰酸离子 MnO_4^- 呈现特有的红紫色。

$KMnO_4$ 固体加热至 200℃以上时按下式分解

$$2KMnO_4(s) = K_2MnO_4(s) + MnO_2(s) + O_2(g)$$

在实验室中可利用这一反应制取少量的氧气。

$KMnO_4$ 在常温时较稳定，但在酸性溶液中不稳定，会缓慢按下式分解

$$2MnO_4^-(aq)+4H^+(aq) \xlongequal{} 4MnO_2(s)+3O_2(g)+2H_2O(l)$$

在中性或微碱性溶液中，$KMnO_4$ 分解的速率更慢。但是光对 $KMnO_4$ 的分解起催化作用，所以配制好的 $KMnO_4$ 溶液需贮存在棕色瓶中。

$KMnO_4$ 是一种常用的氧化剂，其氧化性的强弱与还原产物都与介质的酸度密切相关。在酸性介质中它是很强的氧化剂，其氧化能力随介质酸性的减弱而减弱，还原产物也各不相同。这可从下列有关的电极电势看出

$$MnO_4^-(aq)+8H^+(aq)+5e^- \rightleftharpoons Mn^{2+}(aq)+4H_2O(l)$$

$$E^{\ominus}(MnO_4^-/Mn^{2+})=+1.507V$$

$$MnO_4^-(aq)+2H_2O(l)+3e^- \rightleftharpoons MnO_2(s)+4OH^-(aq)$$

$$E^{\ominus}(MnO_4^-/MnO_2)=+0.595V$$

$$MnO_4^-(aq)+e^- \rightleftharpoons MnO_4^{2-}(aq)$$

$$E^{\ominus}(MnO_4^-/MnO_4^{2-})=+0.558V$$

在酸性介质中，MnO_4^- 可以氧化 SO_3^{2-}、Fe^{2+}、H_2O_2，甚至 Cl^- 等，本身被还原为 Mn^{2+}（浅红色，稀溶液为无色）。例如

$$2MnO_4^-+5SO_3^{2-}+6H^+ \xlongequal{} 2Mn^{2+}+5SO_4^{2-}+3H_2O$$

在中性或弱碱性溶液中，MnO_4^- 可被较强的还原剂如 SO_3^{2-} 还原为 MnO_2（棕色沉淀）

$$2MnO_4^-+3SO_3^{2-}+H_2O \xlongequal{} 2MnO_2(s)+3SO_4^{2-}+2OH^-$$

在碱性溶液中，MnO_4^- 还可以被（少量的）较强的还原剂如 SO_3^{2-} 还原为 MnO_4^{2-}（绿色）。

10.3.4.2　重铬酸盐

重铬酸钾是常用的氧化剂。在酸性介质中 $Cr_2O_7^{2-}$ 具有较强的氧化性。可将 Fe^{2+}、NO_2^-、H_2S 等氧化，而 $Cr_2O_7^{2-}$ 被还原为暗绿色的 Cr^{3+}。分析化学中用来定量测定铁的含量（称为重铬酸钾法）。

$$Cr_2O_7^{2-}+6Fe^{2+}+14H^+ \xlongequal{} 2Cr^{3+}+7H_2O$$

在重铬酸盐或铬酸盐的水溶液中存在下列平衡

$$\underset{\text{(黄色)}}{2CrO_4^{2-}(aq)}+2H^+(aq) \rightleftharpoons \underset{\text{(橙色)}}{Cr_2O_7^{2-}(aq)}+H_2O(l)$$

$$K^{\ominus}=\{c^{eq}(Cr_2O_7^{2-})/c^{\ominus}\}/\{c^{eq}(CrO_4^{2-})/c^{\ominus}\}^2\{c^{eq}(H^+)/c^{\ominus}\}^2=1.2\times10^{14}$$

加酸或碱可以使上述平衡发生移动。酸化溶液，则溶液中以重铬酸根离子 $Cr_2O_7^{2-}$ 为主而显橙色；若加入碱使呈碱性，则以铬酸根离子 CrO_4^{2-} 为主而显黄色。

实验室曾使用的铬酸洗液是 $K_2Cr_2O_7$ 饱和溶液和浓 H_2SO_4 混合配制的。它具有强氧化性，用于洗涤玻璃器皿，可以除去壁上黏附的油脂等。在铬酸洗液中常有暗红色的针状晶体析出，这是由于生成了铬酸酐 CrO_3

$$K_2Cr_2O_7+H_2SO_4(浓) \xlongequal{} 2CrO_3(s)+K_2SO_4+H_2O$$

洗液经反复使用多次后就会从棕红色变为暗绿色（Cr^{3+}）而失效。为了防止 Cr(Ⅵ)（是致癌物质）的污染，现大都改用合成洗涤剂代替铬酸洗液。

由于许多金属的铬酸盐的溶度积小于其重铬酸盐，因此向 $Cr_2O_7^{2-}$ 溶液中加入 Ag^+、

Ba^{2+}、Pb^{2+}，分别生成 Ag_2CrO_4（砖红色）、$BaCrO_4$（淡黄色）、$PbCrO_4$（黄色）沉淀。例如：

$$4Ag^+ + Cr_2O_7^{2-} + H_2O = 2Ag_2CrO_4\downarrow + 2H^+$$

这一反应常用来鉴定溶液中是否存在 Ag^+。

许多铬酸盐由于呈现不同颜色被用作无机颜料，例如，作为黄色颜料的铬酸盐系有：黄色颜料铬黄（$PbCrO_4\cdot ZnCrO_4$），红色颜料钼铬红（$PbCrO_4\cdot PbMoO_4\cdot PbSO_4$），绿色颜料氧化铬绿（$Cr_2O_3$）和铅铬绿（$PbCrO_4\cdot Fe_4[Fe(CN)_6]_3$）等。但由于铬酸盐的毒性逐步被人们所重视，目前研制铬黄替代品的一些新颜料也成为颜料行业的热点。如被称为"太阳黄"（sun yellow）的钛镍黄（成分为 TiO_2-NiO-Sb_2O_3）的开发已有报道。

10.3.4.3　亚硝酸盐

亚硝酸盐中氮的氧化值为+3，处于中间价态，它既有氧化性又有还原性。在酸性溶液中的标准电极电势为

$$HNO_2(aq) + H^+(aq) + e^- \rightleftharpoons NO(g) + H_2O(l)$$

$$E^\ominus(HNO_2/NO) = +0.983V$$

$$NO_3^-(aq) + 3H^+(aq) + 2e^- \rightleftharpoons HNO_2(aq) + H_2O(l)$$

$$E^\ominus(NO_3^-/HNO_2) = 0.934V$$

亚硝酸盐在酸性介质中主要表现为氧化性。例如，能将 KI 氧化为单质碘，而 NO_2^- 被还原为 NO

$$2NO_2^- + 2I^- + 4H^+ = 2NO(g) + I_2(s) + 2H_2O$$

亚硝酸盐遇较强氧化剂如 $KMnO_4$、$K_2Cr_2O_7$、Cl_2 时，被氧化为硝酸盐

$$Cr_2O_7^{2-} + 3NO_2^- + 8H^+ = 2Cr^{3+} + 3NO_3^- + 4H_2O$$

亚硝酸盐均可溶于水并有毒，是致癌物质。

10.3.4.4　过氧化氢与过氧乙酸

纯过氧化氢是一种无色液体，密度为 $1.47g\cdot cm^{-3}$，沸点 151℃。是一种很强的氧化剂，在医药上 3%的溶液作防腐剂，30%的溶液用于化工生产。

H_2O_2 中氧的氧化值为－1，介于零价与－2 价之间，H_2O_2 既具有氧化性又具有还原性，并且还会发生歧化反应。

H_2O_2 在酸性或碱性介质中都显示相当强的氧化性。在酸性介质中，H_2O_2 可把 I^- 氧化 I_2（并且可将 I_2 进一步氧化为碘酸 HIO_3），H_2O_2 则被还原为 H_2O（或 OH^-）

$$H_2O_2 + 2I^- + 2H^+ = I_2 + 2H_2O$$

油画涂料中用的白色颜料铅白［$2PbCO_3\cdot Pb(OH)_2$］因接触空气中的 H_2S 气体而生成黑色硫化铅使油画变色时，可用过氧化氢清洗，使之漂白复原：

$$PbS(s) + 4H_2O_2(aq) = PbSO_4(s) + 4H_2O(l)$$

过氧化氢与冰乙酸反应生成过氧乙酸，过氧乙酸的氧化能力远大于过氧化氢，并对各种微生物均有较强的杀灭作用，是一种用途广泛的杀菌消毒剂。1∶2000 的过氧乙酸按 $30cm^3/m^3$ 作空气喷雾消毒，能预防非典型性肺炎。1∶500 的过氧乙酸可用于毛巾、水果、蔬菜等消毒。

过氧乙酸可用下面的方法来制备：将 $300cm^3$ 冰乙酸（98%）与 $15cm^3$ 的浓硫酸混合后加入 $150cm^3$ 的过氧化氢（30%）混匀，室温放置 48～72h 后加入 2g 8-羟基喹啉作稳定剂即成浓度 18%的过氧乙酸消毒液。

H_2O_2 遇到更强的氧化剂如氯气、酸性高锰酸钾等时，H_2O_2 又表现还原性而被氧化放出 O_2。例如

$$2MnO_4^- + 5H_2O_2 + 6H^+ = 2Mn^{2+} + 5O_2 \uparrow + 8H_2O$$

10.3.5　石油化学

石油是一种天然矿物资源，20 世纪以来，石油逐步取代了煤而成为重要的能源之一。据统计，目前全世界原油和天然气的消耗量占到总能源消耗量的一半以上。因此，合理利用人类有限的石油资源，开展对石油化学的研究就显得尤为重要。

1983 年第 11 届世界石油大会对石油一词作了如下的定义：石油（petroleum），指气态、液态和固态的烃类混合物，具有天然的性状。

原油（crude oil），是指石油的基本类型，储存在地下储集层内，在常压条件下呈液态。原油中也包括一小部分液态的非烃组分。原油在油层条件下其黏度不大于 10Pa•s。

天然气（natural gas），也是石油的主要类型，呈气态。处于地下储层条件时溶解在原油内，在常温和常压条件下又呈气态。

由于“石油”一词沿用已久，习惯上不少场合仍将“石油”作为“原油”的含意来使用，如通常讲的“石油及天然气”就是一例。

石油化学是研究石油和石油加工的一门科学。其主要内容包括石油及石油产品化学、石油加工化学及石油化学品合成化学。由于篇幅的限制，这里只能对其中一部分基本内容进行简要阐述。

10.3.5.1　石油及石油产品化学

（1）原油的物理性质及元素组成

① 原油的物理性质　如表 10.14 所示。从表中可见，我国一些主要油田原油的相对密度都在 0.86 以上，属重质原油，大部分原油的凝点以及蜡含量较高。

表 10.14　某些原油的一般性质

石油产地	密度(20℃)/(g•cm⁻³)	运动黏度(50℃)/(mm²•s⁻¹)	凝点/℃	蜡含量/%	胶质(硅胶法)/%	残炭/%
大庆	0.8554	20.19	30	26.2	15	2.9
胜利	0.9005	83.36	28	14.6	23.2	6.4
华北	0.8837	57.1	36	22.8	23.2	6.7
辽河	0.8793	17.44	21	16.8	11.9	3.9
新疆	0.8708	30.66	−15	5.12	11.3	3.3
中原	0.8466	10.3	33	19.7	9.5	3.8
大港	0.8826	17.37	28	15.39	13.1	3.2
孤岛	0.9495	333.7	2	4.9	24.8	7.4
伊朗	0.8566	4.9	−6.5	3.59	5.4	3.8
印尼	0.8233	12.7	36	43.4	5.9	3.1

② 原油的元素组成　原油的元素组成大致范围为

C	83.0%～87.0%	O	0.05%～1.5%
H	10.0%～14.0%	S	0.05%～5.0%
N	0.01%～0.7%		

由表 10.15 可见，原油除了碳、氢作为主要的组成元素之外，还会有氮、氧、硫以及钒、镍等一些微量元素。这些非碳、氢元素总含量在 1%～5%左右。但也有例外，如表中的委内瑞拉原油中的含硫量高达 5.5%。原油中的氮、氧、硫元素一般以有机含氮、含氧、

含硫的非烃化合物的形式存在于原油中。它们的存在对原油的性质和原油的加工过程有很大的影响，石油产品如汽油、煤油中所含的氮、氧、硫可通过加氢精制过程予以除去。我国原油中的微量元素已超过40余种，但总含量介于0.02%～0.03%之间。在原油中，一部分金属以无机水溶性盐的形式存在，例如，钾、钠、镁的氯化物，这些盐可通过水洗或破乳而除去。另一些金属以油溶性的有机化合物形态，或呈金属皂类、或呈胶体悬浮物形态存在于原油中。这类金属经过蒸馏后，大多数留在减压渣油中。作为催化裂化的原料油中镍，钒，铁，铜的存在会使催化裂化的催化剂中毒而失去活性，必须尽可能将其除去，以延长催化剂的使用寿命。

表 10.15 一些原油的元素组成/%

原油产地	C	H	S	N
大庆	85.7	13.3	0.11	0.15
胜利	86.3	12.2	0.80	0.41
华北	86.6	13.1	0.31	0.38
大港	85.6	13.4	0.12	0.23
美国某地	85.8	13.0	1.0	0.2
俄罗斯格罗兹内	85.9	13.0	0.14	0.07
委内瑞拉	82.5	10.4	5.7	0.6
加拿大某地	83.1	10.3	4.9	0.3

(2) 原油的化学组成　原油的化学组成相当复杂，其中包含的化合物种类数以万计，从类别上可分为烃类化合物和非烃类化合物两大类。原油是一种多组分的复杂混合物，每个组分都有其各自的沸点，要从单体化合物的水平上完成某种原油的全分离或全分析是相当困难的。在石油加工中，通常采用分馏的方法，把原油“切割”成不同的“馏分”。例如把原油切割成<180℃的汽油馏分（低沸馏分），180～350℃的煤油、柴油馏分（中间馏分），350～500℃左右的减压馏分（高沸点馏分）以及>500℃的渣油。“馏分”意即馏出的部分，每个馏分都是一种混合物，只不过包含的组分数目比原油少多了。

① 直馏馏分中烃类的化学组成　从原油直接分馏得到的馏分称为直馏馏分。直馏馏分保留着石油化学组成的本来面目。原油中烃类主要是由烷烃、环烷烃和芳香烃三类烃构成，原油中一般不含有烯烃及炔烃。

在汽油馏分中（<180℃），含有 C_5～C_{10} 的正构烷烃、单环环烷烃以及苯系的单环芳烃。在180～350℃的煤油、柴油馏分中含有 C_{10}～C_{20} 的正构烷烃，较长或较多侧链的单环烷烃、双环及三环环烷烃，并且存在单环、双环及三环芳香烃。在350～500℃的减压馏分中，含有 C_{20}～C_{30} 正构烷烃，异构烷烃，单环、双环及三环环烷烃，以及单环、双环、三环及多环芳烃。三环及多环芳烃主要存在于高沸馏分及渣油中。总之，随着馏分沸点的增加，其分子量、碳原子数及所出现的环数均增加。

② 原油固态烃的化学组成　原油中，C_{16} 以上的正构烷烃以及某些相对分子质量很大的异构烷、环烷烃及芳香烃在常温下为固态烃。这些在常温下为固态的烃类，在石油中通常是处于溶解状态。当温度降低到一定程度，其溶解度降低，就会有一部分结晶析出，这种从原油中分离出来的固态烃类在工业上称为蜡。蜡按照晶形的不同分为两种，一种是结晶较大，呈板状结晶者称为石蜡，另一种呈细微结晶的微晶形蜡称为地蜡。从化学组成看，石蜡的主要成分是正构烷烃，还含有异构烷烃、环烷烃及极少量的芳香烃。地蜡的组成较为复杂，各

种烃类都有，但以环烷烃为主，同时含有正构、异构烷烃及少量的芳香烃。

③ 原油中的非烃化学组成　原油中含有相当数量的非烃化合物，尤其是在重质油的渣油中含量更高，这些非烃化合物主要包括含硫、含氧、含氮的化合物及胶质、沥青质等。含硫、氧、氮等杂元素的总量一般在 1%～5%。

A. 含硫化合物　硫在原油中的存在形态主要有元素硫、硫化氢、硫醇、硫醚、环硫醚、二硫化物、噻吩类化合物和一些分子量较大、结构复杂的含硫有机化合物。通常将硫含量高于 2%的原油称为高硫原油，低于 0.5%的称为低硫原油，介于 0.5%～2.0%之间的称为含硫原油。

含硫化合物的存在对石油加工中的金属设备具有腐蚀作用。硫化氢在有水存在时，对金属设备产生严重的化学腐蚀作用。元素硫在 350℃以上也能与钢材发生作用。其他的含硫化合物在受热分解后也会产生上述几种含硫化合物，并继而引起金属设备的腐蚀。另外，硫化物的存在严重影响油品的贮存安定性，加速油品变质。硫也会使某些金属催化剂中毒。例如，铂重整催化剂易发生硫中毒，使用含硫量较高的石油基燃料还会造成大气污染。因此，石油加工中经常要求对石油馏分或产品进行脱硫处理。

B. 含氮化合物　氮在原油中主要以各种含氮杂环化合物的形态存在，原油的含氮量在 0.02%～0.77%之间。氮在各馏分中的分布也是不均匀的，大约有一半以上是集中在胶质及沥青质中。

含氮化合物可依据碱性强弱分为碱性氮化物和非碱性氮化物，在 1∶1 冰醋酸和苯溶液中能被高氯酸滴定者称为碱性氮化物。不能被滴定者称为非碱性氮化物。原油中的碱性氮化物主要是含吡啶环结构的吡啶、喹啉、异喹啉、氮杂蒽、氮杂菲等化合物。非碱性氮化物主要是含吡咯环的吡咯、吲哚、咔唑、苯并咔唑等化合物。此外，非碱性氮化物中还包含金属卟啉化合物。

C. 含氧化合物　原油中的含氧量较低，一般在 0.1%～1%之间。原油中的氧均以有机化合物的形式存在。大部分氧集中在原油的胶质及沥青质中，其含量可达总含氧量的 80%。其余的含氧化合物主要以称为石油酸的环烷酸、脂肪酸以及酚类的形式存在，石油醛酮等中性氧化物含量极少。在石油酸中，环烷酸约占酸性氧化物的 90%左右。环烷酸的化学性质与脂肪酸相似，含有环烷酸多的石油容易乳化，这对原油加工不利。环烷酸对铅、锌等有色金属腐蚀较大，但对铁铝等金属几乎不腐蚀。

D. 微量元素　目前原油中已发现有 40 多种微量元素，如 Fe、Ni、Cu、V、Pb、Ca、Mg、Na、Zn、Co、As、Mn、Al 等。这些微量元素一部分是以无机的水溶性盐类形式存在；另一部分则以油溶性的金属有机化合物形式存在。而金属卟啉化合物是油溶性化合物的一种主要存在形式。金属卟啉化合物分子中有四个吡咯环，它们通过次甲基连接成卟吩核（见图 10.12）形成一个具有芳香性的稳定的共轭体系。

人们知道，卟啉的铁配合物即血红素的衍生物，卟啉的镁配合物为叶绿素的衍生物。而血红素和叶绿素是动植物体内不可缺少的成分。1936 年特雷布斯首先在石油及沉积岩中发现了钒（V）卟啉配合物，为石油生物起源学说提供了有力的科学论据。目前的研究表明，石油的金属卟啉化合物主要为钒和镍的卟啉配合物两个类型，我国原油的卟啉化合物以镍卟啉化合物为主。

E. 胶质和沥青质　胶质和沥青质是石油中结构最复杂、分子量最大的物质。其组成中除含碳、氢元素外，还含有硫、氮、氧以及一些金属元素。从化学组成看，胶质和沥青质的

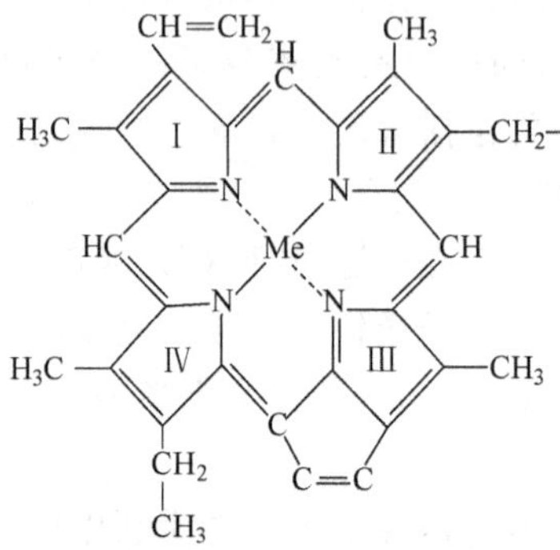

图 10.12 原油中发现的脱氧叶红初卟啉（Me＝Ni 或 V）

成分并不十分固定，它们是各种结构不同的高分子化合物组成的复杂混合物。

石油中的胶质通常是褐色至暗褐色的黏稠而流动性极差的液体。密度稍大于 1，其平均相对分子质量一般在 1000～2000。分子中有相当数量的稠环化合物，其中既有芳香环也有环烷环以及杂环，这些稠环由不太长的烷基桥连接起来。

胶质为不稳定的物质，即使在常温下，它也容易被空气氧化而缩合成沥青质。当温度升至 260～300°时，转化速率会大大加快。

从石油或渣油中 C_5～C_7 正构烷烃沉淀分离出来的沥青质是固体的无定形物质，相对密度稍高于胶质，加热不熔融。若加热至 300℃以上，沥青质会分解为焦炭状物质以及气、液态物质。

沥青质是石油中相对分子质量最高的物质，平均相对分子质量为 2000～6000。元素分析表明其碳含量为 80%～86%，氢含量为 7%～9.5%（质量）。尽管胶质与沥青质存在着差别，但二者没有截然的不同，因此有人认为胶质是沥青质的一个结构单元。

（3）天然气的化学组成　天然气的主要成分为甲烷，此外还含有少量的乙烷、丙烷、丁烷和非烃气体。例如，氮、硫化氢和二氧化碳及 He、Ar 等。表 10.16 列举了一些天然气的组成，从表上数据可以看出，多数天然气中甲烷含量超过 80%，因此天然气的热值非常高。

表 10.16　某些天然气的组成（体积百分数）

组分名称	天然气产地				
	四龙卧友河	大庆油田伴生气	胜利油田伴生气	俄罗斯西伯利亚	罗马尼亚 特兰西瓦尼亚
CH_4	94.32	84.56	86.6	96.39	99.87
C_2H_6	0.78	5.29	4.2	1.44	0.06
C_3H_8	0.18	5.21	3.5	0.17	0.02
C_4H_{10}	0.08	2.29	2.6	0.14	0.003
C_5^+	0.16	0.74	1.4	0.06	0.001
CO_2	0.32	0.13	0.6	1.61	0.02
H_2S	3.82	0.003			0.08
N_2	0.44	1.78	1.1	0.18	0.02
H_2	0.026				0.001
He	0.015				0.001

天然气中 H_2S 的含量差别很大，高含硫的天然气在使用中存在设备腐蚀和污染大气等问题，因此使用前首先要通过净化处理。He 在天然气中的含量也因产地而异，但总的看来

He 在天然气中的含量远高于它在大气中的含量，因此天然气是工业氦的主要来源之一。

10.3.5.2　石油加工化学

(1) 石油的物理加工　原油一般不能直接作为汽油、柴油或润滑油等石油产品来使用。要得到这些石油产品必须要通过各种加工。在加工中原油和石油馏分中的各种化合物基本上不发生化学变化，这些加工称为物理加工，如蒸馏、萃取、吸附、结晶等加工手段。

① 原油的蒸馏　不少的石油产品，如煤油、柴油、润滑油等，可以由直馏馏分油经过简单的处理来制取，有些石油产品，如高牌号的汽油、苯乙烯、石油焦则不可能通过原油的蒸馏来制取。

原油在常压蒸馏塔中可蒸出沸点低于 350℃的组分，而原油在 360℃的高温条件下会发生部分热裂化，所以不宜在常压下用太高的进塔温度来蒸馏出更重的馏分。减压蒸馏是分离原油中高沸点馏分的主要方法。工业上减压蒸馏的残压为 4kPa 左右，一般可蒸出沸点在 520℃的馏分。先进的实验室采用短程真空蒸馏，残压为 0.1Pa 时可蒸出沸点到 700℃的馏分。

表 10.17 给出了石油馏分的沸程、组成及用途。

表 10.17　石油馏分及其用途

馏分沸点范围/℃	碳氢成分	名称	用途
<40	$CH_4 \sim C_4H_{10}$	石油气	燃料，化工原料
40～70	$C_4H_{10} \sim C_6H_{14}$	石油醚	溶剂，化工原料
70～205	$C_6H_{14} \sim C_{11}H_{24}$	汽油	内燃机燃料，航空燃料
120～150	$C_9H_{20} \sim C_{11}H_{24}$	溶剂油	溶剂
140～240	$C_{10}H_{22} \sim C_{15}H_{32}$	航空煤油	喷气飞机燃料
160～280	$C_{11}H_{24} \sim C_{16}H_{34}$	煤油	燃料，化工原料
180～350	C_{16}以上	柴油	柴油机、军舰和坦克燃料
>350	C_{16}以上	重油（如沥青）	铺路材料，防腐剂，燃料

② 抽提（萃取）　工业上芳烃和非芳烃的分离主要采用溶剂抽提的方法。二乙二醇曾用于芳烃抽提溶剂，目前应用更广的是环丁砜，同碳原子的烃类中，芳烃在环丁砜中的溶解度为饱和烃的 5 倍。

③ 吸附　利用 5A 分子筛[1]为吸附剂可以将正构烷烃从各种石油馏分中分离出来。工业上应用这一方法来生产液体石蜡。

(2) 石油的热加工　热裂化过程多以高沸程馏分为原料，在高温（470～540℃）和较高的压力（2～5 MPa）下进行几分钟的热解反应，反应分子中碳链断裂，大分子变为小分子，称为“裂化反应”。反应的主要产物是热裂化汽油，产率在 30%～50%。此外，还有裂化气、裂化柴油和残油。

热裂化汽油中含有较多的烯烃，其中一部分是环烯烃和二烯烃。与同一原油的直馏汽油相比，热裂化汽油的辛烷值较高（在 55～65 之间），而安定性较差。裂化气产率在 10%左右，主要由 C_1 和 C_2 烃组成，一般作燃料用。而裂化柴油在 30%左右，它含有较多的烯烃和芳烃，因此其十六烷值较低，安定性较差。燃料油产率在 30%，含较多的芳烃，密度较高，凝点较低。

[1] 5A 分子筛是具有孔口直径为 0.50nm 的微孔结构，它能吸附分子临界直径为 0.49nm 的正构烷烃，而不吸附分子临界直径为 0.56nm 以上的异构烷和环烷烃。

(3) 石油的催化加工　用催化裂解可选择性地得到高辛烷值的汽油，炼油工业中生产各类油品及碳氢化合物。通过催化形成了新的工艺过程，如选择重整、重油催化裂化、二甲苯异构化、苯与乙烯烷基化，甲醇制汽油或乙烯、丙烯、烃类选择性氧化，以二氧化碳代替光气生产碳酸二甲酯，以异丁烯生产甲基丙烯酸甲酯，以轻质烷烃异构化生产甲基叔丁基醚（无铅汽油添加剂）等。催化裂化已成为当代石油化工企业中必不可少的加工手段。从某种意义上讲，各种催化加工的实质是通过催化剂将石油中的各种由碳、氢和少量其他元素组成的化合物重新组合成人们希望得到的化合物。

① 催化裂化　催化裂化与热裂化相比有两个显著的特点。首先是反应速度异常提高，如在 500℃下，C_5～C_{18}的正构烷烃在早期的裂化催化剂SiO_2—Al_2O_3—ZrO上裂化反应速度是热裂化反应速度的 10～60 倍，而在新型的分子筛催化剂上反应速度更大。另一个特点是催化裂化的产物与热裂化显著不同，催化裂化的过程中反应复杂多样，不仅有裂化反应，还可能有歧化反应、叠合反应，还有异构化和氢转移反应。烷烃的催化裂化产物比热裂化产物含更多的 C_3 和 C_4 烃类及更多的异构烃，烯烃的催化裂化气中富含更多的 C_3 和 C_4 烃类。C_6 以上的烯烃更容易裂化。因此，催化裂化的汽油产品辛烷值高，油的质量更好。

② 催化重整　催化重整的目的是将低辛烷值的石脑油芳构化成高辛烷值汽油。20 世纪 50 年代后，重整催化剂为铂-氧化铝，所以称为铂重整。20 世纪 70 年代以后陆续又出现各种双金属催化剂和多金属催化剂，它们具有更优良的性能。

重整中的化学反应主要有六元环烃脱氢反应、烷烃异构化反应、五元环烃异构化反应以及环烷烃脱氢环化反应等。

复习题与习题

1. 是非题（对的，在括号内填“＋”号，错的填“－”号）

(1) 就主族元素单质的熔点来说，大致有这样的趋势：中部熔点较高，而左右两边的熔点较低。（　）

(2) 半导体和绝缘体有十分类似的能带结构，只是半导体的禁带宽度要窄得多。（　）

(3) 铝和氧气分别是较活泼的金属和活泼的非金属单质，因此两者能作用形成典型的离子键，固态为离子晶体。（　）

(4) 活泼金属元属的氧化物都是离子晶体，熔点较高；非金属元素的氧化物都是分子晶体，熔点较低。（　）

(5) 同族元素的氧化物 CO_2 与 SiO_2，具有相似的物理性质和化学性质。（　）

2. 选择题（将正确答案的标号填入空格内）

(1) 在配制 $SnCl_2$ 溶液时，为了防止溶液产生 Sn(OH)Cl 白色沉淀，应采取的措施是________。

(a) 加碱　(b) 加酸　(c) 多加水　(d) 加热

(2) 下列物质中熔点最高的是________。

(a) SiC　(b) $SnCl_4$　(c) $AlCl_3$　(d) KCl

(3) 下列物质中酸性最弱的是________。

(a) $HClO_3$　(b) $HClO_4$　(c) HClO　(d) $HClO_2$

(4) 下列物质中热稳定性最好的是________。

(a) $Mg(HCO_3)_2$　(b) $MgCO_3$　(c) H_2CO_3　(d) $BaCO_3$

(5) 能与碳酸钠溶液作用生成沉淀，而此沉淀又能溶于氢氧化钠溶液的是________。

(a) $AgNO_3$　(b) $CaCl_2$　(c) $AlCl_3$　(d) $BaCl_2$

(6) ＋3 价铬在过量强碱溶液中的存在形式为________。

(a) $Cr(OH)_3$　(b) CrO_2^-　(c) Cr^{3+}　(d) CrO_4^{2-}

3. 烧石膏石用作医疗绷带或塑像模型是利用了其什么特性？

4. 写出下列反应的现象及配平化学方程式或离子方程式。

(1) 将 $Pb(NO_3)_2$ 入酸化的重铬酸钾溶液中。

(2) 将 H_2O_2 入酸化的高锰酸钾溶液中。

5. 指出下列物质中哪些是氧化物、过氧化物或超氧化物？

(1) Na_2O_2　(2) KO_2　(3) $CH_3-\overset{\overset{\displaystyle O}{\|}}{C}-O-OH$　(4) BaO_2

(5) PbO_2　(6) CrO_3　(7) Mn_2O_7

6. 下列各氧化物的水合物中，哪些能与强酸溶液作用？哪些能与强碱溶液作用？写出反应的化学方程式。

(1) $Mg(OH)_2$　(2) $AgOH$　(3) $Sn(OH)_2$　(4) $SiO_2 \cdot H_2O$　(5) $Cr(OH)_2$

7. $AlCl_3$ 作为 Lewis 酸是一种重要的固体酸催化剂，而 $AlCl_3 \cdot 6H_2O$ 却不能作为固体酸催化剂，为什么？

8. 渗铝剂 $AlCl_3$ 和还原剂 $SnCl_2$ 的晶体均易潮解，主要是因为均易与水反应。试分别用化学方程式表示之。要把 $SnCl_2$ 的晶体配制成溶液时，如何配制才能得到澄清的溶液？

9. 试估算 $BaCO_3(s)$ 在标准条件下的热分解温度。已知该反应 $BaCO_3(s) = BaO(s) + CO_2(g)$ 的 $\Delta_r H_m^{\ominus}(298.15K) = 266.7kJ \cdot mol^{-1}$，$\Delta_r S_m^{\ominus}(298.15K) = 171J \cdot mol^{-1} \cdot K^{-1}$。

10. 试用最简单的化学方法将下列各组内的固体物质彼此鉴别出来，并写出有关的化学方程式。

(1) 大理石（$CaCO_3$）和橄榄石（Mg_2SiO_4）。

(2) 石灰石和生石灰。

(3) $Pb(NO_2)_2$ 和 $SnCl_2$。

(4) CaH_2，CaC_2，$CaCl_2$。

11. 铅为什么能耐稀 H_2SO_4、HCl 的腐蚀？铅能耐浓 H_2SO_4、浓 HCl 腐蚀吗？为什么？

12. 解释下列问题

(1) 为什么盛烧碱溶液的瓶塞不用玻璃塞，而盛 H_2SO_4 和 HNO_3 的瓶不用橡皮塞？

(2) $CaCO_3$ 的热分解温度是否就是 $CaCO_3$ 刚刚开始分解的温度？

(3) 为什么可以通过向暂时硬水中加入适量的 $Ca(OH)_2$ 来减少 Ca^{2+}？

附　　录

附录1　中华人民共和国法定计量单位

(1) 国际单位制（简称SI）的基本单位

量的名称	单位名称	单位符号	量的名称	单位名称	单位符号
长度	米	m	热力学温度	开[尔文]	K
质量	千克(公斤)	kg	物质的量	摩[尔]	mol
时间	秒	s	发光强度	坎[德拉]	cd
电流	安[培]	A			

(2) 化学中常用的国际单位制中具有专门名称的导出单位

量的名称	单位名称	单位符号	其他表示示例
频率	赫[兹]	Hz	s^{-1}
力;重力	牛[顿]	N	$kg·m/s^2$
压力,压强,应力	帕[斯卡]	Pa	N/m^2
能量,功,热	焦[尔]	J	N·m
功率,辐射通量	瓦[特]	W	J/s
电荷量	库[仑]	C	A·s
电位,电压;电动势	伏[特]	V	W/A
电阻	欧[姆]	Ω	V/A
电导	西[门子]	S	A/V
摄氏温度	摄氏度	℃	
物质的量浓度	摩[尔]每立方米	$mol·m^{-3}$	
质量摩尔浓度	摩[尔]每千克	$mol·kg^{-1}$	

(3) 国家选定的非国际单位制单位（摘录）

量的名称	单位名称	单位符号	换算关系和说明
时间	分 [小]时 天(日)	min h d	1min=60s 1h=60min=3600s 1d=24h=86400s
旋转速度	转每分	r/min	$1r/min=(1/60)s^{-1}$
质量	吨 原子质量单位	t u	$1t=1\times10^3kg$ $1u\approx1.6605400\times10^{-27}kg$
体积	升	L,(l)	$1L=1dm^3=1\times10^{-3}m^3$
能	电子伏特	eV	$1eV=1.60217733\times10^{-19}J$

注：国家选定的非国际单位制单位是某些已普遍使用的，但不属于国际单位制的单位。

(4) 用于构成十进倍数和分数单位的词头（摘录）

所表示的因数	词头名称	词头符号	所表示的因数	词头名称	词头符号
10^{15}	拍[它]	P	10^{-1}	分	d
10^{12}	太[拉]	T	10^{-2}	厘	c
10^{9}	吉[咖]	G	10^{-3}	毫	m
10^{6}	兆	M	10^{-6}	微	μ
10^{3}	千	k	10^{-9}	纳[诺]	n
10^{2}	百	h	10^{-12}	皮[可]	p
10^{1}	十	da	10^{-15}	飞[母托]	f

附录2　一些基本物理常数

物理量	符号	数值
真空中的光速	c	$2.997\,924\,58\times10^{8}\,m\cdot s^{-1}$
电子电荷	e	$1.602\,177\,33\times10^{-19}\,C$
质子质量	m_p	$1.672\,623\,1\times10^{-27}\,kg$
电子质量	m_e	$9.109\,389\,7\times10^{-31}\,kg$
摩尔气体常数	R	$8.314\,501\,J\cdot mol^{-1}\cdot K^{-1}$
阿伏伽德罗(Avogadro)常数	N_A	$6.022\,136\,7\times10^{23}\,mol^{-1}$
里德伯(Rybderg)常数	R_∞	$1.097\,373\,153\,4\times10^{7}\,m^{-1}$
普朗克(Planck)常数	h	$6.626\,075\,5\times10^{-34}\,J\cdot s$
法拉第(Faraday)常数	F	$9.648\,530\,9\times10^{4}\,C\cdot mol^{-1}$
波尔兹曼(Boltzmann)常数	k	$1.380\,658\times10^{-23}\,J\cdot K^{-1}$
原子质量单位	u	$1.660\,540\,2\times10^{-27}\,kg$

附录3　一些物质的标准摩尔生成焓、标准摩尔生成吉布斯函数和标准摩尔熵的数据

（p=100kPa，T=298.15K）

物质	$\Delta_f H_m^\ominus$/kJ·mol^{-1}	$\Delta_f G_m^\ominus$/kJ·mol^{-1}	$S_m^\ominus$/J·mol^{-1}·K^{-1}
Ag(s)	0	0	42.55
AgCl(s)	−127.07	−109.80	96.2
AgI(s)	−61.84	−66.19	115.5
Al(s)	0	0	28.33
$AlCl_3$(s)	−704.2	−628.9	110.66
Al_2O_3(s,α刚玉)	−1675.7	−1582.4	50.92
Br_2(l)	0	0	152.23
(g)	30.91	3.142	245.35
C(s,金刚石)	1.8966	2.8995	2.377
(s,石墨)	0	0	5.740
CCl_4(l)	−135.44	−65.27	216.40
CO(g)	−110.52	−137.16	197.56

续表

物　质	$\Delta_f H_m^\ominus$/kJ·mol^{-1}	$\Delta_f G_m^\ominus$/kJ·mol^{-1}	$S_m^\ominus$/J·mol^{-1}·K^{-1}
CO_2(g)	−393.50	−394.36	213.64
Ca(s)	0	0	41.42
$CaCO_3$(s,方解石)	−1206.92	−1128.84	92.9
$CaC_2O_4 \cdot H_2O$(s)	−1675.0	−1514.0	157.0
CaO(s)	−635.09	−604.04	39.75
$Ca(OH)_2$(s)	−986.09	−898.56	83.39
$CaSO_4$(s)	−1434.11	−1321.85	106.7
$CaSO_4 \cdot 2H_2O$(s)	−2022.63	−1797.45	194.1
Cl_2(g)	0	0	222.96
Co(s,α)	0	0	30.04
$CoCl_2$(s)	−312.5	−269.9	109.16
Cr(s)	0	0	23.77
Cr_2O_3(s)	−1139.7	−1058.1	81.2
Cu(s)	0	0	33.15
$CuCl_2$(s)	−220.1	−175.7	108.07
CuO(s)	−157.3	−129.7	42.63
Cu_2I(s)	−168.6	−146.0	93.14
CuS(s)	−53.1	−53.6	66.5
F_2(g)	0	0	202.67
Fe(s,α)	0	0	27.28
FeO(s)	−272.0	—	—
$Fe_{0.947}O$(s,方铁矿)	−266.3	−246.4	57.49
Fe_2O_3(s,赤铁矿)	−824.2	−742.2	87.40
Fe_3O_4(s,磁铁矿)	−118.4	−1015.5	146.4
$Fe(OH)_2$(s)	−569.0	−486.6	88
FeS(s)	−100.0	−100.0	60
H_2(g)	0	0	130.574
H_2CO_3(aq)	−669.65	−623.16	187.4
HCl(g)	−92.307	−95.299	186.80
HF(g)	−271.1	−273.2	173.67
HNO_3(l)	−174.10	−80.79	155.60
H_2O(g)	−241.82	−228.59	188.72
(l)	−285.83	−237.18	69.91
H_2O_2(l)	−187.78	−120.42	109.6
H_2S(g)	−20.63	−33.56	205.69
Hg(g)	61.317	31.853	174.85
(l)	0	0	76.02
HgO(s,红)	−90.83	−58.555	70.29
I_2(g)	62.438	19.359	260.58
I_2(s)	0	0	116.14
K(s)	0	0	64.18
KCl(s)	−436.747	−409.15	82.59
$KClO_3$(s)	−391.0	−290.0	143.0
KNO_3(s)	−493.0	−393.0	133.0

续表

物　质	$\Delta_f H_m^\ominus$/kJ·mol^{-1}	$\Delta_f G_m^\ominus$/kJ·mol^{-1}	$S_m^\ominus$/J·mol^{-1}·K^{-1}
$Mg(s)$	0	0	32.68
$MgCl_2(s)$	−641.32	−591.83	89.62
$MgO(s)$	−601.70	−569.44	26.94
$Mg(OH)_2(s)$	−924.54	−835.58	63.18
$MgCO_3$	−1096	−1012	65.7
$Mn(s,\alpha)$	0	0	32.01
$MnO(s)$	−385.22	−362.92	59.71
$MnCO_3(s)$	−894.0	−817.0	86.0
$N_2(g)$	0	0	191.50
$NH_3(g)$	−46.11	−16.48	192.34
$NH_3(aq)$	80.29	−26.57	111.3
$N_2H_4(l)$	50.63	149.24	121.21
$NH_4Cl(s)$	−314.43	−202.97	94.6
$NO(g)$	90.25	86.57	210.65
$NO_2(g)$	33.18	51.30	239.95
$N_2O_4(g)$	9.16	98.0	304.0
$Na(s)$	0	0	51.21
$NaCl(s)$	−411.15	−384.15	72.13
$Na_2O(s)$	−414.22	−375.47	75.06
$NaOH(s)$	−425.609	−379.526	64.455
$Ni(s)$	0	0	29.87
$NiO(s)$	−239.7	−211.7	37.99
$O_2(g)$	0	0	205.03
$O_3(g)$	142.7	163.2	238.82
P(s,白)	0	0	41.09
PCl_3	−287.0	−268.0	312.0
PCl_5	−375.0	−305.0	364.0
$Pb(s)$	0	0	64.81
$PbCl_2(s)$	−359.40	−317.90	136.0
PbO(s,黄)	−215.33	−187.90	68.70
S(s,正交)	0	0	31.80
$SO_2(g)$	−296.83	−300.19	248.11
$SO_3(g)$	−395.72	−371.08	256.65
$Si(s)$	0	0	18.83
SiO_2(s,α,石英)	−910.94	−856.67	41.84
Sn(s,白)	0	0	51.55
$SnO_2(s)$	−580.7	−519.7	52.3
$Ti(s)$	0	0	30.63
TiO_2(s,金红石)	−944.7	−889.5	50.33
$Zn(s)$	0	0	41.63
$ZnO(s)$	−348.28	−318.32	43.64
$CH_4(g)$	−74.85	−50.6	186.27
$C_2H_2(g)$	226.73	209.20	200.83
$C_2H_4(g)$	52.30	68.24	219.20

续表

物　质	$\Delta_f H_m^\ominus$/kJ·mol^{-1}	$\Delta_f G_m^\ominus$/kJ·mol^{-1}	$S_m^\ominus$/J·mol^{-1}·K^{-1}
C_2H_6(g)	−83.68	−31.80	229.12
C_6H_6(g)	82.93	129.66	269.20
(l)	48.99	124.35	173.26
CH_3OH(l)	−239.03	−166.82	127.24
C_2H_5OH(l)	−277.98	−174.18	161.04
C_6H_5COOH(s)	−385.05	−245.27	167.57
$C_{12}H_{22}O_{11}$(s)	−2225.5	−1544.6	360.2

附录4　一些水合离子的标准摩尔生成焓、标准摩尔生成吉布斯函数和标准摩尔熵的数据

（p=100kPa，T=298.15K）

水合离子	$\Delta_f H_m^\ominus$/kJ·mol^{-1}	$\Delta_f G_m^\ominus$/kJ·mol^{-1}	$S_m^\ominus$/J·mol^{-1}·K^{-1}
H^+(aq)	0.00	0.00	0.00
Na^+(aq)	−240.12	261.89	59.0
K^+(aq)	−252.38	−283.26	102.5
Ag^+(aq)	105.58	77.124	72.68
NH_4^+(aq)	−132.51	−79.37	113.4
Ba^{2+}(aq)	−537.64	−560.74	9.6
Ca^{2+}(aq)	−542.83	−553.54	53.1
Mg^{2+}(aq)	−466.85	−454.8	−138.1
Fe^{2+}(aq)	−89.1	−78.87	−137.7
Fe^{3+}(aq)	−48.5	−4.6	−315.9
Cu^{2+}(aq)	64.77	65.52	−99.6
Zn^{2+}(aq)	−153.89	−147.03	−112.1
Pb^{2+}(aq)	−1.7	−24.39	10.5
Mn^{2+}(aq)	−220.75	−228.0	−73.6
Al^{3+}(aq)	−531	−485	−321.7
OH^-(aq)	−229.99	−157.29	−10.75
F^-(aq)	−332.63	−278.82	−13.8
Cl^-(aq)	−167.16	−131.26	56.5
Br^-(aq)	−121.54	−103.97	82.4
I^-(aq)	−55.19	−51.59	111.3
HS^-(aq)	−17.6	12.05	62.8
HCO_3^-(aq)	−691.99	−586.85	91.2
NO_3^-(aq)	−207.36	−111.34	146.4
AlO_2^-(aq)	−918.8	−823.0	−21
S^{2-}(aq)	33.1	85.8	−14.6
SO_4^{2-}(aq)	−909.27	−744.63	20.1
CO_3^{2-}(aq)	−677.14	−527.90	−56.9

附录 5　一些共轭酸碱的解离常数

共轭酸	K_a	共轭碱	K_b
HNO_2	4.6×10^{-4}	NO_2^-	2.2×10^{-11}
HF	3.53×10^{-4}	F^-	2.83×10^{-11}
HAc	1.76×10^{-5}	Ac^-	5.68×10^{-10}
H_2CO_3	4.3×10^{-7}	HCO_3^-	2.3×10^{-8}
H_2S	9.1×10^{-8}	HS^-	1.1×10^{-7}
$H_2PO_4^-$	6.23×10^{-8}	HPO_4^{2-}	1.61×10^{-7}
NH_4^+	5.65×10^{-10}	NH_3	1.77×10^{-5}
HCN	4.93×10^{-10}	CN^-	2.03×10^{-3}
HCO_3^-	5.61×10^{-11}	CO_3^{2-}	1.78×10^{-4}
HS^-	1.1×10^{-12}	S^{2-}	9.1×10^{-3}
HPO_4^{2-}	2.2×10^{-13}	PO_4^{3-}	4.5×10^{-2}

附录 6　一些配离子的稳定常数和不稳定常数

配离子	K_f	$\lg K_f$	K_i	$\lg K_i$
$[AgBr]^-$	2.14×10^{7}	7.33	4.67×10^{-8}	−7.33
$[Ag(CN)_2]^-$	1.26×10^{21}	21.1	7.94×10^{-22}	−21.1
$[AgCl_2]^-$	1.10×10^{5}	5.04	9.09×10^{-6}	−5.04
$[AgI_2]^-$	5.5×10^{11}	11.74	1.82×10^{-12}	−11.74
$[Ag(NH_3)_2]^+$	1.12×10^{7}	7.05	8.93×10^{-8}	−7.05
$[Ag(S_2O_3)_2]^{3-}$	2.89×10^{13}	13.46	3.46×10^{-14}	−13.46
$[Co(NH_3)_6]^{2+}$	1.29×10^{5}	5.11	7.75×10^{-6}	−5.11
$[Cu(CN)_2]^-$	1×10^{24}	24.0	1×10^{-24}	−24.0
$[Cu(NH_3)_2]^+$	7.24×10^{10}	10.86	1.38×10^{-11}	−10.86
$[Cu(NH_3)_4]^{2+}$	2.09×10^{13}	13.32	4.78×10^{-14}	−13.32
$[Cu(P_2O_7)_2]^{6-}$	1×10^{9}	9.0	1×10^{-9}	−9.0
$[Cu(SCN)_2]^-$	1.52×10^{5}	5.18	6.58×10^{-6}	−5.18
$[Fe(CN)_6]^{3-}$	1×10^{42}	42.0	1×10^{-42}	−42.0
$[HgBr_4]^{2-}$	1×10^{21}	21.0	1×10^{-21}	−21.0
$[Hg(CN)_4]^{2-}$	2.51×10^{41}	41.4	3.98×10^{-42}	−41.4
$[HgCl_4]^{2-}$	1.17×10^{15}	15.07	8.55×10^{-16}	−15.07
$[HgI_4]^{2-}$	6.76×10^{26}	29.83	1.48×10^{-30}	−29.83
$[Ni(NH_3)_6]^{2+}$	5.50×10^{8}	8.74	1.82×10^{-9}	−8.74
$[Ni(en)_3]^{2+}$	2.14×10^{18}	18.33	4.67×10^{-19}	−18.33
$[Zn(CN)_4]^{2-}$	5.0×10^{16}	16.7	2.0×10^{-17}	−16.7
$[Zn(NH_3)_4]^{2+}$	2.87×10^{9}	9.46	3.48×10^{-10}	−9.46
$[Zn(en)_2]^{2+}$	6.76×10^{10}	10.83	1.48×10^{-11}	−10.83

附录 7　一些物质的溶度积（298.15K）

难溶物质	化学式	溶度积 K_{sp}
溴化银	$AgBr$	5.35×10^{-13}
氯化银	$AgCl$	1.77×10^{-10}
铬酸银	Ag_2CrO_4	1.12×10^{-12}
碘化银	AgI	8.51×10^{-17}
硫化银	Ag_2S	6.69×10^{-50}（α 型）
		1.09×10^{-49}（β 型）
碳酸银	Ag_2CO_3	8.0×10^{-12}
硫酸银	Ag_2SO_4	1.20×10^{-5}
碳酸钡	$BaCO_3$	2.58×10^{-9}
铬酸钡	$BaCrO_4$	1.17×10^{-10}
硫酸钡	$BaSO_4$	1.07×10^{-10}
碳酸钙	$CaCO_3$	4.96×10^{-9}
草酸钙	CaC_2O_4	1.0×10^{-9}
氟化钙	CaF_2	1.46×10^{-10}
磷酸钙	$Ca(PO_4)_2$	2.07×10^{-33}
硫酸钙	$CaSO_4$	7.10×10^{-5}
硫化镉	CdS	1.40×10^{-29}
氢氧化镉	$Cd(OH)_2$	5.27×10^{-15}
氢氧化铜	$Cu(OH)_2$	1.0×10^{-20}
硫化铜	CuS	1.27×10^{-36}
氢氧化亚铁	$Fe(OH)_2$	4.87×10^{-17}
氢氧化铁	$Fe(OH)_3$	2.64×10^{-39}
硫化亚铁	FeS	1.59×10^{-19}
硫化汞	HgS	6.44×10^{-53}（黑）
		2.00×10^{-53}（红）
氯化亚汞	Hg_2Cl_2	1.0×10^{-18}
碳酸镁	$MgCO_3$	6.82×10^{-6}
氢氧化镁	$Mg(OH)_2$	5.61×10^{-12}
二氢氧化锰	$Mn(OH)_2$	2.06×10^{-13}
硫化亚锰	MnS	4.65×10^{-14}
碳酸铅	$PbCO_3$	1.46×10^{-13}
二氯化铅	$PbCl_2$	1.17×10^{-5}
碘化铅	PbI_2	8.49×10^{-9}
硫化铅	PbS	9.04×10^{-29}
硫酸铅	$PbSO_4$	1.82×10^{-8}
碳酸锌	$ZnCO_3$	1.19×10^{-10}
硫化锌	ZnS	2.93×10^{-25}

附录 8　标准电极电势

电　对（氧化态/还原态）	电极反应（$a_{氧化态}+ne^-\rightleftharpoons b_{还原态}$）	标准电极电势 $E^{\ominus}$/V
Li^+/Li	$Li^+(aq)+e^-\rightleftharpoons Li(s)$	−3.0401
Cs^+/Cs	$Cs^+(aq)+e^-\rightleftharpoons Cs(s)$	−3.02
K^+/K	$K^+(aq)+e^-\rightleftharpoons K(s)$	−2.931
Ba^{2+}/Ba	$Ba^{2+}(aq)+2e^-\rightleftharpoons Ba(s)$	−2.912
Ca^{2+}/Ca	$Ca^{2+}(aq)+2e^-\rightleftharpoons Ca(s)$	−2.868
Na^+/Na	$Na^+(aq)+e^-\rightleftharpoons Na(s)$	−2.71
Mg^{2+}/Mg	$Mg^{2+}(aq)+2e^-\rightleftharpoons Mg(s)$	−2.372
H_2/H^-	$1/2H_2(q)+e^-\rightleftharpoons H^-(aq)$	−2.23
Sc^{3+}/Sc	$Sc^{3+}(aq)+3e^-\rightleftharpoons Sc(s)$	−2.077
Al^{3+}/Al	$Al^{3+}(aq)+3e^-\rightleftharpoons Al(s)$（$0.1mol\cdot dm^{-3}$ NaOH）	−1.662
Mn^{2+}/Mn	$Mg^{2+}(aq)+2e^-\rightleftharpoons Mn(s)$	−1.185
Zn^{2+}/Zn	$Zn^{2+}(aq)+2e^-\rightleftharpoons Zn(s)$	−0.7618
Fe^{2+}/Fe	$Fe^{2+}(aq)+2e^-\rightleftharpoons Fe(s)$	−0.447
Cd^{2+}/Cd	$Cd^{2+}(aq)+2e^-\rightleftharpoons Cd(s)$	−0.4030
$PbSO_4/Pb$	$PbSO_4(s)+2e^-\rightleftharpoons Pb+SO_4{}^{2-}(aq)$	−0.3590
Co^{2+}/Co	$Co^{2+}(aq)+2e^-\rightleftharpoons Co(s)$	−0.28
Ni^{2+}/Ni	$Ni^{2+}(aq)+2e^-\rightleftharpoons Ni(s)$	−0.257
Sn^{2+}/Sn	$Sn^{2+}(aq)+2e^-\rightleftharpoons Sn(s)$	−0.1375
Pb^{2+}/Pb	$Pb^{2+}(aq)+2e^-\rightleftharpoons Pb(s)$	−0.1262

续表

电　对（氧化态/还原态）	电极反应（$a_{氧化态}+ne^- \rightleftharpoons b_{还原态}$）	标准电极电势 $E^{\ominus}$/V
H^+/H_2	$H^+(aq)+e^- \rightleftharpoons 1/2H_2(g)$	0.0000
$S_4O_6^{2-}/S_2O_3^{2-}$	$S_4O_6^{2-}(aq)+2e^- \rightleftharpoons 2S_2O_3^{2-}(s)$	0.08
S/H_2S	$S(s)+2H^+(aq)+2e^- \rightleftharpoons H_2S(aq)$	+0.142
Sn^{4+}/Sn^{2+}	$Sn^{4+}(aq)+2e^- \rightleftharpoons Sn^{2+}(aq)$	+0.151
SO_4^{2-}/H_2SO_3	$SO_4^{2-}(aq)+4H^++2e^- \rightleftharpoons H_2SO_3(aq)+H_2O$	+0.172
Hg_2Cl_2/Hg	$Hg_2Cl_2(s)+2e^- \rightleftharpoons 2Hg(l)+2Cl^-(aq)$	+0.26808
Cu^{2+}/Cu	$Cu^{2+}(aq)+2e^- \rightleftharpoons Cu(s)$	+0.3419
O_2/OH^-	$1/2O_2(g)+H_2O+2e^- \rightleftharpoons 2OH^-(aq)$	+0.401
Cu^+/Cu	$Cu^+(aq)+e^- \rightleftharpoons Cu(s)$	+0.521
I_2/I^-	$I_2(s)+2e^- \rightleftharpoons 2I^-(aq)$	+0.5355
O_2/H_2O_2	$O_2(g)+2H^+(aq)+2e^- \rightleftharpoons H_2O_2(aq)$	+0.695
Fe^{3+}/Fe^{2+}	$Fe^{3+}(aq)+e^- \rightleftharpoons Fe^{2+}(aq)$	+0.771
$Hg_2{}^{2+}/Hg$	$1/2Hg_2{}^{2+}(aq)+e^- \rightleftharpoons Hg(l)$	+0.7973
Ag^+/Ag	$Ag^+(aq)+e^- \rightleftharpoons Ag(s)$	+0.7990
Hg^{2+}/Hg	$Hg^{2+}(aq)+2e^- \rightleftharpoons Hg(l)$	+0.851
NO_3^-/NO	$NO_3^-(aq)+H^+(aq)+e^- \rightleftharpoons NO(g)+2H_2O$	+0.957
HNO_2/NO	$HNO_2(aq)+H^+(aq)+e^- \rightleftharpoons NO(g)+H_2O$	+0.983
Br_2/Br^-	$Br_2(l)+2e^- \rightleftharpoons 2Br^-(aq)$	+1.066
MnO_2/Mn^{2+}	$MnO_2(s)+4H^+(aq)+2e^- \rightleftharpoons Mn^{2+}(aq)+2H_2O$	+1.224
O_2/H_2O	$O_2(g)+4H^+(aq)+4e^- \rightleftharpoons 2H_2O$	+1.229
$Cr_2O_7^{2-}/Cr^{3+}$	$Cr_2O_7^{2-}(aq)+14H^+(aq)+6e^- \rightleftharpoons 2Cr^{3+}(aq)+7H_2O$	+1.33
Cl_2/Cl^-	$Cl_2(g)+2e^- \rightleftharpoons 2Cl^-(aq)$	+1.35827
PbO_2/Pb^{2+}	$PbO_2(s)+4H^+(aq)+2e^- \rightleftharpoons Pb^{2+}(aq)+2H_2O(l)$	+1.455
MnO_4^-/Mn^{2+}	$MnO_4^-(aq)+8H^+(aq)+5e^- \rightleftharpoons Mn^{2+}(aq)+4H_2O$	+1.507
Ce^{4+}/Ce^{3+}	$Ce^{4+}(aq)+e^- \rightleftharpoons Ce^{3+}(aq)$	+1.74
H_2O_2/H_2O	$H_2O_2(aq)+2H^+(aq)+2e^- \rightleftharpoons 2H_2O$	+1.776
$S_2O_8^{2-}/SO_4^{2-}$	$S_2O_8^{2-}(aq)+2e^- \rightleftharpoons 2SO_4^{2-}(aq)$	+2.010
F_2/F^-	$F_2(g)+2e^- \rightleftharpoons 2F^-(aq)$	+2.866

附录 9　标准电极电势（碱性介质）

电　对（氧化态/还原态）	电极反应（$a_{氧化态}+ne^- \rightleftharpoons b_{还原态}$）	标准电极电势 $E^{\ominus}$/V
$Ba(OH)_2/Ba$	$Ba(OH)_2(s)+2e^- \rightleftharpoons Ba(s)+2OH^-(aq)$	−2.99
$Sr(OH)_2/Sr$	$Sr(OH)_2(s)+2e^- \rightleftharpoons Sr(s)+2OH^-(aq)$	−2.88
$Mg(OH)_2/Mg$	$Mg(OH)_2(s)+2e^- \rightleftharpoons Mg(s)+2OH^-(aq)$	−2.690
$Mn(OH)_2/Mn$	$Mn(OH)_2(s)+2e^- \rightleftharpoons Mn(s)+2OH^-(aq)$	−1.56
$Cr(OH)_3/Cr$	$Cr(OH)_3(s)+3e^- \rightleftharpoons Cr(s)+3OH^-(aq)$	−1.48
ZnO_2^{2-}/Zn	$ZnO_2^{2-}(aq)+2H_2O+2e^- \rightleftharpoons Zn(s)+4OH^-(aq)$	−1.215
CrO_2^-/Cr	$CrO_2^-(aq)+2H_2O+3e^- \rightleftharpoons Cr(s)+4OH^-(aq)$	−1.2
H_2O/H_2	$2H_2O(s)+2e^- \rightleftharpoons H_2(g)+2OH^-(aq)$	−0.8277
$Ni(OH)_2/Ni$	$Ni(OH)_2(s)+2e^- \rightleftharpoons Ni(s)+2OH^-(aq)$	−0.72
$Cu(OH)_2/Cu$	$Cu(OH)_2(s)+2e^- \rightleftharpoons Cu(s)+2OH^-(aq)$	−0.222
O_2/H_2O_2	$O_2(g)+2H_2O+2e^- \rightleftharpoons H_2O_2(aq)+2OH^-(aq)$	−0.146
O_2/OH^-	$1/2O_2(g)+2H_2O+2e^- \rightleftharpoons 2OH^-(aq)$	+0.401

典型习题示范解题

做习题是学习的重要环节，是课堂教学所学知识的初步实践与应用。通过解题，不仅能考查学生对所学知识的理解和运用程度，巩固所学知识，而且能够培养学生的科学思维方法。在学习中，若仅是为了完成作业，应付考试，那么就失去了学习的目的和内涵，“但中国最需要的恐怕不见得是会考试的人。”（杨振宁）。反之，若能通过做习题来巩固、掌握和运用知识，必然会提高自己的学习兴趣和创新能力，收到事半功倍的学习效果。

鉴于目前普通化学课程学时较少，课堂教学中常常无法详细地叙述与展开，加之目前高等学校教师普遍任务重，课后辅导少等原因，给学生的学习造成了一定的不利影响。为此，我们从教学基本要求出发，有针对性地挑选部分典型习题，剖析解题思路和方法，给出解题的步骤和答案，力求达到传“道”解惑的目的。学生在做完作业后（不是作题前!）进行自检对照，必会收到良好的学习效果。

第 1 章

8. 解： 由式(1.5) 及（1.6）知 $\Delta U=\Delta H+W$，因此 $\Delta U \approx \Delta H$ 的条件是不做体积功，即 $W=-p\cdot\Delta V=\Delta nRT=0$。即反应前后气体物质的量不发生变化的反应。

所以，反应（2)、(3）的 $\Delta H \approx \Delta U$。

9. 注意有效数字的运算规则。

解： 5.0g 葡萄糖（摩尔质量 $180.16\text{g}\cdot\text{mol}^{-1}$）在体内氧化放出能量为：

$$
\begin{aligned}
Q &= -2820\text{kJ}\cdot\text{mol}^{-1}/180.16\text{g}\cdot\text{mol}^{-1}\times 5.0\text{g}\times 30\% \\
&= -15.65\text{kJ}\cdot\text{g}^{-1}\times 5.0\text{g}\times 30\% \\
&= -78\text{kJ}\times 30\% \\
&= -23\text{kJ}
\end{aligned}
$$

10. 解：

$$2N_2H_4(l)+N_2O_4(g) = 3N_2(g)+4H_2O(l)$$

$\Delta_f H_m^{\ominus}/\text{kJ}\cdot\text{mol}^{-1}$　　50.63　　9.16　　0　　−285.84

$$
\begin{aligned}
2N_2H_4(l)\text{的 }\Delta_r H_m^{\ominus} &= [3\times\Delta_f H_m^{\ominus}(N_2,g)+4\times\Delta_f H_m^{\ominus}(H_2O,l)]- \\
&\quad [2\times\Delta_f H_m^{\ominus}(N_2H_4,l)+\Delta_f H_m^{\ominus}(N_2O_4,g)] \\
&= 0+4\times(-285.84)-(2\times 50.63+9.16) \\
&= -1254\text{kJ}\cdot\text{mol}^{-1}
\end{aligned}
$$

$N_2H_4(l)$ 的摩尔燃烧热为：$\Delta_r H_m^{\ominus}=-627\text{kJ}\cdot\text{mol}^{-1}$

11. 解：（3）求反应“$NH_3(g)$＋稀盐酸”的 $\Delta_r H_m^{\ominus}$

写出反应的离子方程式

$$NH_3(g)+H^+(aq) = NH_4^+(aq)$$

$\Delta_f H_m^{\ominus}/\text{kJ}\cdot\text{mol}^{-1}$　　−46.11　0　　−132.51

所以　$\Delta_r H_m^{\ominus}=\Delta_f H_m^{\ominus}(NH_4^+,aq)-[\Delta_f H_m^{\ominus}(NH_3,g)+\Delta_f H_m^{\ominus}(H^+,aq)]$

$=-132.51-(-46.11+0)=-86.40\text{kJ}\cdot\text{mol}^{-1}$

14. 解： 运用 $S^{\ominus}$ 及 $\Delta_f G_m^{\ominus}$ 求解反应的 $\Delta_r S_m^{\ominus}$ 及 $\Delta_r G_m^{\ominus}$，关键在于细心，在查找相应物质的标准熵 $S_m^{\ominus}$ 及 $\Delta_f G_m^{\ominus}$ 时，要注意（1）物质的状态是否一致；（2）数值的正负号；（3）单位一致。

15. 解：

	$MgCO_3(s)$ ══	$MgO(s)$ +	$CO_2(g)$
$\Delta_f H_m^{\ominus}/\text{kJ}\cdot\text{mol}^{-1}$	-1096	-601.70	-393.51
$S_m^{\ominus}/\text{J}\cdot\text{mol}^{-1}\cdot\text{K}^{-1}$	65.7	213.6	26.9

$\Delta_r H_m^{\ominus}=[-601.70+(-393.51)]-(-1096)=101\text{kJ}\cdot\text{mol}^{-1}$

$\Delta_r S_m^{\ominus}=(213.6+26.9)-65.7=174.8\text{J}\cdot\text{mol}^{-1}\cdot\text{K}^{-1}$

转化温度 $T=\dfrac{\Delta_r H_m^{\ominus}}{\Delta_r S_m^{\ominus}}=\dfrac{101\times10^3}{174.8}=577\text{K}$

$$CaCO_3(s) = CaO(s)+CO_2(g)$$

同理可求 $\Delta_r H_m^{\ominus}=178\text{kJ}\cdot\text{mol}^{-1}$ $\Delta_r S_m^{\ominus}=160\text{J}\cdot\text{mol}^{-1}\cdot\text{K}^{-1}$

转化温度 $T_2=\dfrac{\Delta_r H_m^{\ominus}}{\Delta_r S_m^{\ominus}}=\dfrac{178\times10^3}{160}=1112\text{K}$

故 600K 时白云石分解产物为 MgO 和 CO_2；1200K 时其分解产物为 MgO、CaO、CO_2。

17. 解： 估算水蒸气热分解反应的转化温度

	$H_2O(g)$ ══	$H_2(g)$ +	$\frac{1}{2}O_2(g)$
$\Delta_f H_m^{\ominus}/\text{kJ}\cdot\text{mol}^{-1}$	-242.82	0	0
$S_m^{\ominus}/\text{J}\cdot\text{mol}^{-1}\cdot\text{K}^{-1}$	188.72	130.57	205.03

$\Delta_r H_m^{\ominus}=-241.82\text{kJ}\cdot\text{mol}^{-1}$

$\Delta_r S_m^{\ominus}=\left(130.57+\dfrac{1}{2}\times205.03\right)-188.72=44.37\text{J}\cdot\text{mol}^{-1}\cdot\text{K}^{-1}$

转化温度 $T=\dfrac{\Delta_r H_m^{\ominus}}{\Delta_r S_m^{\ominus}}=\dfrac{241.82\times10^3}{44.37}=5450\text{K}$

由计算知，利用水蒸气直接热分解来制备 H_2，所需温度太高，故此法不适用。

18. 解： 判断反应恒压下能否自发的条件是

$$\Delta_r G_m^{\ominus}=\Delta_r H_m^{\ominus}-T\cdot\Delta_r S_m^{\ominus}$$

$\Delta_r G_m^{\ominus}>0$，反应不能自发，$\Delta_r G_m^{\ominus}<0$，反应能自发。

（1）放热反应的 $\Delta_r H_m^{\ominus}<0$，若 $\Delta_r S_m^{\ominus}>0$，必为自发反应；但若 $\Delta_r S_m^{\ominus}<0$，并且 $|T\cdot\Delta_r S_m^{\ominus}|>|\Delta_r H_m^{\ominus}|$，则反应的 $\Delta_r G_m^{\ominus}>0$，反应为非自发，因此不能说凡放热反应均是自发反应。

（2）同理，$\Delta_r S_m^{\ominus}$ 为负值的反应，若反应又是放热反应，并且 $|\Delta_r H_m^{\ominus}|>|T\cdot\Delta_r H_m^{\ominus}|$ 则反应的 $\Delta_r G_m^{\ominus}<0$，反应可自发。

（3）冰在室温下自动融化成水时，是一个吸热过程，但是 $S_m^{\ominus}(H_2O,l,298.15K)>S_m^{\ominus}(H_2O,s,298.15K)$，故反应 $\Delta_r G_m^{\ominus}<0$，所以冰在室温熔化是熵增起了主要作用的结果。

21. 解： $Cu(s)+H_2O+CO_2 = CuCO_3+H_2$ 反应不能自发，原因是 Cu 的活泼性位于氢之后，故不能置换碳酸的氢。从热力学分析，其反应的 $\Delta_r G_m^{\ominus}>0$。由于空气中氧的参与，两反应耦合，使反应的 $\Delta_r G_m^{\ominus}<0$，故 Cu 在潮湿的空气中反应生成碱式碳酸铜。

$$Cu(s)+O_2(g) \xlongequal{} CuO(s)$$

$$2CuO(s)+H_2O(l)+CO_2(g) \xlongequal{} Cu_2(OH)_2CO_3$$

第 2 章

2. 解：(1) 因为反应历程非常复杂，反应级数不是由反应方程式而是由实际的反应机理确定。通常反应级数是由实验测定的。

(2) 较快的反应能迅速供给慢反应所需的反应物或很快消耗慢反应的产物。所以总的反应速率为最慢的一步所制约。

3. 解：

$$\ln\frac{v(T_2)}{v(T_1)}=\ln\frac{k(T_2)}{k(T_1)}=\frac{E_a(T_2-T_1)}{RT_1 \cdot T_2}$$

式中 $T_1=278\text{K}$ $T_2=301\text{K}$

$$\frac{v(T_2)}{v(T_1)}=\frac{t_2}{t_1}=\frac{48\text{h}}{4\text{h}}$$

代入，即 $\dfrac{v(T_2)}{v(T_1)}=\dfrac{E_a(301-278)\text{K}}{8.314\text{J}\cdot\text{mol}^{-1}\cdot\text{K}^{-1}\times 278\text{K}\times 301\text{K}}$

解得 $E_a=75\text{kJ}\cdot\text{mol}^{-1}$

牛奶变酸反应的活化能为 $75\text{kJ}\cdot\text{mol}^{-1}$。

4. 解：活化能为 80kJ 的反应。

5. 解：(1) C (2) $450\text{kJ}\cdot\text{mol}^{-1}$ (3) B (4) D

6. 解：(1) (−) (2) (−) (3) (+)

7. 解：

	k(正)	k(逆)	v(正)	v(逆)	$K^{\ominus}$	平衡移动方向
增加总压力	不变	不变	增大	增大	不变	向左
升高温度	增大	增大	增大	增大	增大	向右
加催化剂	增大	增大	增大	增大	不变	不变

8. 解：(3) 容器体积增加到原体积的二倍，系统中各反应物与生成物的浓度将减小为原来浓度的$\frac{1}{2}$，因此体积改变后的反应速率为

$$v'=k\left[\frac{1}{2}c(NO)^2\right]\cdot\left[\frac{1}{2}c(Cl_2)\right]$$

$$=\frac{1}{8}kc^2(NO)\cdot c(Cl_2)$$

$$=\frac{1}{8}v$$

反应速率为原反应速率的 1/8

(4) 同理

$$v''=k\cdot[3c(NO)]^2\cdot[c(Cl_2)]$$

$$=9\cdot kc^2(NO)\cdot c(Cl_2)$$

$$=9v$$

反应速率为原反应速率的 9 倍

9. 解：设该反应在有催化剂时反应活化能为 E_a，在无催化剂时反应活化能为 E_a'，相应的反应速率常数分别为 k 和 k'。根据阿仑尼乌斯公式可得：

$$k=A\cdot e^{\frac{-E_a}{RT}} \quad k'=A\cdot e^{\frac{-E_a'}{RT}}$$

所以 $\dfrac{k}{k'}=\dfrac{e^{\frac{-E_a}{RT}}}{e^{\frac{-E_a'}{RT}}}=e^{(E_a'-E_a)/RT}$

$$=e^{\frac{(75.24-50.14)\times 10^3}{8.314\times 298}}=2.51\times 10^4$$

故该反应在有催化剂时的反应速率比无催化剂时增大 2.51×10^4 倍。

10. 解：已知反应的活化能 E_a 及温度 T_1 时的反应速率常数 k_1，求温度 T_2 时的反应速率常数 k_2，可以应用式(2.5) 进行计算。

$$\lg\frac{k_2}{k_1}=\frac{E_a}{2.303R}\left(\frac{T_2-T_1}{T_1\cdot T_2}\right)$$

代入得 $\lg\dfrac{k_2}{k_1}=\dfrac{92.9\text{kJ}\cdot\text{mol}^{-1}\times 10^3}{2.303\times 8.314\text{J}\cdot\text{mol}^{-1}\cdot\text{K}^{-1}}\left(\dfrac{348-298}{348\times 298}\right)=2.34$

$$\frac{k_2}{6.5\times 10^{-5}}=218$$

所以 $k_2=1.4\times 10^{-2}\text{mol}^{-1}\cdot\text{dm}^{-3}\cdot\text{s}^{-1}$

第 3 章

6. (1) **解**：②。因平衡常数具体体现平衡时各物质平衡浓度之间的关系，与起始浓度无关。转化率则指转化为生成物的反应物占起始总量的百分比。

(2) **解**：③。因在放热反应中，温度增高有利于逆反应，这意味着平衡常数降低，但无法定量。温度升高 10℃，反应速率大约加快 1 倍，而不是平衡常数增加 1 倍。

(3) **解**：④。因加入惰性气体后，系统的总压力发生了变化，但是反应系统中各物质的浓度均未发生变化，仍保持原来的平衡状态。

7. (1) **解**：由温度升高平衡常数增大可以判断该反应为吸热反应。

(2) **解**：由式(3.2) $\ln K=\dfrac{-\Delta_r H_m^{\ominus}(298.15\text{K})}{RT}+\dfrac{\Delta_r S_m^{\ominus}(298.15\text{K})}{R}$

可得：$\lg\dfrac{K_2}{K_1}=\dfrac{-\Delta_r H_m^{\ominus}(298.15\text{K})}{RT}\left(\dfrac{1}{T_2}-\dfrac{1}{T_1}\right)$

代入数据 $\lg\dfrac{1.00}{3.00\times 10^{-2}}=\dfrac{-\Delta_r H_m^{\ominus}(298.15\text{K})}{2.303\times 8.314}+\left(\dfrac{1}{1173}-\dfrac{1}{973}\right)$

所以 $\Delta_r H_m^{\ominus}(298.15\text{K})=1.66\times 10^2\text{kJ}\cdot\text{mol}^{-1}$

9. 解：(b)

10. 解：(1) q 为正值，说明该反应为吸热反应。欲使平衡向右移动可采取①升高温度，②增大 $H_2O(g)$ 的分压或减少 $CO_2(g)$、$H_2(g)$ 的分压力；或减少系统的总压力。

11. (1) $CaCO_3(s)$ ══ $CaO(s)+CO_2(g)$

解：298.15K 时，$\Delta_r G_m^\ominus = 130.4\text{kJ}\cdot\text{mol}^{-1}$

$$\lg K^\ominus = \frac{-\Delta_r G_m^\ominus}{2.303RT}$$

$$\lg K^\ominus = \frac{-130.4\text{kJ}\cdot\text{mol}^{-1} \times 10^3}{2.303 \times 8.314\text{J}\cdot\text{mol}^{-1}\cdot\text{K}^{-1} \times 298.15\text{K}} = -22.842$$

所以，$K^\ominus = 1.44 \times 10^{-23}$

计算 500K 时的 $K^\ominus$ 采用近似公式

$$\lg K^\ominus \approx \frac{\Delta_r H_m^\ominus(298.15\text{K})}{RT} + \frac{\Delta_r S_m^\ominus(298.15\text{K})}{R}$$

求得：$\Delta_r H_m^\ominus(298.15\text{K}) = 178.32\text{kJ}\cdot\text{mol}^{-1}$

$\Delta_r S_m^\ominus(298.15\text{K}) = 160.59\text{J}\cdot\text{mol}^{-1}\cdot\text{K}^{-1}$

$$\lg K^\ominus(500\text{K}) \approx \frac{\Delta_r H_m^\ominus(298.15\text{K})}{RT} + \frac{\Delta_r S_m^\ominus(298.15\text{K})}{R}$$

$$= \frac{-178.32\text{kJ}\cdot\text{mol}^{-1}}{8.314\text{J}\cdot\text{mol}^{-1}\cdot\text{K}^{-1} \times 500\text{K}} + \frac{160.59\text{J}\cdot\text{mol}^{-1}\cdot\text{K}^{-1}}{8.314\text{J}\cdot\text{mol}^{-1}\cdot\text{K}^{-1}}$$

$$= -42.896 + 19.316$$

$$= -23.580$$

所以，$K^\ominus(500\text{K}) = 2.6 \times 10^{-24}$

13. 解：反应 $CO_2(g) + H_2(g) \rightleftharpoons CO_2(g) + H_2O(g)$ (3)

由反应（1）－（2）得到，根据多重平衡规则，

$$K_3^\ominus = K_1^\ominus / K_2^\ominus$$

据此，可以求得（3）式在不同温度下的 $K_3^\ominus$：

973K：0.618；1073K：0.905；1173K：1.29；1273K：1.66。

随着温度的升高，$K_3^\ominus$ 增大，故反应（3）是吸热反应。

14. 解：求解方法与第 11 题相似

热力学数据为

	$\Delta_f H_m^\ominus$/kJ·mol^{-1}	$\Delta_f G_m^\ominus$/kJ·mol^{-1}	$S_m^\ominus$/J·mol^{-1}·K^{-1}
$PCl_3(g)$	−287	−268	312
$PCl_5(g)$	−375	−305	364

15. 解：这是一道多重平衡规则的应用题目，可参考 13 题解法。

第 4 章

6. 解：④比较相同浓度弱酸酸性的强弱，可以通过计算弱酸 $c(H^+) = \sqrt{K_a \cdot c}$ 的大小来进行。

7. 解：

$$H_2S(aq) \rightleftharpoons 2H^+(aq) + S^{2-}(aq)$$

平衡时浓度为　$0.1 - x$　　$0.3 + x$　　x

$$K = K_1 \cdot K_2 = \frac{[c^{eq}(H^+)]^2 \cdot c^{eq}(S^{2-})}{c^{eq}(H_2S)}$$

$$9.1\times10^{-8}\times1.1\times10^{-12}=\frac{0.3^2\times x}{0.1-x}$$

因此 $x\approx1.1\times10^{-19}\text{mol·dm}^{-3}$

8. 解：比较溶液凝固点的高低，可以利用凝固点下降的计算公式来判定。由于拉乌尔定律只适合非电解质稀溶液，所以对于电解质溶液应当采用质点浓度 c_i 来评价，即近似认为电解质在水溶液是完全解离的，因此，电解质水溶液的质点浓度 c_i 等于该电解质解离出的质点数 i 乘以其浓度 c。非电解质的浓度就是其质点浓度 c_i，由此可以算出各溶液的质点浓度为：

(1) 1mol·kg^{-1} NaCl　　$c_i=2\text{mol·kg}^{-1}$；

(2) 1mol·kg^{-1} $C_6H_{12}O_6$　　$c_i=1\text{mol·kg}^{-1}$；

(3) 1mol·kg^{-1} H_2SO_4　　$c_i=3\text{mol·kg}^{-1}$；

(4) 0.1mol·kg^{-1} CH_3COOH　　$c_i=0.1\text{mol·kg}^{-1}$；

(5) 0.1mol·kg^{-1} NaCl　　$c_i=0.2\text{mol·kg}^{-1}$；

(6) 0.1mol·kg^{-1} $C_6H_{12}O_6$　　$c_i=0.1\text{mol·kg}^{-1}$；

(7) 0.1mol·kg^{-1} $CaCl_2$　　$c_i=0.3\text{mol·kg}^{-1}$；

所以凝固点由高到低的顺序为：

$$(6)>(4)>(5)>(7)>(2)>(1)>(3)$$

9. 解：海水是 NaCl 的溶液，因此计算其沸点升高或凝固点下降时，与第 8 题相似，应当按照溶液的质点浓度代入拉乌尔定律来求解。

$$\Delta T_{fp}=K_{fp}\cdot b=K_{fp}\times c_i=1.853\text{K·kg·mol}^{-1}\times2\times0.60\text{mol·kg}^{-1}=2.2\text{K}$$

海水开始结冰的温度为：0.0℃－2.2℃＝－2.2℃

$$\Delta T_{bp}=K_{bp}\cdot b=K_{bp}\times c_i=0.515\text{K·kg·mol}^{-1}\times2\times0.60\text{mol·kg}^{-1}=0.62\text{K}$$

海水的沸点为：100.00℃＋0.62℃＝100.62℃

10. 解：共轭酸碱对只相差一个质子（H^+）。因此，H_2CO_3 与 CO_3^{2-} 不是共轭酸碱对，而 H_2CO_3 与 HCO_3^- 是共轭酸碱对。题中

(1) 共轭酸为：① HCO_3^-　② H_2S　③ H_3^+O

(2) 共轭碱为　① $H_2PO_4^-$　② NO_2^-　③ ClO^-

11. 解：Na_2CO_3 的 CO_3^{2-} 是二元弱碱，在水溶液中存在着二步解离：

$$CO_3^{2-}+H_2O \rightleftharpoons HCO_3^-+OH^- \qquad K_b(1)=\frac{K_w}{K_a(2)}=1.8\times10^{-4}$$

$$HCO_3^-+H_2O \rightleftharpoons H_2CO_3+OH^- \qquad K_b(2)=\frac{K_w}{K_a(1)}=2.3\times10^{-8}$$

可见 $K_b(1)\gg K_b(2)$，求溶液的 $c(OH^-)$ 时，按一元弱碱来处理，其

$$c(OH^-)=\sqrt{K_b(1)\cdot c}=\sqrt{1.8\times10^{-4}\times0.10}=4.2\times10^{-3}\text{mol·dm}^{-3}$$

$$pH=14-pOH=14+\lg(4.2\times10^{-3})=11.62$$

12. 解：这是一道缓冲溶液的题目，代入缓冲溶液的 pK_a 计算公式就能求出该酸的 K_a

混合后弱酸的平衡浓度

$$c^{eq}(HA)=\frac{20.0\times0.100-20.0\times0.100}{100}\text{mol·dm}^{-3}=0.030\text{mol·dm}^{-3}$$

反应后生成的共轭碱浓度（近似看作平衡浓度）

$$c^{eq}(A^-)=\frac{20.0\times0.100}{100}\text{mol·dm}^{-3}=0.020\text{mol·dm}^{-3}$$

代入式(4.16)

$$pK_a=pH+\lg\frac{c^{eq}(\text{共轭酸})}{c^{eq}(\text{共轭碱})}$$

$$=5.25+\lg\frac{0.030}{0.020}=5.25+0.1761=5.43$$

所以 $K_a=3.71\times10^{-6}$

13. 解： $c(NH_4^+)=\dfrac{1.07}{53.5\times0.100}=0.20\text{mol·dm}^{-3}$

此缓冲溶液的 $pH=pK_a(NH_4^+)-\lg\dfrac{c(NH_4^+)}{c(NH_3)}=9.25-\lg\dfrac{0.20}{0.10}=8.95$

给此溶液再加入 100cm^3 水，其 pH 为

$$pH=pK_a(NH_4^+)-\lg\frac{c'(NH_4^+)}{c'(NH_3)}=9.25-\lg\frac{\frac{0.20\times100}{200}}{\frac{0.10\times100}{200}}=8.95$$

所以溶液的 pH 值不改变。

14. 解： 这是一道综合题，既包括缓冲溶液 pH 的计算，又有离子酸溶液 pH 的计算，还有强酸溶液 pH 的计算，解题关键在于正确分析题意。

（1）混合后过剩的 NH_3 与生成的 NH_4^+ 组成一个缓冲溶液

$$c^{eq}(NH_3)=\frac{10.00\times0.100}{(20.00+10.00)}\text{mol·dm}^{-3}$$

$$c^{eq}(NH_4^+)=\frac{(10.00\times0.100)}{20.00+10.00}\text{mol·dm}^{-3}$$

所以

$$pH=pK_a-\lg\frac{c^{eq}(NH_4^+)}{c^{eq}(NH_3)}$$

$$=-\lg5.65\times10^{-10}=9.25$$

（2）完全反应后生成质子酸 NH_4^+，溶液的 pH 值由 NH_4^+ 决定

$$c^{eq}(NH_4^+)=20.00\times0.100/(20.00+20.00)\text{mol·dm}^{-3}=0.050\text{mol·dm}^{-3}$$

因为 $\dfrac{c}{K_a}>500$ NH_4^+ 的 $K_a=5.65\times10^{-10}$

$$c^{eq}(H^+)=\sqrt{K_a\cdot c}$$

$$=\sqrt{5.65\times10^{-10}\times0.050}\text{mol·dm}^{-3}=5.32\times10^{-6}\text{mol·dm}^{-3}$$

$pH=5.27$

（3）溶液 pH 由过量的 HCl 来计算。

$$c(H^+)=(30.00-20.00)\times0.100/(30.00+20.00)\text{mol·dm}^{-3}$$

$$=0.020\text{mol·dm}^{-3}$$

$pH=-\lg0.020=1.70$

16. 解： 将 $Mg(OH)_2$ 的溶解度换算成物质的量浓度［$Mg(OH)_2$ 的 $M=58.3\text{g·mol}^{-1}$］

$$s=\frac{\frac{7.6\times10^{-4}}{100}\times1000}{58.3}=1.3\times10^{-4}\text{mol·dm}^{-3}$$

$$Mg(OH)_2(s) \rightleftharpoons Mg^{2+}(aq) + 2OH^-(aq)$$

平衡浓度　　s　　$2s$

所以　$K_{sp} = c(Mg^{2+}) \cdot c^2(OH^-) = s \cdot (2s)^2 = 4s^3 = 4 \times (1.3 \times 10^{-4})^3$

$= 8.8 \times 10^{-12}$

17. 解： 等体积混合后各相关离子浓度为

$$c(SO_4^{2-}) = 0.002 \times \frac{20}{40} = 0.001 mol \cdot dm^{-3}$$

$$c(Ca^{2+}) = 0.002 \times \frac{20}{40} = 0.001 mol \cdot dm^{-3}$$

则 Ca^{2+} 与 SO_4^{2-} 的离子积为

$$Q = c(Ca^{2+}) \cdot c(SO_4^{2-}) = 0.001 \times 0.001 = 1.0 \times 10^{-6} < K_{sp}(CaSO_4)$$

所以，混合后无 $CaSO_4$ 沉淀生成。若将 $CaSO_4$ 固体放入该混合液中，$CaSO_4$ 固体会溶解，直到溶液中的 Q' 等于 K_{sp} 为止。

18. 解： 这是一道综合题。先算出溶液中的 $c(OH^-)$，再算出 $c(Mn^{2+})$，应用溶度积规则即可算出结果。

HAc-NaAc 溶液的 $c(H^+)$ 可按式 4.15 求得

$$c^{eq}(H^+) = K_a \times \frac{c^{eq}(\text{共轭酸})}{c^{eq}(\text{共轭碱})} = 1.76 \times 10^{-5} \times \frac{0.20}{0.40} mol \cdot dm^{-3}$$

$$= 8.8 \times 10^{-6} mol \cdot dm^{-3}$$

$$c^{eq}(OH^-) = 1.0 \times 10^{-14} / 8.8 \times 10^{-6} mol \cdot dm^{-3} = 1.1 \times 10^{-9} mol \cdot dm^{-3}$$

$$c(Mn^{2+}) = \frac{0.020}{20.0} \times 10^3 mol \cdot dm^{-3} = 1.0 mol \cdot dm^{-3}$$

$Mn(OH)_2$ 的离子积 $Q = c(Mn^{2+}) \cdot c^2(OH^-)$

$= 1.0 \times (1.1 \times 10^{-9})^2 = 1.3 \times 10^{-18} < K_{sp}$

故不会生成 $Mn(OH)_2$ 沉淀。

第 5 章

1. 离子-电子法配平反应方程式的关键是先配平半反应式中的原子数，按照酸性介质中多氧一方加 H^+，H^+ 个数等于多出的氧原子个数二倍的原则，碱性介质中为多氧一方加水，水分子的个数等于多出的氧原子个数，后面就不难配平了。

对于歧化反应，将发生歧化的分子（或离子）的氧化及还原过程拆开处理就可以了。

(3) $Fe^{2+} + H^+ + MnO_4^- \longrightarrow Mn^{2+} + Fe^{3+} + H_2O$

解： 拆成两个半反应式　$Fe^{2+} — Fe^{3+}$

$MnO_4^- — Mn^{2+}$

配平半反应式　$Fe^{2+} - e^- \longrightarrow Fe^{3+}$　(1)

$MnO_4^- + 8H^+ + 5e^- \longrightarrow Mn^{2+} + 4H_2O$　(2)

消去电荷　5×(1)+(2)得：

$$5Fe^{2+} + MnO_4^- + 8H^+ \longrightarrow 5Fe^{3+} + Mn^{2+} + 4H_2O$$

2. 解： 原电池符号的表示法是左边写负极，右边写正极；对于金属—金属离子之外其他类型的电极，应写上支持（惰性）电极，电极中离子的顺序随意。第 1 题组成的原电池的符号为：

$$(-)Pt|Fe^{3+}(c_1),Fe^{2+}(c_2)\parallel MnO_4^-(c_3),Mn^{2+}(c_4)|Pt(+)$$

4. 解：电化学中反应方向的判据是 $E_池>0$ 的反应为自发反应。如果按方程式计算的原电池的 $E_池<0$，则该方程式的正向为非自发，也就是方程式的实际方向是逆向自发（称为电动势法）。在计算二个电极的电极电势时，若反应处于非标状态，应当按照 Nernst 方程来计算其电极电势。

pH=5.00 对于 $Cl_2+2e^-=2Cl^-$ 电对（无 H^+ 或 OH^- 参加的反应）的电极电势值不影响，即　$E(Cl_2/Cl^-)=E^\ominus(Cl_2/Cl^-)=1.358V$

对 MnO_4^-/Mn^{2+}，必须用 Nernst 方程求其 $E(MnO_4^-/Mn^{2+})$

$$E(MnO_4^-/Mn^{2+})=E^\ominus(MnO_4^-/Mn^{2+})-\frac{0.05917V}{5}\lg\frac{c(Mn^{2+})}{c(MnO_4^-)\cdot c^8(H^+)}$$

$$=1.507-\frac{0.05917V}{5}\lg\frac{1}{(1.0\times10^{-5})^8}$$

$$=1.033V$$

按照题中给定的方向 MnO_4^-/Mn^{2+} 是正电极，Cl_2/Cl^- 是负电极，经计算：

$$E(正)<E(负)$$

因此在 pH=5.00 时正反应为非自发，反应是朝逆向进行的。

5、6、7 三题属于同一种类型，与第 4 题的解法是一致的。

9. 解：(1) 阳极 $Ni(s)-2e^-=Ni^{2+}(aq)$　　阴极 $Ni^{2+}(aq)+2e^-=Ni(s)$

(2) 阳极 $2Cl^-(熔融)-2e^-=Cl_2(g)$　　阴极 $Mg^{2+}(熔融)+2e^-=Mg(s)$

10. 解：思路：AgCl 的溶解-沉淀平衡方程为

$$AgCl(s)\rightleftharpoons Ag^+(aq)+Cl^-(aq)$$

若以题中所给的两个电极组成一个原电池，可以得出电池反应：

$$(正极)Ag^+(aq)+e^-\rightleftharpoons Ag(s)$$

$$+)(负极)Ag(s)+Cl^-(aq)-e^-\rightleftharpoons AgCl(s)$$

所以　电池反应 $Ag^+(aq)+Cl^-(aq)\rightleftharpoons AgCl(s)$

恰是 AgCl(s) 溶解沉淀平衡方程的逆反应，则其平衡常数

$K^\ominus$ 可由 $E_池^\ominus$ 求出，$\lg K^\ominus=\dfrac{nE_池^\ominus}{0.05917}$，$K^\ominus=\dfrac{1}{K_{sp}(AgCl)}$，

不难求出　$\lg K^\ominus=\dfrac{1\times(0.7996-0.222)}{0.05917V}$，$\lg K^\ominus=9.76$，$K^\ominus=\dfrac{1}{K_{sp}}$

$\lg(K_{sp})^{-1}=9.76$

所以　$K_{sp}(AgCl)=1.77\times10^{-10}$

12. 解：Mn 的电势图

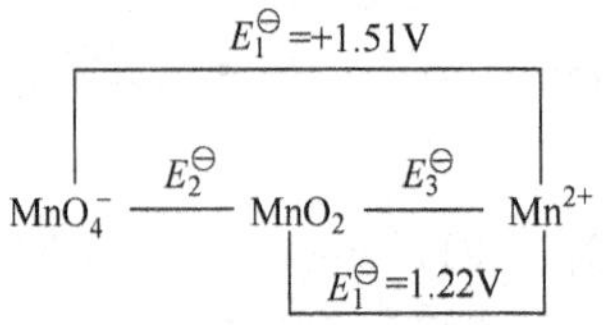

$E_1^\ominus=+1.51V$

MnO_4^- —$E_2^\ominus$— MnO_2 —$E_3^\ominus$— Mn^{2+}

$E_1^\ominus=1.22V$

由拉蒂默尔图可知：

$$E_1^{\ominus}(MnO_4^-/Mn^{2+})=\frac{3\times E_2^{\ominus}(MnO_4^-/MnO_2)+2\times E_3^{\ominus}(MnO_2/Mn^{2+})}{3+2}$$

代入以上数据，可得 $E_2^{\ominus}(MnO_4^-/MnO_2)=+1.70V$

14. 解： 因为 $E^{\ominus}(Fe^{3+}/Fe^{2+})=+0.77V$ $E^{\ominus}(Fe^{2+}/Fe)=-0.44V$

$E^{\ominus}(NO_3^-/NO)=+0.96V$

所以稀硝酸能把 Fe 氧化至 Fe^{3+}，反应式为：

$$4H^+ + Fe(s) + NO_3^-(\text{稀}) = Fe^{3+}(aq) + NO\uparrow(g) + 2H_2O$$

15. 解： 取一定量湖水加入 $AgNO_3$溶液，使其生成 AgCl 沉淀，插入银片组成被测电极，再将该电极与甘汞电极（饱和）用盐桥相连组成一原电池，测定该原电池电动势 $E_{池}$。因甘汞电极的电极电势已知，故被测电极的电极电势可求得，利用下式即可算出湖水中的 Cl^- 浓度。

原电池符号(－)Ag|AgCl, $Cl^-(x\ mol\cdot dm^{-3})$ ¦¦ KCl(饱和), Hg_2Cl_2|Hg(＋)

$$E(AgCl/Ag^+)=E^{\ominus}(Ag^+/Ag)-0.059\ 17\lg\frac{c(Cl^-)}{K_{sp}(AgCl)}$$

第 6 章

2. 解： 根据 de Broglie 关系式

$$\lambda=\frac{h}{mv}=\frac{6.626\times10^{-34}}{9.110\times10^{-31}\times0.5\times3\times10^8}=4.83\times10^{-12}nm$$

这种电子的物质波波长相当于 X 射线的波长。

3. 解： (1) $v=3.29\times10^{15}\left(\frac{1}{n_1^1}-\frac{1}{n_2^2}\right)$

$$=3.29\times10^{15}\left(\frac{1}{3^2}-\frac{1}{4^2}\right)=1.59\times10^{-14}(s^{-1})$$

(2) 该辐射的波长属于电磁波的红外光区。

4. 解： 从原子结构上看，氯的外层电子分布式为 $3s^23p^5$，因此它的最高氧化数为＋Ⅶ。由于最外层电子数多，受核的引力大，因此不易失去；而它更容易获得一个电子形成－1 价负离子，所以氯是典型的非金属元素。

锰元素的外层电子分布式为 $3d^54s^2$，最外层仅有二个电子，故容易失去而表现出明显的金属性。但其次外层 3d 轨道处于半满，亦能参与成键，故锰的最高氧化数为Ⅶ。

5. 解： $4p_x$代表主量子数 $n=4$、角量子数 $l=1$，角度分布的形状为双球形，其空间取向的极大值沿 x 轴方向伸展的波函数（或一条原子轨道）。该轨道的最大容量为 2 个自旋量子数不同（$m_s=\pm\frac{1}{2}$）的两个电子，习惯上称这两个电子自旋方向相反。

3d 代表主量子数 $n=3$，角量子数 $l=2$，角度分布的形状为波瓣型，磁量子数 $m=5$，表示有 5 个不同伸展方向的波函数（或 5 条原子轨道）。3d 轨道的最大电子容量为 10 个。

6. 解： K $1s^22s^22p^63s^23p^64s^1$ 含 1 个未成对电子

Be $1s^22s^2$ 不含未成对电子

Sc $1s^22s^22p^63s^23p^63d^14s^2$ 含 1 个未成对电子

7. 解： 原子基态 (3)

原子激发态 (2) (4) (5) (6)

纯属错误 (1)

8. 解: 判断一个元素在周期元素中的位置，关键要正确写出其电子填入顺序（即鲍林的电子填充顺序）。因为元素归属何区是按其最后一个填入的电子来决定的，如最后一个电子填入 $(n-1)$d 亚层，即为 d 区元素。而电子分布式是按主子量数由小到大的顺序排列的，这一点在作题时要注意。电子分布式中主量子数最大的 n 值即为该元素所在的周期数。唯有 46 号元素 Pd 例外，Pd 的 5s 电子层上没有电子，但归属第 5 周期。

(1) $4s^2$　　s 区；ⅡA；第 4 周期；+2；

(2) $3d^5 4s^1$　　d 区；ⅣB；第 4 周期；Ⅱ；过渡金属

9. 解: (1) 18　(2) 24　(3) 35

10. 解: 填表

原子序数	外层电子构型	未成对电子数	周期	分类	分区
27	$1s^2 2s^2 2p^6 3s^2 3p^6 3d^7 4s^2$	3	4	Ⅷ	d
43	$1s^2 2s^2 2p^6 3s^2 3p^6 3d^{10} 4s^2 4p^6 4d^5 5s^2$	5	5	ⅦB	d

11. 解: 外层电子构型为 $3d^{10} 4s^2$，最高氧化数为+2，为 30 号元素锌 (Zn)

外层电子构型为 $4d^1 5s^2$，最高氧化数为+3，为 39 号元素钇 (Y)

12. 解: 1919 年美国化学家欧文、朗缪尔总结了一条规律，具有相同电子数和相同重原子（即 H、He、Li 除外的其他原子）数的分子或离子，它们的电子结构与重原子的几何排布都相似，性质也有些相似。这条规律叫做等电子原理。如 N_2 和 CO；HN_3 和 CO_2 等。依照上面规则不难判断 Ca^{2+}、S^{2-}、Sc^{3+} 为 Ar 的等电子体。

第 7 章

7. 解:

(1) 这道题的关键是正确写出各物种的分子轨道排布式。

以 O_2 为准：O_2 的分子轨道排布式为

$$(\sigma_{1s})^2(\sigma_{1s}^*)^2(\sigma_{2s})^2(\sigma_{2s}^*)^2(\sigma_{2p_x})^2 \begin{matrix} (\pi_{2p_y})^2(\pi_{2p_y}^*)^1 \\ (\pi_{2p_z})^2(\pi_{2p_z}^*)^1 \end{matrix}$$

所以　O_2 的键级 $=\dfrac{10-6}{2}=2$。按得失电子的情况不难得出：O_2^+ 键级 $=\dfrac{10-5}{2}=2.5$；O_2^- 键级 $=\dfrac{10-7}{2}=1.5$；O_2^{2-} 键级 $=\dfrac{10-8}{2}=1$；O_2^{2+} 键级 $=\dfrac{10-4}{2}=3$

故按键级由大到小排列的顺序为：$O_2^{2+}>O_2^+>O_2>O_2^->O_2^{2-}$

8. 解: 离子的外层电子分布式由原子的外层电子分布式经加减电子得出，对阳离子而言，失电子规律是：np 先于 ns，ns 先于 $(n-1)d$，$(n-1)d$ 先于 $(n-1)f$。对阴离子而言，所得电子填入最外层，依此规则就能写出离子的外层电子构型。这里注意，阳离子的外层电子构型即最外层，不要漏写 $(n-1)s$，$(n-1)p$。

如　① Mn 的外层电子分布式：$3d^5 4s^2$，Mn^{2+} 外层电子分布式：$3s^2 3p^6 3d^5$

③ Fe^{2+} 的外层电子分布式：$3s^2 3p^6 3d^6$

④ Ag^+的外层电子分布式：$4s^2 4p^6 4d^{10}$

⑤ Se^{2-}的外层电子分布式：$4s^2 4p^6$

9. 解：键的极性取决于成键两元素的电负性差值 Δx 的大小，即成键两元素的 Δx 越大，则其极性越大。参照表 7.3 共价键的键能大小来判断。

键的极性大小 ① Zn—O>Zn—S

② H—F>H—Cl>H—Br>H—I

③ N—F>N—H

④ O—F<H—O

11. 解：⑧ 杂化轨道理论认为 NH_4^+分子中 N 以 sp^3杂化轨道与 H 形成四个共价键，空间构型为正四面体。价层电子对互斥理论可以算出 N 的价电子对数=4，并可算出离子中无孤对电子，因此 NH_4^+是正四面体构型。

⑩ XeF_4分子中，Xe 的价层电子对数$=\frac{8+4}{2}=6$，由于价层电子对数 6 大于配位数 4，所以分子中有两个孤电子对，分子构型为平面四方形，两个孤电子对在平面四方形上下垂直的位置。分子的磁矩 $\mu=0$。

13. 解：① $H_2$② $SiH_4$④ CCl_4均为非极性分子，故分子间仅存在色散力。③ CH_3COOH分子间除三种分子间力之外，还有氢键。

14. 解：乙醇 C_2H_5OH 为弱极性的分子，分子中除存在色散力，诱导力和取向力之外，还存在有氢键，因此沸点高。而二甲醚为非极性分子，分子间仅以色散力相维持，故沸点低。

16. 解：熔点的高低 $MgO>NaF$；$BaO<CaO$；$SiC>SiCl_4$；$PH_3>NH_3$；

17. 解：(3) $H_2O>H_2Te>H_2Se>H_2S$

第 8 章

6. 解：(1) 大，MgO 的晶格能比 LiF 的大。

(2) 高，NH_3的极性比 PH_3的大，且分子间有氢键。

(3) 低，Fe^{3+}的极化力比 Fe^{2+}的大，$FeCl_3$分子中的共价键成分更多。

(4) 深，Hg^{2+}和 S^{2-}间的极化作用大。

(5) 大，Cl^-的变形性比 F^-大，AgCl 有一定的共价键成分，AgF 为离子型。

7. 解：熔点高低 (1) $MgO>NaF$ (2) $MgO>BaO$ (3) $PH_3>NH_3$ (4) $SbH_3>PH_3$

8. 解：Na_2S 为离子晶体，因此易溶于水。而 ZnS 中 Zn^{2+}为 ds 区元素，比起 *s* 区的 Na^+有较强的极化力，S^{2-}体积大，极化率大，容易变型，所以 Zn^{2+}对 S^{2-}极化使 ZnS 由离子键向共价型过渡，因此 ZnS 为过渡型化合物，难溶于水。

10. 解：下面立方体中阴影面为（100）、（110）、（111）三个晶面。

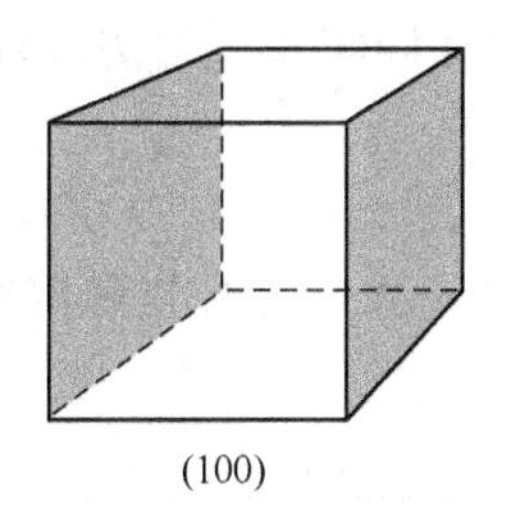
(100)

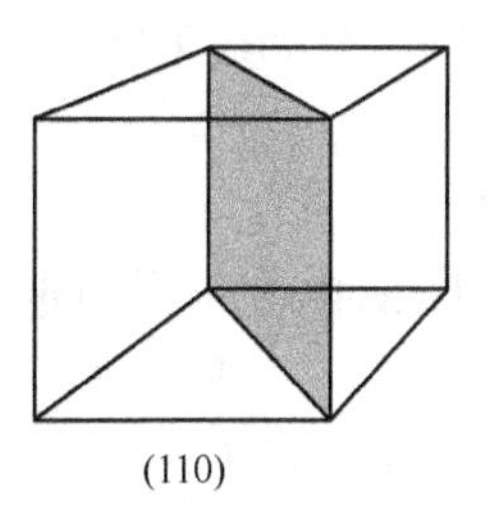
(110)

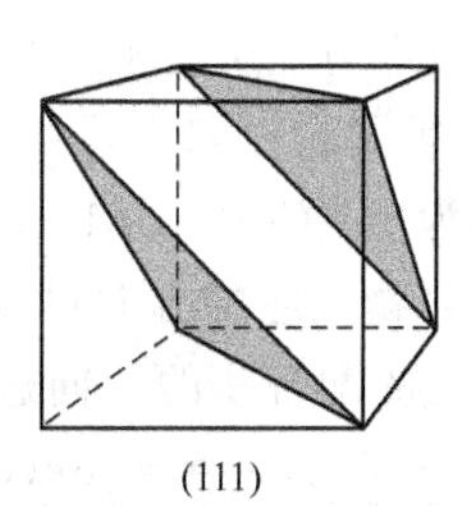
(111)

12. 解： CO的分子轨道排布式为

$$(\sigma_{1s})^2(\sigma_{1s}^*)^2(\sigma_{2s})^2(\sigma_{2s}^*)^2\begin{matrix}(\pi_{2p_z})^2\\(\pi_{2p_y})^2\end{matrix}(\sigma_{2p_x})^2$$

键级$=\dfrac{8-2}{2}=3$，反磁性。

由于CO与N_2的分子轨道排布式完全相同，而键能大的σ_{2p_x}成键分子轨道排在最外层，打开σ键所需的能量大，因此，CO分子非常稳定。

第9章

2. 解：

配离子	中心离子	配位体	配位原子	中心离子的配位数	配离子电荷	配合物名称
$Na_3[AlF_6]$	Al(Ⅲ)	F^-	F	6	3−	六氟合铝(Ⅲ)酸钠
$[Co(en)_3]^{3+}$	Co(Ⅲ)	en	N	6	3+	三乙二胺合钴(Ⅲ)配离子
$[Cr(H_2O)_4Cl_2]Cl$	Cr^{3+}(Ⅲ)	H_2O,Cl^-	O、Cl	6	+	氯化二氯四水合铬(Ⅲ)
$[PtCl_2(NH_3)_2]Cl$	Pt(Ⅲ)	Cl^-、NH_3	Cl、N	4	2+	氯化二氯二氨合铂(Ⅳ)

4. 解： $[HgCl_4]^{2-}$，$[NiCl_2(NH_3)_2]$为外轨型配合物，其中心离子Hg^{2+}、Ni^{2+}在形成配合物时，价电子轨道并不发生重排，因此Hg^{2+}采用sp^3杂化轨道来接受Cl^-提供的电子对，其空间构型为正四面体。同理，Ni^{2+}采用sp^3杂化轨道接受Cl和N提供的电子对成键。$[HgCl_4]^{2-}$与Hg^{2+}的结构相似，无单电子，即呈现逆磁性。

$[NiCl_2(NH_3)_2]$与Ni^{2+}的电子构型相似，含有三个单电子，故为顺磁性物质。$[PtCl_4]^{2-}$、$[Pt(CN)_4]$为内轨型配合物，说明中心离子Pt(Ⅱ)在形成配合物时，价电子轨道进行重排。即Pt的$4d^8$的8个价电子，挤入四条d轨道，空出一条d轨道与5s、5p形成dsp^2杂化轨道，与Cl^-、CN^-配位。因此它们均为平面四方形结构，配合物中无单电子，为逆磁性物质。

5. 解： 先由磁矩判断这些配离子的成单电子数，再与配合物中中心离子的价电子构型进行对照，如单电子数相同，该中心离子必为外轨型；如配合物中心离子的单电子数与自由中心离子的单电子数不相同，配合物中的中心离子的价电子发生必然重排，其配合物属于内轨型配合物。

(1) $[Fe(en)_2]^{2+}$ $\mu=5.5$B.M，说明在配合物中Fe^{2+}有4个单电子，与自由Fe^{2+}的单电子数相符，故该配合物为外轨型配合物。

(2) $[Fe(CN)_6]^{3-}$ $\mu=2.4$B.M，说明Fe^{3+}在配合物中有1个单电子，而Fe^{3+}离子的$3d^5$上有5个单电子，显然在形成配合物时Fe^{3+}的电子要发生重排，5个电子挤入三条3d轨道，空出一条d轨道与外层的4s、4p形成d^2sp^3杂化轨道，故$[Fe(CN)_6]^{3-}$为内轨型配合物。

6. 解： 螯合物为$[Fe(EDTA)]^{2-}$；

羰合物为$Ni(CO)_4$，$Mo(CO)_6$

8. 解： 判断配合物反应的方向可以用$K_{稳}$的大小来判定，$K_{稳}$大的配合物稳定性大，故反应向生成$K_{稳}$大的配合物的方向进行。

如 $[FeF_6]^{3-}+6CN^- \rightleftharpoons [Fe(CN)_6]^{3-}+6F^-$

因为 $K_{稳}[FeF_6^{3-}]=1.0\times10^{16}$

$K_{稳}[Fe(CN)_6]^{3-}=1.0\times10^{42}$

所以该反应向右为自发反应。

上述反应的平衡常数

$$K=\frac{c[Fe(CN)_6^{3-}\cdot c^6(F^-)\cdot c^6(Fe^{3+})]}{c[(FeF_6)^{3-}]\cdot c^6(CN^-)\cdot c^6(Fe^{3+})}=K_{稳}[Fe(CN)_6^{3-}]/K_{稳}[FeF_6^{3+}]$$

$$=1.0\times10^{42}/1.0\times10^{16}$$

$$=1.0\times10^{26}$$

第 10 章

2. 解：

(1) b (2) a (3) c (4) d (5) c (6) b

3. 解：烧石膏 $CaSO_4\cdot H_2O$ 是由硫酸钙的二水合物 $CaSO_4\cdot 2H_2O$（俗称生石膏）加热至180℃发生部分脱水的产物

$$2CaSO_4\cdot 2H_2O \xlongequal{180^\circ} [CaSO_4]_2\cdot H_2O+3H_2O$$

由于上述反应是可逆的，所以烧石膏和水调合成糊状，会逐渐凝固生成 $CaSO_4\cdot 2H_2O$，同时硬化并膨胀。石膏绷带和石膏像制作就是利用了熟石膏的这一性质。若上述反应温度超过 350℃以上，生石膏完全脱水生成 $CaSO_4$，就没有这一性质了。

4. 解：(1) $2Pb^{2+}+Cr_2O_7^{2-}+H_2O \xlongequal{} 2PbCrO_4\downarrow+2H^+$

(2) $2KMnO_4+5H_2O_2+3H_2SO_4 \xlongequal{} 2MnSO_4+K_2SO_4+5O_2\uparrow+8H_2O$

5. 解：过氧化物：Na_2O_2 BaO_2 $CH_3—\overset{\overset{O}{\|}}{C}—O—O—H$

超氧化物：KO_2

正常氧化物：CrO_3 Mn_2O_7 PbO_2

7. 解：$AlCl_3$ 分子中的 Al 的外层电子分布式为 $2s^2 3p^1$，其轨道数（4 条）多于价电子数（3 个），被称为缺电子原子。$AlCl_3$ 中 Al 与 Cl 形成三个共价键，还空出一条轨道，是缺电子体，所以也是 Lewis 酸，可作为固体酸催化剂。而带有 6 个水后会形成六配位的配合物 $[Al(H_2O)_6]Cl_3$，其空轨道为孤对电子所填充，而不再是 Lewis 酸，因此没有催化性能。

11. 解：Pb 与稀 H_2SO_4、稀 HCl 反应的产物是溶解度较小的 $PbSO_4$ 和 $PbCl_2$ 难溶物，附着在金属 Pb 的表面阻碍腐蚀反应的进行。而在浓 H_2SO_4 和浓 HCl 中，会生成可溶性化合物继续反应，因此 Pb 仅耐稀 H_2SO_4 和稀 HCl 腐蚀，而不耐浓 H_2SO_4 和浓 HCl 腐蚀。

$$Pb+4H^+ + 2SO_4^{2-} \xlongequal{} Pb^{2+}+2HSO_4^-+H_2(g)$$

$$Pb+2H^+ + 3Cl^- \xlongequal{} [PbCl_3]^-+H_2(g)$$

12. 解：(3) 含有 $Ca(HCO_3)_2$ 的水为暂时硬水，加入 $Ca(OH)_2$，可生成 $CaCO_3$ 沉淀以除去 Ca^{2+}。

$$Ca^{2+}+2HCO_3^- + Ca(OH)_2 \xlongequal{} 2CaCO_3\downarrow + 2H_2O$$

该反应的平衡常数 $K=6.8\times10^{10}$（自己想想，怎么计算），说明反应进行得很彻底。

参 考 文 献

1 朱裕贞，顾达，黑恩成. 现代基础化学. 第3版. 北京：化学工业出版社，2010
2 章梅芳，孙辰龄编. 无机化学（上）. 北京：高等教育出版社，1984
3 浙江大学普通化学教研组编，王明华等修订. 普通化学. 第6版. 北京：高等教育出版社，2011
4 付献彩主编. 大学化学（上、下册）. 北京：高等教育出版社，1999
5 胡忠鲠主编. 现代化学基础. 北京：高等教育出版社，2000
6 史启祯主编. 无机化学与化学分析. 北京：高等教育出版社，2001
7 沈光球，陶家洵，徐功骅编. 现代化学基础. 北京：清华大学出版社，1999
8 中科院化学学部，国家自然科学基金委化学部. 展望21世纪的化学. 北京：化学工业出版社，2001
9 王明华主编. 大学化学展望. 杭州：浙江大学出版社，2000
10 林世雄主编. 石油炼制工程. 北京：石油工业出版社，1988
11 陈绍洲，徐佩若编. 石油化学. 上海：华东化工学院出版社，1993
12 曾繁涤主编. 精细化工产品及工艺学. 北京：化学工业出版社，1997
13 古国榜主编. 大学化学教程. 北京：化学工业出版社，1999
14 周井炎，李东风等编. 无机化学习题精解. 北京：科学出版社，1999
15 曹忠良，王珍云编. 无机化学方程式手册. 长沙：湖南科学技术出版社，1982
16 G. H. 艾尔沃德，T. J. V. 芬德利编，周宁怀译. SI化学数据表. 北京：高等教育出版社，1985
17 陈寿棒编. 重要无机化学反应. 上海：上海科学技术出版社，1984
18 陈林根编. 工程化学基础. 北京：高等教育出版社，1999
19 史轶漪，邹宗柏. 普通化学解疑. 南京：江苏科学技术出版社，1987
20 邓存，刘怡春编. 结构化学基础. 北京：高等教育出版社，1984
21 李聚源，张耀君编. 化学基本原理. 西安：西北工业大学出版社，2002
22 [美] L. 鲍林，P. 鲍林著. 邓淦泉等译. 北京：科学出版社，1982
23 华彤文，陈景祖等. 普通化学原理. 北京：北京大学出版社，2005

元素周期表

IUPAC 2013

+2 +3 +4 +5 +6	95 **Am** 镅▲ $5f^7 7s^2$ 243.06138(2)✦

- 氧化态(单质的氧化态为0，未列入；常见的为红色) —— 左上角数字
- 95 —— 原子序数
- Am —— 元素符号(红色的为放射性元素)
- 镅▲ —— 元素名称(注▲的为人造元素)
- $5f^7 7s^2$ —— 价层电子构型
- 243.06138(2)✦ —— 以 $^{12}C=12$ 为基准的原子量(注✦的是半衰期最长同位素的原子量)

s区元素　p区元素　d区元素　ds区元素　f区元素　稀有气体

族 周期	1 ⅠA	2 ⅡA	3 ⅢB	4 ⅣB	5 ⅤB	6 ⅥB	7 ⅦB	8 ⅧB(Ⅷ)	9 ⅧB(Ⅷ)	10 ⅧB(Ⅷ)	11 ⅠB	12 ⅡB	13 ⅢA	14 ⅣA	15 ⅤA	16 ⅥA	17 ⅦA	18 ⅧA(0)	电子层
1	−1 +1 1 **H** 氢 $1s^1$ 1.008																	2 **He** 氦 $1s^2$ 4.002602(2)	K
2	+1 3 **Li** 锂 $2s^1$ 6.94	+2 4 **Be** 铍 $2s^2$ 9.0121831(5)											+3 5 **B** 硼 $2s^2 2p^1$ 10.81	−4 +2 +4 6 **C** 碳 $2s^2 2p^2$ 12.011	−3 −2 −1 +1 +2 +3 +4 +5 7 **N** 氮 $2s^2 2p^3$ 14.007	−2 −1 8 **O** 氧 $2s^2 2p^4$ 15.999	−1 9 **F** 氟 $2s^2 2p^5$ 18.998403163(6)	10 **Ne** 氖 $2s^2 2p^6$ 20.1797(6)	L K
3	−1 +1 11 **Na** 钠 $3s^1$ 22.98976928(2)	+2 12 **Mg** 镁 $3s^2$ 24.305											+3 13 **Al** 铝 $3s^2 3p^1$ 26.9815385(7)	−4 +2 +4 14 **Si** 硅 $3s^2 3p^2$ 28.085	−3 −2 +1 +3 +5 15 **P** 磷 $3s^2 3p^3$ 30.973761998(5)	−2 +2 +4 +6 16 **S** 硫 $3s^2 3p^4$ 32.06	−1 +1 +3 +5 +7 17 **Cl** 氯 $3s^2 3p^5$ 35.45	18 **Ar** 氩 $3s^2 3p^6$ 39.948(1)	M L K
4	−1 +1 19 **K** 钾 $4s^1$ 39.0983(1)	+2 20 **Ca** 钙 $4s^2$ 40.078(4)	+3 21 **Sc** 钪 $3d^1 4s^2$ 44.955908(5)	−1 0 +2 +3 +4 22 **Ti** 钛 $3d^2 4s^2$ 47.867(1)	0 ±1 +2 +3 +4 +5 23 **V** 钒 $3d^3 4s^2$ 50.9415(1)	−3 0 ±1 ±2 +3 +4 +5 +6 24 **Cr** 铬 $3d^5 4s^1$ 51.9961(6)	−2 0 ±1 +2 ±3 +4 +5 +6 +7 25 **Mn** 锰 $3d^5 4s^2$ 54.938044(3)	−2 0 ±1 +2 +3 +4 +5 +6 26 **Fe** 铁 $3d^6 4s^2$ 55.845(2)	0 ±1 +2 +3 +4 +5 27 **Co** 钴 $3d^7 4s^2$ 58.933194(4)	0 ±1 +2 +3 +4 28 **Ni** 镍 $3d^8 4s^2$ 58.6934(4)	+1 +2 +3 +4 29 **Cu** 铜 $3d^{10} 4s^1$ 63.546(3)	+1 +2 30 **Zn** 锌 $3d^{10} 4s^2$ 65.38(2)	+1 +3 31 **Ga** 镓 $4s^2 4p^1$ 69.723(1)	+2 +4 32 **Ge** 锗 $4s^2 4p^2$ 72.630(8)	−3 +3 +5 33 **As** 砷 $4s^2 4p^3$ 74.921595(6)	−2 +2 +4 +6 34 **Se** 硒 $4s^2 4p^4$ 78.971(8)	−1 +1 +3 +5 +7 35 **Br** 溴 $4s^2 4p^5$ 79.904	+2 +4 36 **Kr** 氪 $4s^2 4p^6$ 83.798(2)	N M L K
5	−1 +1 37 **Rb** 铷 $5s^1$ 85.4678(3)	+2 38 **Sr** 锶 $5s^2$ 87.62(1)	+3 39 **Y** 钇 $4d^1 5s^2$ 88.90584(2)	+1 +2 +3 +4 40 **Zr** 锆 $4d^2 5s^2$ 91.224(2)	0 ±1 +2 +3 +4 +5 41 **Nb** 铌 $4d^4 5s^1$ 92.90637(2)	0 ±1 ±2 +3 +4 +5 +6 42 **Mo** 钼 $4d^5 5s^1$ 95.95(1)	0 ±1 +2 +3 +4 +5 +6 +7 43 **Tc** 锝▲ $4d^5 5s^2$ 97.90721(3)✦	0 +1 ±2 +3 +4 +5 +6 +7 +8 44 **Ru** 钌 $4d^7 5s^1$ 101.07(2)	0 ±1 +2 +3 +4 +5 +6 45 **Rh** 铑 $4d^8 5s^1$ 102.90550(2)	0 +1 +2 +3 +4 46 **Pd** 钯 $4d^{10}$ 106.42(1)	+1 +2 +3 47 **Ag** 银 $4d^{10} 5s^1$ 107.8682(2)	+1 +2 48 **Cd** 镉 $4d^{10} 5s^2$ 112.414(4)	+1 +3 49 **In** 铟 $5s^2 5p^1$ 114.818(1)	+2 +4 50 **Sn** 锡 $5s^2 5p^2$ 118.710(7)	−3 +3 +5 51 **Sb** 锑 $5s^2 5p^3$ 121.760(1)	−2 +2 +4 +6 52 **Te** 碲 $5s^2 5p^4$ 127.60(3)	−1 +1 +3 +5 +7 53 **I** 碘 $5s^2 5p^5$ 126.90447(3)	+2 +4 +6 +8 54 **Xe** 氙 $5s^2 5p^6$ 131.293(6)	O N M L K
6	−1 +1 55 **Cs** 铯 $6s^1$ 132.90545196(6)	+2 56 **Ba** 钡 $6s^2$ 137.327(7)	57~71 **La~Lu** 镧系	+1 +2 +3 +4 72 **Hf** 铪 $5d^2 6s^2$ 178.49(2)	0 ±1 +2 +3 +4 +5 73 **Ta** 钽 $5d^3 6s^2$ 180.94788(2)	0 ±1 ±2 +3 +4 +5 +6 74 **W** 钨 $5d^4 6s^2$ 183.84(1)	0 ±1 +2 +3 +4 +5 +6 +7 75 **Re** 铼 $5d^5 6s^2$ 186.207(1)	0 +1 +2 +3 +4 +5 +6 +7 +8 76 **Os** 锇 $5d^6 6s^2$ 190.23(3)	0 ±1 +2 +3 +4 +5 +6 77 **Ir** 铱 $5d^7 6s^2$ 192.217(3)	0 +2 +3 +4 +5 +6 78 **Pt** 铂 $5d^9 6s^1$ 195.084(9)	+1 +2 +3 +5 79 **Au** 金 $5d^{10} 6s^1$ 196.966569(5)	+1 +2 +3 80 **Hg** 汞 $5d^{10} 6s^2$ 200.592(3)	+1 +3 81 **Tl** 铊 $6s^2 6p^1$ 204.38	+2 +4 82 **Pb** 铅 $6s^2 6p^2$ 207.2(1)	−3 +3 +5 83 **Bi** 铋 $6s^2 6p^3$ 208.98040(1)	−2 +2 +3 +4 +6 84 **Po** 钋 $6s^2 6p^4$ 208.98243(2)✦	±1 +5 +7 85 **At** 砹 $6s^2 6p^5$ 209.98715(5)✦	+2 86 **Rn** 氡 $6s^2 6p^6$ 222.01758(2)✦	P O N M L K
7	+1 87 **Fr** 钫▲ $7s^1$ 223.01974(2)✦	+2 88 **Ra** 镭 $7s^2$ 226.02541(2)✦	89~103 **Ac~Lr** 锕系	104 **Rf** 𬬻▲ $6d^2 7s^2$ 267.122(4)✦	105 **Db** 𬭊▲ $6d^3 7s^2$ 270.131(4)✦	106 **Sg** 𬭳▲ $6d^4 7s^2$ 269.129(3)✦	107 **Bh** 𬭛▲ $6d^5 7s^2$ 270.133(2)✦	108 **Hs** 𬭶▲ $6d^6 7s^2$ 270.134(2)✦	109 **Mt** 鿏▲ $6d^7 7s^2$ 278.156(5)✦	110 **Ds** 𫟼▲ 281.165(4)✦	111 **Rg** 𬬭▲ 281.166(6)✦	112 **Cn** 鿔▲ 285.177(4)✦	113 **Nh** 鿭▲ 286.182(5)✦	114 **Fl** 𫓧▲ 289.190(4)✦	115 **Mc** 镆▲ 289.194(6)✦	116 **Lv** 𫟷▲ 293.204(4)✦	117 **Ts** 鿬▲ 293.208(6)✦	118 **Og** 鿫▲ 294.214(5)✦	Q P O N M L K

★ 镧系	+3 57 **La**★ 镧 $5d^1 6s^2$ 138.90547(7)	+2 +3 +4 58 **Ce** 铈 $4f^1 5d^1 6s^2$ 140.116(1)	+3 +4 59 **Pr** 镨 $4f^3 6s^2$ 140.90766(2)	+2 +3 +4 60 **Nd** 钕 $4f^4 6s^2$ 144.242(3)	+3 61 **Pm** 钷▲ $4f^5 6s^2$ 144.91276(2)✦	+2 +3 62 **Sm** 钐 $4f^6 6s^2$ 150.36(2)	+2 +3 63 **Eu** 铕 $4f^7 6s^2$ 151.964(1)	+3 64 **Gd** 钆 $4f^7 5d^1 6s^2$ 157.25(3)	+3 +4 65 **Tb** 铽 $4f^9 6s^2$ 158.92535(2)	+3 +4 66 **Dy** 镝 $4f^{10} 6s^2$ 162.500(1)	+3 67 **Ho** 钬 $4f^{11} 6s^2$ 164.93033(2)	+3 68 **Er** 铒 $4f^{12} 6s^2$ 167.259(3)	+2 +3 69 **Tm** 铥 $4f^{13} 6s^2$ 168.93422(2)	+2 +3 70 **Yb** 镱 $4f^{14} 6s^2$ 173.045(10)	+3 71 **Lu** 镥 $4f^{14} 5d^1 6s^2$ 174.9668(1)
★ 锕系	+3 89 **Ac**★ 锕 $6d^1 7s^2$ 227.02775(2)✦	+3 +4 90 **Th** 钍 $6d^2 7s^2$ 232.0377(4)	+3 +4 +5 91 **Pa** 镤 $5f^2 6d^1 7s^2$ 231.03588(2)	+2 +3 +4 +5 +6 92 **U** 铀 $5f^3 6d^1 7s^2$ 238.02891(3)	+3 +4 +5 +6 +7 93 **Np** 镎 $5f^4 6d^1 7s^2$ 237.04817(2)✦	+3 +4 +5 +6 +7 94 **Pu** 钚 $5f^6 7s^2$ 244.06421(4)✦	+2 +3 +4 +5 +6 95 **Am** 镅▲ $5f^7 7s^2$ 243.06138(2)✦	+3 +4 96 **Cm** 锔▲ $5f^7 6d^1 7s^2$ 247.07035(3)✦	+3 +4 97 **Bk** 锫▲ $5f^9 7s^2$ 247.07031(4)✦	+2 +3 +4 98 **Cf** 锎▲ $5f^{10} 7s^2$ 251.07959(3)✦	+2 +3 99 **Es** 锿▲ $5f^{11} 7s^2$ 252.0830(3)✦	+2 +3 100 **Fm** 镄▲ $5f^{12} 7s^2$ 257.09511(5)✦	+2 +3 101 **Md** 钔▲ $5f^{13} 7s^2$ 258.09843(3)✦	+2 +3 102 **No** 锘▲ $5f^{14} 7s^2$ 259.1010(7)✦	+3 103 **Lr** 铹▲ $5f^{14} 6d^1 7s^2$ 262.110(2)✦